現代理論物理学シリーズ **4**

稲見武夫・川上則雄【編集】

MODERN THEORETICAL PHYSICS SERIES

超伝導転移の物理
増補版

池田隆介……著

丸善出版

まえがき

　100 年以上前に，カマリング・オネス（Kamerlingh Onnes）による電気抵抗の消失が発見され，超伝導の基礎理論といわれる BCS 理論が提出されてから既に 70 年近くが経過している．筆者が大学院に入った頃，周辺では，もはや超伝導理論でやるべき研究テーマはないだろうという雰囲気があった．ところが，1980 年代後半に入って銅酸化物系の高温超伝導物質が発見され，その超伝導現象の研究が始まって以後，超伝導の物理では様々な新分野が開拓され続けている．銅酸化物高温超伝導の研究からダイレクトに生じた研究の方向として，

　　（ i ）異方的超伝導（フェルミ超流動）対称性に起因する題材，

　　（ ii ）異なる秩序間の絡み合い（intertwining）がもたらす物理，

　　（iii）高いエネルギースケールにより増強された超伝導揺らぎにより明らか
　　　　　にされた物理，

という 3 つの側面が挙げられよう．これらすべてに関係する，対称性の破れと相転移，というキーワードに焦点を当てる形で，本書は書き綴られている．今世紀に入ってからの超伝導研究は，多様な超伝導物質が作成，合成され，次々に行われる実験によって進展しているため，物質固有な形で進められる傾向が強くなってきている．その半面，超伝導物理の普遍的な側面や理論の基礎が忘れ去られていないか，という印象を抱いたところに，筆者が本書を執筆する動機があった．特に，（iii）の超伝導揺らぎは，1970 年代初頭に国内外を問わず，中心的な研究課題であったが，現実の系との対応を通して十分な理解に達するまで至っていなかった．それが，銅酸化物系を舞台として主に 1990 年代に見られた超伝導現象を通して，それまでの我々の磁場下における超伝導揺らぎと超伝導相図に関する理解に基本的な誤りがあったことが明らかとなった．

vi　　まえがき

銅酸化物超伝導体における現象を通して確認されたこういった知見が銅酸化物系という物質固有のものではないことは，広く理解される必要がある．さらに，超伝導理論の専門書の多くは固体電子論の解説の延長として書かれているものが多いため，本書は対照的に統計力学的な側面からの超伝導理論の解説書となっている．

　実際，最近になって，統計力学的な面を強調した書き方をした方が良かろうと考える別の動機が生まれた．学部生対象の統計力学の授業を久しぶりに担当するようになって，近年書かれたほぼすべての統計力学の教科書には理想フェルミ気体の反磁性（ランダウ反磁性）に関する記述が見られないことに気づかされた．自由電子系の反磁性は定量的にわずかな量であることから，固体物理関係の教科書でもきちんと紹介されないことが多い．ところが，超伝導の導入的説明を行う際にはこのランダウ反磁性の記述とそのボソン系への応用が不可欠なのである．この点を明確に読者にお伝えするため，今回の改訂では付録 B を新たに加え，マイスナー効果を正しく理解するために第 1 章の各節に説明を加えるなど，本の導入的な部分において加筆を行っている．学部学生が量子統計力学を学び始める際に，役立ててほしいと考える．

　また，初版には，銅酸化物系超伝導体に関連して 1990 年代に進んだ磁場下の超伝導相図，グラス転移などの研究内容についてはほとんど書かなかった．これらは，銅酸化物系を舞台とした渦糸（ヴォルテックス）状態（海外では，ヴォルテックス・マター（Vortex Matter）と呼ぶことが多い）に関する研究に当たる内容であるが，決して特定の超伝導物質群のための現象論的解釈として導入されたものではなく，磁場下の超伝導の物理に関する理論の基礎が刷新されたことを示す内容である．ただ，この単行本執筆は本来，これから研究を始める学生諸君を主な読者に想定して始めたので，初版では 1990 年代の出来事を書き著すよりも超伝導理論を教科書的に表現することを優先するよう努めた．また，初版の執筆をした頃は，磁場下の超伝導へのパウリ常磁性効果という，今世紀に入ってから盛んに議論され始めた問題の研究が続いていた時期で，この題材を本書において紹介できるタイミングにはなく，結局，実際の物質での現象に基づいた解説はかなり尻すぼみな書き方になっていた．

　ところが近年になり，磁場下の鉄系超伝導体の中にはパウリ常磁性効果と超伝導揺らぎという，異なる事項が絡みあった相転移現象を示す物質が現れてい

る．パウリ常磁性効果も，磁場下の超伝導揺らぎも，いずれもごく基本的な事項でありながら，超伝導に関する従来の解説では紹介が省かれることが多かった．これからの超伝導の相図に関わる現象を解き明かすには，もはやこれらの事項を避けることなく超伝導の解説は書かれているべきであろうと考えた．このように，超伝導相図に関する最近の内容にも今回は触れているが，それでも筆者が想定している読者は学部4年生と大学院の学生，そして様々な分野の理論研究者，ということになる．

今回の版での改訂内容は，具体的には次の通りである：第2章のボース超流動の話の中でグラス相関について簡単に触れて，第7章の渦糸グラスの話に必要な要素を第2章で済ませた．また通常，BCS理論に関する解説にはs波や（銅酸化物系との関連で）d波の対状態について書かれている場合が多く，p波フェルミ超流動の理解の現状の報告をあまり見ないのでp波超流動の節を，平均場理論での超伝導への乱れ（不純物）の効果に関する節とともに，第3章に新たに加えた．さらに，渦格子を扱う第4章では，超伝導秩序パラメタが多成分の場合の分数磁束，渦格子，関連の話を加え，上述のパウリ常磁性効果がもたらす渦格子相への影響などを端的にまとめる節を設けた．第5章では，2次元超伝導転移での抵抗消失現象に関する節を増やし，一方でガウス近似での揺らぎ伝導度の話をクリーン極限の内容に限定した．近年では，できるだけ良質な資料での実験を行う努力が重要視されているという事実から，いわゆるダーティー極限での揺らぎ伝導度の話の詳述は誤解を招く恐れはないだろうか，と考えての変更である．そして，磁場下の超伝導揺らぎと相図，抵抗転移などの銅酸化物系関連の1990年代に得られた知見と，パウリ常磁性効果を含めた最近の発展について，第6，7章において書かれた内容が今回の改訂の主要部分ということになる．

もちろん，版を改める必要があると考えた動機の中には，初版において様々な誤植を見逃してしまっていたこと，文字表記が章ごとに統一されていなかったことなど，筆者側の不手際をなくすことも含まれている．今回，文章中に誤植がないことを確認したつもりではいるが，明らかな問題が見出された際にはぜひ筆者にお知らせいただきたい．

既に述べてきたように，本書は特に磁場下で起こる超伝導を中心に，その統計力学的な側面の解説に重点をおいて書かれており，超伝導物質の構造と電子

論に関しては重点をおいていない．構造と電子状態の解説に関心のある読者には，他書と併用して本書を読まれることをお薦めする．

　最後に，第2版の執筆に際して，実験データを快く提供していただいた岡山大学の笠原成氏，再三の原稿の変更などにも対応していただいた丸善出版の堀内洋平氏に，この場を借りてお礼を申し上げたい．

2025年1月

池田　隆介

目　次

第 1 章　序　論　　　　　　　　　　　　　　　　　　　　　　　　　**1**

　1.1　はじめに . . . .　1

　1.2　同種粒子　　　　　　　　　　　　　　　　　　　　　　　　4

　1.3　ボース–アインシュタイン凝縮（BEC）と完全反磁性 . . . . . .　5

第 2 章　ボース粒子系の超流動　　　　　　　　　　　　　　　　　**11**

　2.1　ボース超流動 . . . .　11

　2.2　位相揺らぎ　　　　　　　　　　　　　　　　　　　　　　　18

　2.3　量子渦 . . . .　20

　2.4　2 次元超流動—コステリッツ–サウレス（KT）転移 . . . . . .　26

　2.5　超流動揺らぎ . . . .　31

　2.6　超流動転移への乱れの効果 . . . .　39

第 3 章　超伝導の BCS 理論　　　　　　　　　　　　　　　　　　**45**

　3.1　準備—フェルミ理想気体 . . . .　45

　3.2　電子格子相互作用 . . . .　47

　3.3　クーパー不安定性 . . . .　49

　3.4　フェルミ液体論と有効相互作用 . . . .　51

　3.5　BCS 理論 I—ボゴリューボフ変換 . . . .　55

　3.6　BCS 理論 II—基底状態と 1 粒子励起 . . . .　63

　3.7　グリーン関数を用いた平均場近似 . . . .　65

　3.8　電磁応答 . . . .　68

x　目　次

3.9　コヒーレンス長 72

3.10　ギンツブルク–ランダウ（GL）自由エネルギー 73

3.11　平均場近似における不純物効果 75

3.12　p 波対状態への拡張 79

第 4 章　磁場下の超伝導—平均場近似　　85

4.1　はじめに—超伝導体のタイプ 85

4.2　ロンドンモデルと磁束の量子化 86

4.3　高磁場近似での渦格子解 92

4.4　渦格子の電磁応答—渦糸フロー 98

4.5　渦糸フロー Hall 効果 104

4.6　半整数渦と分数磁束 106

4.7　パウリ常磁性の渦糸固体への影響 110

第 5 章　ゼロ磁場下の超伝導揺らぎ　　117

5.1　マイスナー相における熱的位相揺らぎ 117

5.2　2 次元超伝導薄膜 118

5.3　磁場揺らぎによる 1 次転移 122

5.4　GL 作用の微視的手法による導出 124

5.5　正常相における超伝導揺らぎ 127

5.6　揺らぎ伝導度の微視的手法による導出 132

5.7　臨界揺らぎに関するコメント 139

5.8　KT 転移近くでの超伝導揺らぎ応答量 141

5.9　量子臨界揺らぎ 142

第 6 章　磁場下の超伝導—クリーン極限　　147

6.1　平均場近似描像の改訂—理論研究の経緯 147

6.2　格子相での熱的揺らぎ 149

6.3　渦格子の弾性と位相コヒーレンスの破壊 151

6.4　渦格子融解転移線 153

6.5　磁場下の熱的超伝導揺らぎ 156

目　次　*xi*

6.6　低温・高磁場下での超伝導揺らぎ 166

第 7 章　磁場下の超伝導—乱れの効果　**173**

7.1　乱れによる渦格子秩序の破壊 173

7.2　ブラッググラス 175

7.3　渦糸グラス：スピングラスとの違い 177

7.4　磁場下の超伝導転移 180

付　録　**185**

A　第二量子化 185

B　ランダウ量子化と理想気体の反磁性応答 186

C　ボース流体の密度揺らぎ分散関係の導出 191

D　ボース系分配関数の経路積分表示 192

E　ガウス分布の場合の相関関数の導出 195

F　位相のみのモデルにおける双対変換 196

G　低温展開による相転移の記述—非線形シグマモデル 198

H　ボース多体系へのパルケ近似による臨界挙動の導出 201

I　平均場近似における TDGL 方程式系 205

J　渦格子に関する数学的補遺 206

参考文献　**209**

索　引　**213**

第1章 序 論

1.1 はじめに

　金属状態にある固体を冷却して「超伝導になった」というとき，それは有限な電気抵抗の値が冷却（温度降下）とともにゼロになったことをいう．しかし，これは金属が単に完全導体に変化したことを意味するのではない．「超伝導」というこの呼び名は，1911 年にオランダのライデン大学のカマリン・オンネス（Kamerlingh Onnes）により発見された，水銀の電気抵抗の絶対温度 4K 以下で（実験誤差の範囲内で）の消失に端を発しており，その当時この超伝導は完全導体の状態と同一視されていた．しかし，今ではその約 20 年後に発見されたマイスナー（Meissner）効果という完全反磁性が電気抵抗の消失とともに出現すること，そしてこれまで発見されてきたあらゆる「超伝導」がゼロ磁場下ではマイスナー効果を伴うことから，マイスナー効果の方が超伝導性の指標として，より基本的なものであると信じられている．実際，マイスナー効果から直流（dc）抵抗がゼロという結果が導かれることを，まず確かめよう．

　一様磁場 $\boldsymbol{H}$ 下で，正常金属相での磁場印加による自由エネルギー変化

$$\delta F_B = -\chi \frac{B^2}{2} \tag{1.1}$$

に着目する．ここで，$\boldsymbol{B} = \boldsymbol{H} + 4\pi \boldsymbol{M}$ は磁束密度ベクトル，$B = |\boldsymbol{B}|$ はその大きさである．このとき，$\chi > 0$ の寄与を常磁性帯磁率，逆に $\chi < 0$ の寄与，つまり磁束が入ることにより自由エネルギーが上がる寄与を，反磁性帯磁率といい，以下これを χ_{dia} と書こう．完全反磁性とは $\chi_{\mathrm{dia}} \to -\infty$ となり，自由エ

2　第1章　序　論

ネルギーの膨大な損を避けるために磁束密度 B がその物質中で必然的にゼロになることをいう.

マイスナー効果という現象は,電子状態について平均化された電流密度 $\boldsymbol{j}_{be}$ が

$$\boldsymbol{j}_{be} = -\frac{c}{4\pi\lambda^2}\boldsymbol{A}^T \tag{1.2}$$

という形をとる状況で起きる.上付き添え字 T は,ベクトルの横成分をとることを表す.縦成分がここで含まれていない理由については後で（2.1節の末尾で）触れよう.また,c は真空中の光の速さ,(1.2) 式で導入された λ の意味はこの後明らかになる.(1.2) 式はゲージ変換 $\boldsymbol{A} \to \boldsymbol{A} + \boldsymbol{\nabla}X$ に関して不変であるが,ゲージ場 $\boldsymbol{A}$（ベクトルポテンシャル）に顕に依存しているという意味で,古典電磁気学内にその起源を求めることはできない.実際,静的な流れを表す (1.2) 式は第2章の説明の中で現れる超流動流,つまり永久流の式（(2.31) 式）と実質的に同じものである.超流動発現の元となる巨視的位相コヒーレンスのことを,しばしばゲージ対称性の破れと表現するため,$\boldsymbol{A}$ に顕に依存する (1.2) 式を通して,超伝導相ではゲージ対称性が破れていると表現されることがある.

(1.2) 式をマクスウェル（Maxwell）方程式 $\mathrm{curl}\boldsymbol{B} = 4\pi\boldsymbol{j}_{be}/c$ に代入すると,

$$\lambda^2\boldsymbol{\nabla}^2\boldsymbol{B} = \boldsymbol{B} \tag{1.3}$$

となり,例えば金属と上式が満たされる超伝導体との間の境界平面を想定して（図1.1 参照）磁束密度が境界面から超伝導体内に λ 以上深くまでは侵入できないことがわかる.この理由で,λ は磁場侵入長と呼ばれる.(1.2), (1.3) 式につながる理論的背景については,微視的理論に基づく内容の中で再び触れることになる.

一方で,(1.2) 式が各時刻で成立していると考えて,(1.2) 式の両辺の時間微分をとると,電場の横成分は $\boldsymbol{E}^T = -\partial\boldsymbol{A}^T/\partial(ct)$ であるから

$$\frac{\partial}{\partial t}\boldsymbol{j}_{be} = \frac{1}{4\pi}\left(\frac{c}{\lambda}\right)^2\boldsymbol{E}^T \tag{1.4}$$

となる.明らかに,オーム（Ohm）の法則が成り立つ正常金属相内では,電子の加速を表す (1.4) 式の成立は単純には受け入れられない.静的な（時間に

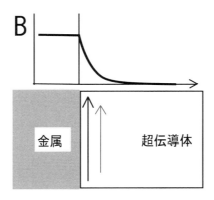

図 1.1 一様磁場下の金属とマイスナー効果を示す超伝導体との境界付近での磁束密度の空間分布. 境界付近では, 上向きに電流 (矢印) が流れて磁場を遮蔽する.

依らない) 流れを表す (1.2) 式が出現する理由を見出すことが基本問題となる[1].

それを述べる前に, (1.2) がゼロ電気抵抗を表すことを示しておこう. 便宜上, 「抵抗力」$-\varepsilon \boldsymbol{j}_{be}$ ($\varepsilon > 0$) を (1.4) の右辺に人為的に加えて, (角) 振動数 ω のフーリエ成分の式を書き直すと

$$\mathrm{Re}\, \boldsymbol{j}_{be}(\omega) = \frac{c^2}{4\lambda^2} \delta_\varepsilon(\omega) \boldsymbol{E}(\omega) \tag{1.5}$$

が得られる. 上で導入された関数は

$$\delta_\varepsilon(x) = \mathrm{Im}\frac{1}{\pi}\frac{1}{x - i\varepsilon} \tag{1.6}$$

で, Im は虚部をとることを意味する. $\varepsilon \to +0$ の極限で, $\delta_\varepsilon(x)$ はディラック (Dirac) のデルタ関数であるため, (1.5) 式は超伝導状態では直流電気伝導度が無限大であることを意味する. このようにして, マイスナー効果がゼロ電気抵抗につながることが説明される. ただ, この電気抵抗消失の機構は $B \neq 0$

---

[1] 超伝導は多体系の物理現象であるから, 平衡系の量子統計力学の下で (1.2) 式から (1.4) 式, つまりゼロ電気抵抗が導かれる. ニュートン方程式の形をした (1.4) 式を出発点として, これを時間積分して (1.2) が, つまり古典論でマイスナー効果が説明できるかのような議論がしばしば紹介されるが, 論理が逆転しており基本的理解を誤る恐れがあるため, 注意が必要である.

4   第1章 序 論

のまま実現する超伝導状態（渦糸状態）には当てはまらない．一様磁場下の超伝導についてはこの本の後半で紙数を割いて解説する．

　正常金属相におけるオームの法則とは相容れない電流密度 (1.2) の出現には，正常金属相とは異なる状態への相転移が起こることが必要になる．静的な流れ (1.2) と超流動における永久流との対応から，この相転移がボース粒子系におけるボース–アインシュタイン凝縮（BEC），あるいはもっと一般的に超流動相への転移であると考えるのが自然である．実際，1.3 節で説明するように，完全反磁性につながる現象は，電荷を有するボース理想気体の BEC 転移の前駆現象として現れる．もっとも，実際の金属内でフェルミ粒子である伝導電子が動き回る状況で，BEC というボース統計に起因する物理現象が起こるためには，電子対形成が必要である．この描像から作り上げられた超伝導発現に関するバーディーン–クーパー–シュリーファー（BCS）理論の説明は後述することにして，この章と次章ではまずボース粒子系の超流動の理論的理解を説明するところから始める．

1.2　同種粒子

　まず，量子力学に従う粒子はボース粒子，フェルミ粒子，の 2 種類に分かれることから説明しよう．量子力学に従う粒子は，その座標と運動量がハイゼンベルクの不確定性関係

$$\sqrt{\langle \delta x_i^2 \rangle \langle \delta p_j^2 \rangle} \geq \frac{\hbar}{2} \delta_{i,j} \tag{1.7}$$

$(x_1 = x, x_2 = y, x_3 = z)$ を満たす．ここで，$\delta A = A - \langle A \rangle$ で，$\langle \cdots \rangle$ は量子力学的平均を表す．式 (1.7) は交換関係

$$[x_i, p_j]_- \equiv x_i p_j - p_j x_i = i\hbar \delta_{i,j} \tag{1.8}$$

と数学的に等価である．実際，(1.7) 式は，任意の実変数 σ に対して不等式 $\langle (\delta x_j - i\sigma \delta p_j)(\delta x_j + i\sigma \delta p_j) \rangle \geq 0$ が成り立つ条件として得られる．

　今，量子力学に従う自由粒子の時間発展を考えよう．その 1 次元運動は，時刻 t での座標 $x(t)$ が $x(0) + p(0)t/m$ で表され，交換関係 $[x(0), p(0)]_- = i\hbar$ が成り立つことから $[x(0), x(t)]_- = it\hbar/m$，従って

$$\Delta x(t) \geq \frac{\hbar t}{2m\Delta x(0)} \qquad (1.9)$$

が成り立つ．つまり，時間が経つうちに自由粒子の座標の不確定性が増大し，波束は次第に平面（あるいは球面）波のように座標の不確定性が無限大の状態に近づく．これが波束の崩壊であるが，このことは同時に，同じタイプの粒子どうしが互いに識別できないことを示している．場所が特定できないなら，2つの同種粒子どうしの散乱過程で両者の軌道を正確に追うことはできないからである．

つまり，量子力学に従う同種粒子は識別できない．そこで，2つの同種粒子からなる系の波動関数 $\Psi(1,2)$ にこの概念を以下のように適用してみる．まず，2粒子を入れ換えたときの波動関数 $\Psi(2,1)$ を用意すると，識別できないから2粒子状態が起こる確率は同じで $|\Psi(1,2)| = |\Psi(2,1)|$ となる．これは2つの波動関数の間に $\Psi(2,1) = \exp(i\theta_{\mathrm{ex}})\Psi(1,2)$ という位相因子の差のみがあることを意味するが，もう一度入れ換えて元に戻すと $\exp(i2\theta_{\mathrm{ex}}) = 1$，つまり

$$\Psi(2,1) = \pm\Psi(1,2), \qquad (1.10)$$

が結論される．こうして，同種粒子は互いの入れ換えに関し対称なボース粒子（$\Psi(2,1) = \Psi(1,2)$）と反対称なフェルミ粒子（$\Psi(2,1) = -\Psi(1,2)$）のいずれかしかあり得ないことになる（2次元以下の低次元系では他の可能性があることが知られているが，以下では暗に3次元系に絞って話を進める）．

1.3　ボース–アインシュタイン凝縮（BEC）と完全反磁性

まず，相互作用しない3次元ボース粒子系（理想気体）の基底状態について復習しよう．第二量子化に関しては付録Aや参考文献 [1] を参照してほしい．理想ボース気体のハミルトニアン $\hat{H}_B^{(0)}$ はボース粒子の場の演算子 $\hat{\psi}_B(\boldsymbol{r})$ のフーリエ表示

$$\hat{\psi}_B(\boldsymbol{r}) = \frac{1}{V^{1/2}} \sum_{\boldsymbol{k}} \hat{b}_{\boldsymbol{k}}\, e^{i\boldsymbol{k}\cdot\boldsymbol{r}} \qquad (1.11)$$

を用いて，

6   第1章 序 論

$$\hat{H}_B^{(0)} = \sum_{\boldsymbol{k}} \frac{\hbar^2 k^2}{2m_B} \hat{b}_{\boldsymbol{k}}^\dagger \hat{b}_{\boldsymbol{k}} \tag{1.12}$$

であり，その分配関数は

$$Z_B^{(0)} = \mathrm{Tr} \exp\left(-\beta \sum_{\boldsymbol{k}} (\varepsilon_{\boldsymbol{k}} - \mu) \hat{b}_{\boldsymbol{k}}^\dagger \hat{b}_{\boldsymbol{k}}\right) \tag{1.13}$$

と書かれる．ここで，μ は化学ポテンシャル，$\varepsilon_{\boldsymbol{k}} = \hbar^2 k^2/(2m_B)$，
$\beta = 1/(k_\mathrm{B} T)$，$V$ は系の体積である．全粒子数は

$$\begin{aligned}
N &= \frac{\partial (\beta^{-1} \ln Z_B^{(0)})}{\partial \mu} \\
&= \sum_{\boldsymbol{k}} \langle \hat{b}_{\boldsymbol{k}}^\dagger \hat{b}_{\boldsymbol{k}} \rangle = V \int \frac{d^3 k}{(2\pi)^3} \frac{1}{e^{\beta(\varepsilon_k - \mu)} - 1}
\end{aligned} \tag{1.14}$$

で与えられる．最後の等式において，$\boldsymbol{k}$ 和を積分に置き換えたことに注意しよう．この式から $\mu(T)$ が昇温とともに単調減少する温度の関数として定まる．分布関数はいつも正であるから，$\varepsilon_{\boldsymbol{k}} \geq 0$ により $\mu \leq 0$ でないといけない．冷却して $\mu = 0$ となる温度 T_BEC は上式に $\mu = 0$ を代入して決まるが，さらに低温で $\mu = 0$ のままでは上式の右辺は N に達せず，等号不成立となる．このジレンマは，$V \to \infty$ として和を積分に置き換えた際に $\boldsymbol{k} = 0$ の項を落としたことに気づけば解消される．$\boldsymbol{k} = 0$ 状態が巨視的な数 N_0 のボース粒子により占有されれば，この項は別扱いする必要がある．つまり，

$$\begin{aligned}
N_0 &= N - N_\mathrm{ex}, \\
N_\mathrm{ex} &= V \int \frac{d^3 k}{(2\pi)^3} \frac{1}{e^{\beta \varepsilon_k} - 1} = N \left(\frac{T}{T_\mathrm{BEC}}\right)^{3/2}
\end{aligned} \tag{1.15}$$

で表される凝縮体が $T < T_\mathrm{BEC}$ で実現する．この場合 $N_0 = \langle \hat{b}_{\boldsymbol{k}=0}^\dagger \hat{b}_{\boldsymbol{k}=0} \rangle$ は O（N）であるため，$\hat{b}_{\boldsymbol{k}=0}$ は演算子ではなく，O（$N^{1/2}$）の数とみなすことができる．実際，$\hat{b}_{\boldsymbol{k}=0} = N^{1/2} \tilde{b}_{\boldsymbol{k}=0}$ とおくと，熱力学的極限（$N \to \infty$）では $\tilde{b}_{\boldsymbol{k}=0}$ と $\tilde{b}_{\boldsymbol{k}=0}^\dagger$ は交換する．従って，凝縮体は古典的に扱うことができる．

　あるいは，このボース–アインシュタイン凝縮（BEC）を巨視的位相コヒーレンス（位相の長距離相関）の発現，ということもできる．これを説明するた

1.3 ボース–アインシュタイン凝縮（BEC）と完全反磁性　**7**

めにまず，ボース粒子の場の演算子 $\hat{\psi}_B(\boldsymbol{r})$ を

$$\hat{\psi}_B(\boldsymbol{r}) = \exp(i\hat{\varphi}_B(\boldsymbol{r}))\left(\frac{\hat{\rho}(\boldsymbol{r})}{m_B}\right)^{1/2} \tag{1.16}$$

と表そう．すると，交換関係 $[\hat{\psi}_B(\boldsymbol{r}),\hat{\psi}_B^\dagger(\boldsymbol{r}')] = \delta^{(3)}(\boldsymbol{r}-\boldsymbol{r}')$（付録 A 参照）は

$$\left[\frac{\hat{\rho}(\boldsymbol{r})}{m_B},\hat{\psi}_B(\boldsymbol{r}')\right] = -\hat{\psi}_B(\boldsymbol{r})\delta^{(3)}(\boldsymbol{r}-\boldsymbol{r}'), \tag{1.17}$$

あるいは ρ をその平均値 ρ_0 のまわりで展開して

$$[\delta\hat{\rho}(\boldsymbol{r}),\hat{\varphi}_B(\boldsymbol{r}')] \simeq i\,m_B\delta(\boldsymbol{r}-\boldsymbol{r}') \tag{1.18}$$

と表される．ただし，$\delta\hat{\rho} = \hat{\rho} - \rho_0$ である．上式を空間積分すると，粒子数演算子 $\hat{N} = m_B^{-1}\int d^3r(\rho_0 + \delta\hat{\rho})$ と位相 $\hat{\varphi}_B$ の空間平均 $\hat{\Phi}_B$ との間に

$$[\hat{N},\hat{\Phi}_B] = i \tag{1.19}$$

が成り立つことがわかるため，1 粒子の運動量と座標との間の不確定性関係の導出と同様に，$\hat{N}$ と $\hat{\Phi}$ との間の不確定性関係 $\Delta N\,\Delta\Phi \geq 1$ が得られる．しかし，BEC 状態では粒子数は不確定である．実際，N や N_0 は巨視的な数なので，$N\pm\Delta N$ と N との差を区別できない．その意味で，粒子数で対角化できない状態である．従って，位相がむしろ確定値をとることになる[2]．

　この内容は，状態ベクトルを書き下すことでも表現できる．N 粒子の理想ボース気体の実空間で一様な BEC 状態では波数ゼロの状態に多粒子が落ち着くことから，BEC 状態は真空 $|\mathrm{vac}>$ を用いて，

$$|N> = \frac{1}{\sqrt{N!}}(\hat{b}_{k=0}^\dagger)^N|\mathrm{vac}> \tag{1.20}$$

と表される．ここで，$\hat{b}_k$ は $\hat{\psi}_B$ のフーリエ変換である．粒子数で対角化されない状態

---

[2] 後述する超伝導の BCS 状態では $\Delta N \sim N^{1/2}$ である．

$$|\text{BEC}> = \sum_{N=0,1,\cdots} \frac{1}{\sqrt{N!}} \beta^N |N>$$

$$= \exp(\beta \hat{b}_{k=0}^{\dagger})|\text{vac}> \tag{1.21}$$

を考えることにすると，$\hat{b}_k$ は調和振動子における振動の量子の消滅演算子と同じ交換関係 $[\hat{b}_{k_1}, \hat{b}_{k_2}^{\dagger}] = \delta_{k_1,k_2}$, $[\hat{b}_{k_1}, \hat{b}_{k_2}] = 0$ を満たすので，$|\text{BEC}>$ は調和振動子におけるコヒーレント状態と同じ性質を持つ．つまり，粒子数が良い量子数でない一方で，$\hat{b}_{k=0}$ 自体を対角化する．$k = 0$ 成分であることや (1.16) 式からわかるように，まさにこれは位相が巨視的に確定される（コヒーレントになる）ことを表す．

次に，1.1 節との関連で，ボース粒子が電荷 e を有している場合にボース理想気体の電磁応答を考え，その BEC 転移温度 T_{BEC} に高温側から近づくことは完全反磁性状態に近づくことと同等である，ことを指摘しておこう．ボース粒子のスピン角運動量はゼロであるとしよう．このような単一の荷電粒子が一様磁場下にあるときのエネルギー固有状態が，いわゆるランダウ（Landau）準位（LLs）を表すことはよく知られている．そのエネルギー固有値と，各 LL に共通した縮退度がわかれば，電荷のあるボース理想気体の熱力学ポテンシャル Ω_{B} の磁場依存性は，低磁場域であれば初等的な解析で見出すことができる．その Ω_{B} の磁場依存性を抽出する方法については付録 B で説明される．その結果，熱力学ポテンシャル Ω_{B} は磁束密度の強さ B について 2 次のオーダーまでで

$$\Omega_{\text{B}} - \Omega_{\text{B}}(B = 0) \simeq \int d^3r \left(\frac{B^2}{8\pi} + \frac{-\chi_{\text{dia}}}{2} B^2 \right) \tag{1.22}$$

となることがわかる．ここで，磁場のエネルギー（第 1 項）を加えた．付録の (B.20) 式に従って，反磁性帯磁率は

$$-\chi_{\text{dia}} = \frac{k_{\text{B}}T}{24\pi} \left(\frac{e}{\hbar c} \right)^2 \sqrt{\frac{\hbar^2}{2m_B |\mu|}} \tag{1.23}$$

となるので，$-\mu \to 0$ という BEC 転移への接近は完全反磁性への接近（$\chi_{\text{dia}} \to -\infty$）を意味している．外部電流 $\boldsymbol{j}_{\text{ext}}$ があるときは，$\boldsymbol{\nabla} \times \boldsymbol{H}_{\text{ext}} = 4\pi \boldsymbol{j}_{\text{ext}}/c$ で定義される外部磁場 $\boldsymbol{H}_{\text{ext}}$ による項

$$\delta\Omega_{\text{current}} = -\int d^3\boldsymbol{r}\,\frac{1}{c}\,\boldsymbol{j}_{\text{ext}}\cdot\boldsymbol{A} = \frac{-1}{4\pi}\int d^3\boldsymbol{r}\,\boldsymbol{H}_{\text{ext}}\cdot\boldsymbol{B} \tag{1.24}$$

が (1.22) に加わることになる．$\Omega_{\text{B}}+\delta\Omega_{\text{current}}$ を $\boldsymbol{B}$ に関して変分して得られる

$$\boldsymbol{B} = \mu\boldsymbol{H}_{\text{ext}}, \quad \mu = \frac{1}{1+4\pi(-\chi_{\text{dia}})} \tag{1.25}$$

は，確かに磁束の排除につながることを示している．上式 (1.25) だけを見ると，透磁率をゼロとすれば超伝導は古典電磁気学の枠内で理解できるかのように見えるが，ゼロに近づく透磁率を得るには BEC 状態への相転移に接近するという統計力学的事象が必要であったことに注意してほしい．後の章で，平均場近似での超伝導（マイスナー）相で上記の $-\chi_{\text{dia}}$ が超流動密度，あるいは磁場侵入長（1.1 節を参照）とどのように関係しているのかが明らかになる．

　3 次元ボース理想気体における BEC と完全反磁性への接近に関する上記の説明では，有限温度でボース粒子系の化学ポテンシャル μ がゼロになるという前提が本質的であった．対照的に 2 次元系では，(1.14) 式における波数積分が $\mu = 0$ では対数発散するため，μ は有限温度では常に負でなければならない，つまり BEC が起こらないことが結論される．ただし，2 次元の場合のこの結論は粒子間の斥力相互作用が考慮されれば，2 次元超流動相は実現するという意味で変更を受ける [2]．その場合の超流動転移は次章の 2.4 節で説明されよう．

第2章 ボース粒子系の超流動

2.1 ボース超流動

　液体ヘリウム 4 を常圧下で冷却すると，超流動相に転移する．これが電気的に中性なボース粒子系が示す低圧下の基底状態であること，そして超流動転移の背景にある原理が BEC であること，は広く認識されている．しかし，超流動には斥力相互作用が不可欠であるため，理想ボース気体における BEC のみから超流動の理解が進むわけでもない．BEC を超えてボース超流動について理解しておくことは，超伝導の理論的理解にとって必要である．この理由から，ここではボース超流動の基本事項を説明する．

　まず，斥力相互作用しあう低密度ボース粒子系のハミルトニアン

$$\hat{H}_B = \int \frac{d^3\boldsymbol{r}}{(2\pi)^3} \left[\frac{\hbar^2}{2m_B} \nabla\hat{\psi}_B^\dagger(\boldsymbol{r})\nabla\hat{\psi}_B(\boldsymbol{r}) - \mu\,\hat{n}_B(\boldsymbol{r}) \right.$$
$$\left. + \frac{1}{2}\hat{\psi}_B^\dagger(\boldsymbol{r}) \int \frac{d^3\boldsymbol{r}'}{(2\pi)^3} V(\boldsymbol{r}-\boldsymbol{r}')\hat{n}_B(\boldsymbol{r}')\hat{\psi}_B(\boldsymbol{r}) \right] \tag{2.1}$$

に表示 (1.16) 式を用いてみよう．ここで，$\hat{n}_B = \hat{\psi}_B^\dagger\hat{\psi}_B = (\rho_0 + \delta\hat{\rho})/m_B$ である．まず，相互作用項を交換関係 (1.17) を用いて書き直して，$\mu + V(0)/2 \equiv \tilde{\mu}$ を新たに化学ポテンシャルとみなせば

$$\hat{H}_B = \int_r \left[\frac{\hbar^2}{2m_B} \nabla\hat{\psi}_B^\dagger(\boldsymbol{r})\nabla\hat{\psi}_B(\boldsymbol{r}) - \tilde{\mu}\,\hat{n}_B(\boldsymbol{r}) + \frac{1}{2}\int_{r'} V(\boldsymbol{r}-\boldsymbol{r}')\hat{n}_B(\boldsymbol{r}')\hat{n}_B(\boldsymbol{r}) \right] \tag{2.2}$$

となる．以下では，2 粒子間の斥力ポテンシャル $V(r-r')$ の波数依存性は無視して接触相互作用 $u\,\delta^{(3)}(r-r')$ と同一視し，u を $\rho_0^{-1}(m_B c_B)^2 > 0$ と表記

12　第2章　ボース粒子系の超流動

しよう．質量密度の一様成分 $\rho_0 = m_B n_0$ は相互作用が弱い限り，第ゼロ近似
では理想気体 の BEC の質量密度と考えてよい．c_B の意味は後で明らかにな
る．上式の最後の2項を平方完成して，$\tilde{\mu} > 0$ であるとき，基底状態では $\hat{n}_B$
は $n_0 = \rho_0/m_B = \tilde{\mu}/u$ という極小値をとることがわかる．$\tilde{\mu}/u$ が O（1）であ
る限り，これは斥力のある場合の BEC を意味する．理想ボース気体の場合に
近づけるには $\tilde{\mu}/u$ を定数に保つ形で u と $\tilde{\mu}$ をともに同時にゼロに近づけた場
合と考えればよい．今，近似 $\rho_0 \gg \sqrt{\langle (\delta\hat{\rho})^2 \rangle}$ の下で，上式を $\hat{\varphi}_B$, $\delta\hat{\rho}$ に関し2
次項までとって，

$$
\hat{H}_B + \frac{\tilde{\mu}^2}{2m_B c_B^2} N_0
$$
$$
\simeq \frac{1}{2} \int d^3 r \left[\frac{c_B^2}{\rho_0}(\hat{\rho} - \rho_0)^2 + \left(\frac{\hbar}{2m_B}\right)^2 \rho_0^{-1}(\nabla\delta\hat{\rho})^2 + \left(\frac{\hbar}{m_B}\right)^2 \rho_0(\nabla\hat{\varphi}_B)^2 \right]
\tag{2.3}
$$

と書ける．ここで，$\hat{\rho}$, $\hat{\varphi}_B$ に関するハイゼンベルク方程式 に先述の交換関係
(1.18) を使うと，完全流体の方程式系

$$
\frac{\partial \hat{\rho}}{\partial t} = -\rho_0 \operatorname{div} \hat{\boldsymbol{v}},
$$
$$
\rho_0 \frac{\partial \hat{\boldsymbol{v}}}{\partial t} = -c_B^2 \left(1 - \left(\frac{\hbar}{2m_B c_B}\nabla\right)^2 \right) \boldsymbol{\nabla}\hat{\rho},
$$
$$
\hat{\boldsymbol{v}} = \frac{\hbar}{m_B}\boldsymbol{\nabla}\hat{\varphi}_B
\tag{2.4}
$$

に到達する．上式において，$\hat{\rho}$ と 速度演算子 $\hat{\boldsymbol{v}}$ のフーリエ表示をとることに
より，線形近似で密度揺らぎは分散関係 $\omega_k = c_B|\boldsymbol{k}|[1 + (\hbar|\boldsymbol{k}|/(2m_B c_B))^2]^{1/2}$
を持ち，長波長では音波（フォノン）そのものであること，斥力の強さを測
る c_B が音波の速さになっていること，がわかる．斥力がなければ（$c_B \to 0$），
理想気体の分散関係 $\omega_k = \hbar k^2/(2m_B)$ に帰着するから，斥力により分散関係
が変わったことになる．

　この長波長でエネルギーゼロとなるフォノン励起は BEC による位相コヒ
ーレンス（長距離相関），別の言い方をすれば，ゲージ対称性という連続対称
性の自発的な破れ，のために生じた南部–ゴールドストーン（NG）モードの
典型例である．超流動相において，位相は揃っているが，揃う値について制

2.1 ボース超流動　**13**

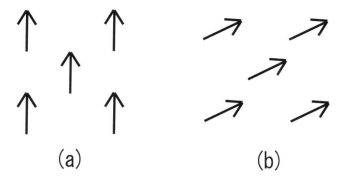

図 2.1　$\psi_B = \sqrt{\rho_0/m_B}(S_x + iS_y)$ で定義された XY スピンの空間分布．スピンは内部自由度なので，自発的にスピンが一様に揃った状態 (a) と (b) は同じものであるが，有限な波長 $\lambda_{\rm spin}$ でスピン方向が変調した状態は $\lambda_{\rm spin}^{-1}$ に比例した励起エネルギーを必要とする．図 (a)，(b) は $\lambda_{\rm spn}^{-1} = 0$ の状況である．

限はないので，位相の値を連続的に変えることはできる（図 2.1 参照）．ただ，実空間にわたって連続的に位相を変化させると，変化率 $\lambda_{\rm spin}^{-1} \equiv \sqrt{\langle(\nabla\varphi_B)^2\rangle}$ に依存するエネルギーコストが生じる．このエネルギーコストを与える項 $\langle(\nabla\varphi_B)^2\rangle$ の係数（剛性）が秩序相の特性を決める尺度であり，後述する超流動密度 ρ_s がそれである．

斥力相互作用によりフォノンの分散関係は得られたが，この分散関係が正の曲率（$d^2\omega_k/dk^2 > 0$）を示すという点は，実際のヘリウム 4 の 1 粒子励起の分散関係の特徴と正反対である．バルクのヘリウム 4 超流動相において正しい分散関係は，ランダウがヘリウム 4 超流動相の比熱の実験結果を説明するために導入したように負の曲率を持ち，ロトン分枝という極小を示す部分

$$\omega_k = \Delta_r + \frac{(k-k_0)^2}{2m'_B} \tag{2.5}$$

を持つ．ロトン分枝出現の理論的説明がファインマン（Feynman）によって与えられている．その内容は，簡潔に付録 C に与えておく．それによれば，ロトン極小の（Δ_r の）減少は，固体相に移行しようとするボース粒子系に発展する密度相関があることの反映である．つまり，ロトン分枝はボース固体の原子間の位置相関を反映すると考えられている．しかし，粒子間相互作用を接触型斥力に置き換えた（$V(\boldsymbol{r}) \to u\delta^{(3)}(\boldsymbol{r})$）希薄ボース気体のモデル (2.1) ではボース固体相は可能な相として登場しないので，(2.4) に至る方法ではロトン

14   第2章　ボース粒子系の超流動

分枝が生じるのを見ることはできない.

　ここで，関連してランダウの超流動安定性の判定条件について触れておこう．一定の流れの速度 $\boldsymbol{v}_s$ の超流動が壁などの外的要因により素励起が生じた結果安定なままでいられるためには，次の条件が必要である：流れがないときのその素励起の分散関係を ω_k としよう．そのとき，流れがある中で同じ素励起のエネルギーは，$\omega_k - \boldsymbol{v}_s \cdot \boldsymbol{k}$ になる．これは，ガリレイ変換

$$\boldsymbol{r}' = \boldsymbol{r} - \boldsymbol{v}_s t,$$
$$t' = t \tag{2.6}$$

による偏微分が

$$\nabla' = \nabla,$$
$$\frac{\partial}{\partial t'} = \frac{\partial}{\partial t} + \boldsymbol{v}_s \cdot \boldsymbol{\nabla} \tag{2.7}$$

と変換されるという運動学の結果にすぎない[1]．従って，

$$\omega_k - |\boldsymbol{v}_s| k < 0 \tag{2.8}$$

になれば，一様に流れた超流動状態は他の状態に移行する必要がある．ランダウの分散関係から，ロトン極小において Δ_r が減少するほどこの不安定化は起こりやすいと考えられる．仮に Δ_r がゼロの極限ではボース固体相に入ることになるため，ロトン分枝（図 2.2 参照）は固体秩序化の前兆であることを示唆する．しかし，実際には固化は 1 次転移で Δ_r の連続的な消失は見られていないので，今述べた描像が現実の系に当てはまっているとは必ずしもいえない.

　上記の (1.16) 式を用いたフォノン分散の導出では，$\delta\hat{\rho}$, $\hat{\varphi}_B$ が量子力学的演算子であることは実際には必要でなかった．これは，ボース流体における素励起などの導出において古典的な記述が許されることを示唆する．1 粒子量子力学のシュレーディンガー方程式の実部，虚部をとることによって確率保存を確認する作業から，古典完全流体の方程式系が非線形シュレーディンガー方程式の実部，虚部として得られることは容易に理解できるであろう．従って，場の演算子 $\hat{\psi}_B$ に関するハイゼンベルク方程式において $\hat{\psi}_B$ を古典スカラー場

---

[1] (2.7) 式が表しているのはまさに，ドップラー（Doppler）効果である.

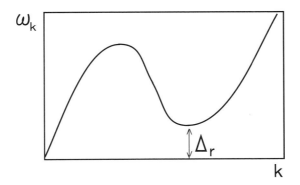

図 2.2 ヘリウム 4 の超流動相における 1 粒子励起の分散関係の模式図.

$\Psi = |\Psi| \exp(i\varphi_B)$ に置き換えて得られる非線形シュレーディンガー方程式

$$i\hbar \frac{\partial \Psi}{\partial t} = \frac{\delta \mathcal{H}_{GP}}{\delta \Psi^*},$$
$$\mathcal{H}_{GP} = \int d^3 r \left[\frac{1}{2m_B} |-i\hbar \nabla \Psi|^2 - \mu |\Psi|^2 + \frac{u}{2} |\Psi|^4 \right] \quad (2.9)$$

により絶対零度付近の超流動相を記述することがしばしば可能である．式 (2.9) はグロス–ピタエフスキー（GP）方程式と呼ばれる．Ψ は波動関数ではないことには注意が必要である．

さてここで，超伝導を学ぶための準備として，ボース粒子が仮想電荷 q を帯びている場合を考えてみよう．1.3 節においてと同様に粒子のスピンはゼロと仮定すれば，電磁場があることによる唯一の変更は置き換え $-i\hbar\boldsymbol{\nabla} \to -i\hbar\boldsymbol{\nabla} - q\boldsymbol{A}/c$ によるゲージ場の導入だけである[2]（電磁場はスカラーポテンシャルをゼロにするゲージで表されているとしよう）．そのとき，電流密度 $\boldsymbol{j}_{be}$ は

$$\boldsymbol{j}_{be} = -c \frac{\delta \mathcal{H}_{GP}}{\delta \boldsymbol{A}}$$
$$= -\frac{q^2}{m_B c} |\Psi|^2 \left(\boldsymbol{A} - \frac{\hbar c}{q} \boldsymbol{\nabla} \varphi_B \right). \quad (2.10)$$

---

[2] 荷電ボソン間のクーロン相互作用は遮蔽されているものとする．

16 第 2 章 ボース粒子系の超流動

ここで，φ_B は Ψ の位相で，

$$\Psi = |\Psi| \exp(i\varphi_B) \tag{2.11}$$

である．今，φ_B の特異点（後で述べる量子渦）はなく，時間に依らない定常状態にあるとしよう．このとき，連続の式は $\boldsymbol{\nabla} \cdot \boldsymbol{j}_{be} = 0$ となり，これを満たすためには，式 (2.10) の括弧内はゲージ場の横成分 $\boldsymbol{A}^T$ のみが現れるはずである．その結果，得られる電流密度の式 $\boldsymbol{j}_{be} = -\Upsilon_s \boldsymbol{A}^T$ の係数 Υ_s が超流動密度 ρ_s に比例する量で，

$$\Upsilon_s = \frac{q^2}{m_B c} \langle |\Psi|^2 \rangle_s \tag{2.12}$$

で与えられる．ここで，$\langle \cdots \rangle_s$ は空間平均であり，GP 方程式に従う限り平均場近似なので，この Υ_s には低エネルギー励起の存在による負の寄与は含まれていないことを指摘しておく．この応答電流をマクスウェル方程式

$$\mathrm{curl}\boldsymbol{B} = \frac{4\pi}{c} \boldsymbol{j}_{be} \tag{2.13}$$

と連立させることで，冒頭で述べたように，ボース多粒子系の超流動相が電荷を帯びている場合に磁束を受け付けないというマイスナー効果が見出される．ただし，この場合磁場侵入長 Λ_B は

$$\Lambda_B = \sqrt{\frac{m_B c^2}{4\pi q^2 \langle |\Psi|^2 \rangle_s}} \tag{2.14}$$

で与えられる．このマイスナー効果につながった主要な原因が，ボース流体が超流動秩序相に入った結果獲得した巨視的位相コヒーレンスであることに着目してほしい．

　上記の GP 方程式による平均場近似を越えた解析を行うには，再度第二量子化表示のハミルトニアン (2.1) に戻ればよいが，以下では分配関数の汎関数積分表示を導入する方法を選ぼう．理由は，この方法によりボース場の古典極限に着目すると，相転移のランダウ理論による記述との対応がわかりやすくなること，超伝導の記述との類似点や相違点が明確になること，などである．その導出方法は，付録 D を参照してほしい．結果として得られる希薄ボース気体の分配関数は，

$$Z_B = \prod_{\boldsymbol{r},\tau} \int d\Psi^*(\boldsymbol{r},\tau) d\Psi(\boldsymbol{r},\tau) \exp\left(-\frac{\mathcal{S}_B}{\hbar}\right),$$

$$\mathcal{S}_B = \int_0^{\hbar\beta} d\tau \int d^3\boldsymbol{r} \left(\hbar\Psi^*(\tau)\frac{\partial}{\partial\tau}\Psi(\tau) + \Psi^*\left[-\frac{\hbar^2}{2m_B}\boldsymbol{\nabla}^2 - \mu\right]\Psi + \frac{u}{2}|\Psi(\tau)|^4\right),$$
$$\tag{2.15}$$

の形となる．対応する自由エネルギーは $F_B = -\beta^{-1}\ln Z_B$ である．Ψ, Ψ^* は複素スカラー場であり，量子性は Ψ の虚時間依存性として含まれている．虚時間 τ は $[0, \hbar\beta]$ の区間で定義されており，そのためフーリエ級数展開

$$\Psi(\tau) = (\hbar\beta)^{-1} \sum_{n=-\infty}^{\infty} \Psi_{\omega_n} e^{-i\omega_n\tau} \tag{2.16}$$

で表す方がしばしば便利である．ここで，ω_n はボソン松原振動数 [3] と呼ばれ，整数 n を用いて $\omega_n = 2\pi n/(\hbar\beta)$ となる．Ψ の意味を理解するには，それを平均場 Ψ_0 で扱い，次に揺らぎの寄与 $\delta\Psi = \Psi - \Psi_0$ を含めればよい．

　上記の分配関数の表式は，相転移のランダウ理論の拡張と見ることもできる．つまり，平均場近似の転移温度が冷却とともに $-\mu = 0$ に到達する温度に相当し，理想気体では T_{BEC} に相当する．ボース場 Ψ 間の "相互作用" を考慮すれば，この理想気体の結果からのずれが得られる．さらに，非線形項の係数が正なので，平均場近似での超流動相転移は 2 次転移であることが予言される．

　再び，超流動密度に比例する Υ_s を今度は分配関数 (2.15) に基づいて表しておこう．GP 方程式の結果とは違って，今の場合超流動成分には有限な波数を持つ揺らぎからの寄与が含まれることがわかる．電流密度の統計平均は

$$\langle(j_{be})_i\rangle = -\frac{c}{V}\frac{\delta F_B}{\delta A_i} \tag{2.17}$$

であり，i 方向の電流応答の係数 Υ_s は $\boldsymbol{A}$ でもう一度変分して

$$(\Upsilon_s)_i(\boldsymbol{k}=0) = \frac{c}{V}\frac{\delta^2 F_B}{(\delta A_i^T(\boldsymbol{k}=0))^2} \tag{2.18}$$

18 第2章 ボース粒子系の超流動

となる．上の表式における $\langle\ \rangle$ は，上記の分配関数を使った統計平均を表す．そのため，低エネルギー励起の寄与も含んでいる (2.18) は，先の同様の式 (2.12) より一般的な式である．これらの低エネルギー励起に関する統計和には，渦励起に関係のない位相 φ_B に関する積分も含まれるが，ゲージ場の揺らぎの縦成分 $\boldsymbol{A}^L = \boldsymbol{A} - \boldsymbol{A}^T$ は $\boldsymbol{\nabla}\varphi_B$ に伴うため，φ_B-積分をして得られる Υ_i は $\boldsymbol{A}^L$ に依らない量になる（(1.2) 式参照）[3]．こうして，低温極限では全粒子数密度 n_B を用いて，(2.18) 式は $q^2 n_B/(m_B c)$ となる．一方，この量 (2.18) は常流動相では $\boldsymbol{k} \to 0$ でゼロになる量であり，超流動転移温度から十分離れていれば $u = 0$ である理想気体での反磁性帯磁率 $-\chi_{\mathrm{dia}}$ の結果が使えて，$-\chi_{\mathrm{dia}}\boldsymbol{k}^2$ となる（(1.1) 式に続く文を参照）．

2.2 位相揺らぎ

　以下では，超流動相における密度揺らぎを表す低エネルギー励起，いわゆるフォノン励起について触れよう．交換関係 (1.18) を反映して，密度揺らぎは位相揺らぎと共役な関係にあるので，以下ではフォノン励起を単に位相揺らぎと呼ぶことにする．そのために再び，通常の電気的に中性なボース粒子系を想定する．

　一例としてまず，超流動密度を再度，低温極限（$\beta \to \infty$）で考えよう．絶対零度では，全粒子が超流動に参加するので超流動密度が N/V（V は体積）に対応するが，相互作用がある今の場合では N/V は決して凝縮体密度 $|\Psi_0|^2$ には一致しない．実際，現実の超流動ヘリウム 4 の低温極限での凝縮体粒子数は典型的に，全粒子数の 10 パーセント程度と考えられている．超流動密度と凝縮体数密度の違いを定性的に見るために，Ψ をその BEC 成分 Ψ_0 と揺らぎ成分 $\delta\Psi$ に分ける．$\delta\Psi$ の実部 σ と虚部 π はそれぞれ，振幅の揺らぎと位相揺らぎ $\delta\varphi_B$ に比例する（例えば，$\pi = |\Psi_0|\delta\varphi_B$）である．$\sigma$ について積分すると，長波長での主要項のみを考慮する近似で $\mathcal{S}_B$ は

---

[3] これに関連する議論は，5.1 節でも再び行われる．

$$
\mathcal{S}_B + \hbar V \beta \left[\mu \Psi_0^2 - \frac{u}{2} \Psi_0^4 \right]
$$

$$
\simeq \int d^3\boldsymbol{r} \int d\tau \left[\partial_\tau \pi \frac{2 m_B \hbar^2}{4 m_B \mu + \hbar^2 (-\nabla^2)} \partial_\tau \pi + \frac{\hbar^2}{2 m_B} \pi (-\nabla^2) \pi \right]
$$

$$
= \int \frac{d^3\boldsymbol{q}}{(2\pi)^3} \beta^{-1} \sum_n \left[\frac{2 m_B \hbar^2}{4 m_B \mu + \hbar^2 q^2} \omega_n^2 + \frac{\hbar^2}{2 m_B} q^2 \right] |\pi_{\boldsymbol{q}, \omega_n}|^2 \tag{2.19}
$$

となる．虚時間に関するフーリエ表示で，$\omega_n = 0$ の項を熱揺らぎ項，他の $\omega_n \neq 0$ の寄与を量子揺らぎの項と呼ぶ．一方で，粒子数 N の表式は

$$
N = \frac{\partial}{\partial \mu} \beta^{-1} \ln Z_B \tag{2.20}
$$

であるから，上の (2.19) の左辺第 2 項の μ 依存性が (2.20) 式の右辺において BEC 粒子数 N_0 につながり，(2.19) 式の π に依存する寄与がフォノン励起からの粒子数への付加項になる．ただ，(2.19) 式において μ に依存するのは ω_n^2 に比例する項のみなので，凝縮体密度と超流動密度との差異 $N - N_0$ につながるのはゼロでない松原振動数を持つ位相の量子揺らぎの寄与のみである点に留意してほしい．また，上記の作用で，$i\omega_n$ を実の振動数に置き換えると，$|\pi_{\boldsymbol{q}, \omega}|^2$ の係数に先述のフォノンの分散関係が現れていることがわかるであろう．つまり，分配関数においてガウス近似で表された作用において振幅揺らぎを消去し，位相揺らぎのみによる有効作用を得ることには，完全流体の方程式系を連立させて線形モードの分散関係を見出すことと同じ内容が含まれているのである．

次に，有限温度の超流動相における位相の熱揺らぎの重要な役割に目を向けよう．その重要な例が，熱揺らぎによる位相相関への影響である．その場合の位相コヒーレンスの尺度として

$$
G_D^{(\mathrm{ph})}(\boldsymbol{r}) = \langle \Psi(\boldsymbol{r}) \Psi^*(0) \rangle = n_0 \langle \cos(\varphi_B(\boldsymbol{r}) - \varphi_B(0)) \rangle \tag{2.21}
$$

を調べる．有限温度では $\omega_n^2 \propto \beta^{-2}$ がエネルギーギャップの役割を果たすことに注意しよう．従って，作用 (2.19) において，ω_n^2 に比例する最初の項は，長波長での振る舞いを見るのに重要でなく，$\omega_n = 0$ という熱揺らぎ項のみを考えればよい．

ガウス近似の作用の下では，この相関関数はさらに $n_0 \exp(-\langle (\varphi_B(0) - $

$\varphi_B(\boldsymbol{r}))^2)/2)$ と書くことができる（付録 E を参照）．この式の指数の肩にある位相の 2 体相関関数の計算は，パラメタ積分の (E.4) 式を用いるなどして，各次元（$D = 2, 3$）で初等的に行える．結果は

$$G_2^{(\mathrm{ph})}(\boldsymbol{r}) = n_0\left(\frac{a_c}{r}\right)^{\eta_2(T)},$$

$$G_3^{(\mathrm{ph})}(\boldsymbol{r}) = n_0\exp(-\mathrm{const.}[\eta_3(T)]^{1/2}) \tag{2.22}$$

$$\eta_D(T) = \left(\frac{u}{2\pi|\mu|}\frac{m_B}{\hbar^2}\xi_c^{2-D}\beta^{-1}\right)^{2/(4-D)} \tag{2.23}$$

となる．ここで，熱揺らぎの強さ η_D は超伝導の文脈でのギンツブルク（Ginzburg）数に対応する無次元量で，ξ_c はボース粒子間距離に相当する短距離側の切断を表す長さである．2 次元の場合，3 次元での長距離秩序は準長距離秩序に置き換わっている．すなわち，相関関数は距離に関し代数的に減少するという，臨界点（連続相転移点）に特徴的な挙動を示しており，熱力学極限（$|\boldsymbol{r}| \to \infty$）で長距離秩序は厳密にいえば失われていることがわかる．このことを，2 次元が下部臨界次元である，と理論的には表現される．この準長距離相関は同時に $\langle\Psi(\boldsymbol{r})\rangle \propto \langle\exp(i\varphi_B)\rangle = 0$ となっていることを意味するので，2 次元ボース理想気体では BEC が起こらないことに基づいて，2 次元超流動相がないことを示唆していると捉えがちである．ところが一方で，上記のことは，臨界点においてと同様に「低温側」で位相相関長は有限ではないことも表しているのである．後述するように，渦励起や振幅の揺らぎが次々に励起されない限り，位相相関長は有限にならない．無限大の相関長が，ぎりぎり超流動秩序が維持されているということを表現しているのである．

2.3 量子渦

ボース超流動は BEC に根付いた状態であるため，基底状態は空間的に一様で低エネルギー励起もフォノン（長波長密度波）ぐらいである．ただし，固体に近い相関の強い超流動相ではロトン励起も重要である．しかし，相転移を考えるとき，基底状態の位相相関を壊す原因となるトポロジカル励起の重要性に

目を向ける必要がある．このことは，多くの量子凝縮相に共通しているが，超流動におけるトポロジカル励起である量子渦（quantized vortex）はその代表例である．超流動では量子渦が基底状態を構成する単位となって実現する渦糸状態が，系を一様回転させて供給される角運動量を渦糸が担う形で実現する．この章では渦糸状態の話題には触れずに，励起として生じる渦に限定して話を進めよう．

量子渦という励起は，その渦，あるいは渦の集団を囲む任意の閉軌道 C に沿った線積分が満たすトポロジカル条件

$$\int_C d\varphi_B = \int_C d\boldsymbol{l} \cdot \boldsymbol{\nabla} \varphi_B = 2\pi \sum_\nu n_\nu \tag{2.24}$$

により定義される．GP 方程式に従う場 Ψ は，第二量子化で導入されたボース粒子の場が BEC の結果により古典場としてみなされたものである．それを BEC を表す巨視的波動関数だと紹介する文献をしばしば見かけるが，1 粒子状態を表す波動関数と同一視できるわけではないことに注意しよう．それでも Ψ は位相コヒーレンスを表現する量であることから一価である必要があるので，その位相 φ_B は 2π の整数 n_a 倍だけの多価性は許される．その結果，式 (2.24) という条件を通して，Ψ の空間変化を有する渦励起の存在が許される．式 (2.24) の右辺は，積分の閉じた経路 C 内にある渦すべてによる位相変化の和で，ν は渦を番号付けする添え字である．例えば，原点 $\boldsymbol{r} = 0$ に $n_\nu = n$ の 1 個の渦の中心がある場合，この式の解は

$$\varphi_B = n \tan^{-1}\left(\frac{y}{x}\right) \tag{2.25}$$

である．n_ν はトポロジカル数やワインディング（winding）数などと呼ばれる．図 2.3(a) からわかるように，渦中心で位相が定まらないので，渦の x-y 座標は位相の特異点ともいう．

もちろん，位相の多価性は許しても Ψ の多価性は物理的にあり得ないので，渦中心で $|\Psi| = 0$ が満たされていなければいけない[4]．これは静的な GP 方程式 $\delta\mathcal{H}_{\mathrm{GP}}/\delta\Psi^* = 0$ の渦中心近くでの解を調べれば確かめることができる．次

---

[4] ただし，ボース粒子場が，後述する p 波フェルミ超流動でそうであるように，他の連続自由度を有したテンソル場のような量であれば，渦中心においても超流動状態が維持される渦は可能となる．

22 第2章 ボース粒子系の超流動

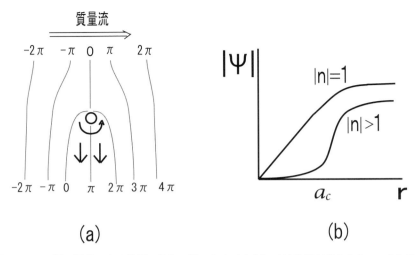

図 2.3 (a) 渦の運動による位相の滑り．渦の中心（白丸）では位相が定まらない．(b) 単一渦の近くでの振幅 $|\Psi|$ のプロファイルとそのワインディング数 n への依存性．

元解析から，原点にある1個の渦の中心近くでは空間微分項が主要項になるため，これはラプラス方程式 $\nabla^2 \Psi = 0$ を解くのと同じことで，(2.25) 式を用いると

$$\Psi \sim (x + i\,\mathrm{sgn}(n)\,y)^{|n|} \tag{2.26}$$

が原点付近の振る舞いであることが容易に導かれる．

ストークスの定理を用いて (2.24) を微分形で書くと，一般に

$$\boldsymbol{\nabla} \times \boldsymbol{\nabla} \varphi_B = 2\pi \boldsymbol{n}_\phi(\boldsymbol{r}),$$
$$\boldsymbol{n}_\phi(\boldsymbol{r}) = \sum_\nu \int d\boldsymbol{R}_\nu \, n_\nu \, \delta^{(3)}(\boldsymbol{r} - \boldsymbol{R}_\nu) \tag{2.27}$$

と書ける．ここで，$\boldsymbol{R}_\nu$ は ν 番目の渦の座標であり，特に z 方向にほぼ平行な渦糸系の場合，s をパラメタとして

$$\boldsymbol{R}_\nu(s) = (\boldsymbol{R}_\nu)_\perp(s) + s\hat{z} \tag{2.28}$$

を使って，

$$\boldsymbol{n}_\phi(\boldsymbol{r}) = \sum_\nu n_\nu \left(\frac{d(\boldsymbol{R}_\nu)_\perp}{dz} + \hat{z} \right) \delta^{(2)}(\boldsymbol{r}_\perp - (\boldsymbol{R}_\nu)_\perp(z)) \qquad (2.29)$$

と簡単化される.

しかし，この章ではこの後簡単のために 2 次元の場合に限って

$$\boldsymbol{\nabla} \times \boldsymbol{\nabla} \varphi_B = 2\pi \sum_\nu n_\nu \delta^{(2)}(\boldsymbol{r} - \boldsymbol{R}_\nu)\hat{z} \equiv 2\pi n_\phi(\boldsymbol{r})\hat{z} \qquad (2.30)$$

を考えよう（ここで，添え字を減らすために $(\boldsymbol{R}_\nu)_\perp \to \boldsymbol{R}_\nu$ と書いた）. この式は，超流動質量流

$$\boldsymbol{j}_s = m_B q^{-1} \boldsymbol{j}_{be} = \rho_s \boldsymbol{v}_s,$$
$$\boldsymbol{v}_s = \frac{\hbar}{m_B} \nabla \varphi_B \qquad (2.31)$$

を定義することにより，

$$\boldsymbol{\nabla} \times \boldsymbol{j}_s = \frac{2\pi\hbar}{m_B} \rho_s n_\phi(\boldsymbol{r})\hat{z} \qquad (2.32)$$

と書くこともできる. ρ_s が（局所的に定義された）超流動密度で，(2.12) 式と比較することにより，GP 方程式の平均場近似では単に $\rho_s = m_B |\Psi|^2$ である.

式 (2.30) から，点 $\boldsymbol{R}_\nu$ が位相の特異点であること，n_ϕ が渦度を表すことがわかる. 上式 (2.32) の $\boldsymbol{j}_s$ は，渦 1 つのみの場合では渦中心まわりで等方的であることに留意すると，2 次元のラプラス方程式 $\boldsymbol{\nabla}^2 \ln(r) = 2\pi \delta^{(2)}(\boldsymbol{r})$ を使って，

$$\boldsymbol{j}_s = \frac{\hbar}{m_B} \rho_s \hat{z} \times \sum_\nu n_\nu \boldsymbol{\nabla} \ln \frac{|\boldsymbol{r} - \boldsymbol{R}_\nu|}{a_c} \qquad (2.33)$$

と書いてもよい. a_c は振幅が渦中心でゼロになること（(2.26) 式）を考慮して，渦中心まわりの小領域を取り除く（図 2.3 (b) 参照）ために導入した切断の長さである. 今，式 (2.32) の時間微分をとることにより，完全流体のオイラーの式に相当する

24　第 2 章　ボース粒子系の超流動

$$\frac{\partial \boldsymbol{j}_s}{\partial t} - \frac{2\pi\hbar}{m_B} \rho_s \overline{n}_\phi (\boldsymbol{v}_\phi \times \hat{z}) = -c_B^2 \boldsymbol{\nabla}\rho \qquad (2.34)$$

が得られる．ここで，$\overline{n}_\phi \boldsymbol{v}_\phi = \sum_\nu n_\nu \delta^{(2)}(\boldsymbol{r} - \boldsymbol{R}_\nu)\partial \boldsymbol{R}_\nu / \partial t$ は渦集団の流れの密度で，また渦がないときのオイラーの式（2.4 の第 2 式）が再現できることを要請した．式の左辺の 2 項の比較は，渦が $+y$ 方向に運動すると $-x$ 方向の超流動流が減速することを意味する（図 2.3(a) 参照）．あるいは，渦とともに動く座標系で考えれば，超流動流がない中で $+x$ 方向に渦を動かそうとすると $+y$ 方向の力を渦が受ける，ということもできる．これはマグヌス（Magnus）力という揚力の一種で，回転をかけたボールを投げると曲がることの原理でもある．図 2.3(a) にあるように渦が動くと，動いた跡では流れが減衰しているので，渦の自由運動は超流動の破壊につながる．実際，超流動密度自体も渦があることにより減少することを余儀なくされる．(2.18) 式において，変分がゲージ場の横成分についてのみ行われていることに注意してほしい．渦を表現するのは (2.30) 式にあるように $\nabla\varphi_B$ の（位相 φ_B の特異性から生じる）横成分で，この横成分はゲージ場の横成分と直接カップルする（(2.45) 式参照）．渦があるときの ρ_s に関する具体的な議論は，後で 2 次元超流動転移において行おう．

(2.32) 式と (2.34) 式に加え，既知の保存則の式が，$2\pi\hbar(\boldsymbol{j}_s \times \hat{z})/m_B$ を "電場" $\boldsymbol{E}_d$，質量密度の変化 $\delta\rho$ に比例する量 $-2\pi\hbar c_B \delta\rho/m_B$ を "磁場" の垂直成分 $H_d \equiv \boldsymbol{H}_d \cdot \hat{z}$ とみなすことによって，次の 2 次元 "マクスウェル方程式" 系として表されることは容易に確認できる：

$$\mathrm{div}\boldsymbol{E}_d = \frac{4\pi}{\varepsilon_0} n_\phi,$$

$$\mathrm{div}(H_d\hat{z}) \equiv 0,$$

$$c_B \boldsymbol{\nabla} \times (H_d\hat{z}) = \frac{4\pi}{\varepsilon_0} \overline{n}_\phi \boldsymbol{v}_\phi + \frac{\partial \boldsymbol{E}_d}{\partial t},$$

$$(\boldsymbol{\nabla} \times \boldsymbol{E}_d)_z = -\frac{1}{c_B} \frac{\partial H_d}{\partial t}. \qquad (2.35)$$

ここで，

$$\pi\varepsilon_0 \equiv \frac{\beta}{K_0} = \frac{1}{\rho_s} \left(\frac{m_B}{\hbar}\right)^2 \qquad (2.36)$$

である．第2式は2次元であることによる恒等式，最後の式は (2.4) の第一式に相当し，超流体粒子の質量保存を表す．これらは，流体の流れと密度が "電磁場"（$\boldsymbol{E}_d$, $H_d\hat{z}$）を表し，量子渦がそれらと相互作用する（電荷密度 n_ϕ と電流密度 $\bar{n}_\phi \boldsymbol{v}_\phi$ を有する）"荷電粒子" とみなせることを意味する [4].

また，(2.35) の第一式は渦間の相互作用エネルギー密度が静電場によるエネルギー密度 $\varepsilon_0 \boldsymbol{E}_d^2/(8\pi)$ と表されることを意味する．実際，(2.33) と (2.36) 式を用いて，

$$
\begin{aligned}
\mathcal{H}_{hyd} &= \frac{1}{2\rho_s}\int d^2 r \boldsymbol{j}_s^2 = \frac{\rho_s}{2}\left(\frac{2\pi\hbar}{m_B}\right)^2 \int \frac{d^2\boldsymbol{q}}{(2\pi)^2}\sum_{\mu,\nu}\frac{n_\mu n_\nu}{q^2}\exp(i\boldsymbol{q}\cdot(\boldsymbol{R}_\mu - \boldsymbol{R}_\nu)) \\
&= \pi\rho_s\left(\frac{\hbar}{m_B}\right)^2\left[\sum_{\mu\neq\nu}(-n_\mu n_\nu)\ln\left(\frac{|\boldsymbol{R}_\mu - \boldsymbol{R}_\nu|}{a_c}\right) + \left(\sum_\nu n_\nu\right)^2\ln\left(\frac{R}{a_c}\right)\right]
\end{aligned}
$$

(2.37)

となる．ここで，2次元ラプラス方程式 $\nabla^2 \ln|\boldsymbol{r}| = 2\pi\delta^{(2)}(\boldsymbol{r})$，あるいは同じことだが，$\int d^2\boldsymbol{q}(1-\exp(i\boldsymbol{q}\cdot\boldsymbol{r}))/(2\pi q^2) = \ln|\boldsymbol{r}| + \mathrm{const.}$ を用いた．(2.37) 式は，ボース粒子の運動エネルギーが渦間の相互作用エネルギーに相当するという duality 描像を表している．実際，双対（duality）変換によってよりすっきりした形で (2.37) 式が導出されることを付録 F で見ることができる．

また，(2.37) 式において，積分 $\int_q q^{-2}$ の下限での対数発散を "系のサイズ" R を導入して切断した．(2.37) 式の最後の項から，R を十分大きくとれば渦度に関する中性条件 $\sum_\nu n_\nu = 0$ が課されることになる．トポロジカル数の高い渦が生成されにくいのは明らかであるから，以下では $n_\nu = \pm 1$ の励起（渦と反渦）に限る．この特徴を実際に理論計算の中に反映させるために，渦と反渦の生成エネルギー（あるいは，自己エネルギー）E_c を次の置き換えにより導入する：

$$
\mathcal{H}_{hyd} \to \mathcal{H}_{hyd} + \sum_\nu E_c n_\nu^2.
$$

(2.38)

渦と反渦間の相互作用は引力であり，超流動相内でこれらの渦は揺らぎとして現れる励起であるから，上記の中性条件からは渦と反渦は超流動相内で対として束縛された形で現れるとみなすことができる．ところで，単独の渦が出現した場合，（長距離で定義した ρ_s がゼロとなるという意味で）超流動の破壊につ

26 第 2 章　ボース粒子系の超流動

ながるが，揺らぎを無視できる限り，平衡状態での単独の渦の出現には系の回転が必要である．そして，揺らぎにより渦対が誘起された場合でも，渦対が自由渦へと解離して超流動流が減衰するにはある程度強い流れが必要で，弱い流れの下では超流動相にとどまる．それでも，先述のランダウの超流動破壊の判定条件，つまり個別粒子励起による超流動破壊と比べると，通常の実験室の状況下では，この渦による超流動破壊の機構の方がはるかに遅い流れの下で起こってしまうことを指摘しておく．この渦運動による位相相関の破壊の機構は，2 次元超伝導における電気抵抗の議論の中で主役を演じる内容なので，第 5 章で再度触れよう．

2.4　2 次元超流動—コステリッツ–サウレス（KT）転移

　上に準備された結果を用いて，2 次元超流動転移の記述について簡潔に説明しよう．前述の通り，位相相関数の結果はこの場合，ぎりぎり超流動が保たれていることを示していたが，その考察には熱揺らぎとして生じ得る量子渦は含まれていなかった．ここでは，超流動相内では小さな渦対として渦は出現し，一方で大きな渦対は希薄に，あるいはまれに出現し，この大きな対を形成する渦，反渦間の相互作用を小さな渦対が遮蔽するという多体効果の結果起こることについて調べる．

　この内容を説明するために，コステリッツ–サウレス（Kosterlitz-Thouless：KT）の原論文 [5] と同様に，先述の渦を "荷電粒子" とみなして，他の渦による流れの場，つまり "電場" の遮蔽を調べる．そのために，"荷電粒子" 間の距離に依存した "誘電関数" から出発する：

$$\varepsilon(r) = \varepsilon_0 + 4\pi\chi^{(p)}(r) \tag{2.39}$$

ただし，ε_0 は (2.36) 式で定義された裸の量で，サイズの小さい渦対による繰り込みの効果が電場 $\boldsymbol{E}_d = E_d\hat{x}$ に対する応答量（分極率）$\chi^{(p)}$ に含まれる．この分極率を孤立した電気双極子モーメント $p\hat{x}$ に対する結果に基づいて求めよう．一様電場 $\boldsymbol{E}_d$ 下でのエネルギー変化 $\delta E_{\rm el} = -\boldsymbol{p} \cdot \boldsymbol{E}_d$ による分極率は，$\langle\boldsymbol{p}\rangle = \chi^{(p)}\boldsymbol{E}_d$ であることから，$\partial\langle p_j\rangle/\partial(\boldsymbol{E}_d)_j|_{\boldsymbol{E}_d\to 0}$ で与えられる．なお，ここでは $\langle\quad\rangle$ は角度平均と統計平均の両方を表す．サイズ r の単一の双極子

の $\chi^{(p)}$ への寄与は，今の場合電荷は ± 1 であることを考慮して，ボルツマン因子 $\exp(-\beta\delta E_{\mathrm{el}})$ を E_d で展開することにより，2 次元で $r^2/(2k_{\mathrm{B}}T)$ であることが容易にわかる．数因子 $1/2$ は 2 次元の方位角に関する角度平均の結果である．この式を利用して，r より小さいサイズの双極子モーメントによる繰り込みの効果を含めると結局，

$$\chi^{(p)}(r) = \int_{r'<r} d^2\boldsymbol{r}'w(r')\frac{r'^2}{2k_{\mathrm{B}}T},$$
$$w(r) = \mathcal{N}\exp\left(-\beta\int_{r'<r}dr'\frac{2}{r'\varepsilon(r')}-2\beta E_c\right) \tag{2.40}$$

と書ける．ここで，$\mathcal{N}$ は規格化定数で，$w(r)$ はサイズが r より小さい渦対による統計的重み，また，間隔 r の渦対間の引力が (2.37) 式から $-2/(r\varepsilon(r))$ となることを用いた．以下，$y_0 = \mathcal{N}^{1/2}\exp(-\beta E_c)$ と書くと (2.39) 式は $\tilde{K}(r) \equiv \beta/(\pi\varepsilon(r))$ に関する式

$$\tilde{K}^{-1}(r) = \tilde{K}^{-1} + 4\pi^3 y_0^2 \int_1^r dr'r'^3\exp\left(-\int_1^{r'}dr''2\pi\frac{\tilde{K}(r'')}{r''}\right) \tag{2.41}$$

となる．ここで，長さのスケールの単位を 1 とした．さらに，

$$y^2(r) \equiv y^2(1)r^4\exp\left(-\int_1^r dr'2\pi\frac{\tilde{K}(r')}{r'}\right) \tag{2.42}$$

$(y(1) = y_0)$ と書くと，上式は 2 つの微分方程式

$$\frac{d\tilde{K}^{-1}(r)}{d\ln r} = 4\pi^3 y^2(r),$$
$$\frac{dy(r)}{d\ln r} = (2 - \pi\tilde{K}(r))y(r) \tag{2.43}$$

と等価となる．(2.43) の第一式は y の増大で遮蔽が進み，"金属" 相（$K(r \to \infty) \to 0$）に近づくことを示唆しており，第二式は表式 $\pi\tilde{K}(r \to \infty) = 2$ で "金属・絶縁体" 転移が起こることを示唆する．転移点を決めるこの第二式は，系に単一の渦が現れた際の自由エネルギーの考察からも理解できる：1 個の渦の内部エネルギーは $U = \varepsilon_0^{-1}\ln(R/a)$ でこの渦の位置は系全体にわたり自由にとれるため，エントロピーは $S = k_{\mathrm{B}}\ln(R/a)^2 = 2k_{\mathrm{B}}\ln(R/a)$ なので，$R \to \infty$

28 第 2 章 ボース粒子系の超流動

の極限で $k_B T_{\mathrm{KT}} = (2\varepsilon_0)^{-1}$, つまり $\pi K_0 = 2$ であれば, $F = U - TS$ の符号が変わる. 先述の通り, "双極子" が "伝導電子" に変貌する, つまり自由渦の発現は位相コヒーレンスを壊すから, この "金属・絶縁体" 転移は 2 次元ボース流体の超流動転移に相当する. 後の都合上, この T_{KT} を決める式をボース超流動の記述に用いるパラメタで書き直しておこう:

$$\rho_s(T_{\mathrm{KT}}) = \frac{2}{\pi} k_B T_{\mathrm{KT}} \left(\frac{m_{\mathrm{B}}}{\hbar} \right)^2. \tag{2.44}$$

微分方程式は, 連続転移に伴う臨界現象を記述する繰り込み群方程式の一例である. 上記のその導出法は誘電関数, 言い換えれば $K^{-1} \propto \rho_s^{-1}$, の定義式に基づいていた. 一方で, 繰り込まれた超流動密度 $\rho_{s,R}$ の一般的な定義式 (2.18) を具体的に書くと

$$\rho_{s,\mathrm{R}} = \rho_s - \beta \int d^2\boldsymbol{r} \langle j_x^T(\boldsymbol{r}) \cdot j_x^T(\boldsymbol{r}') \rangle \tag{2.45}$$

となり, (2.39) はこれと異なるため, (2.43) 式の導出過程については過去に議論があった. しかし, 得られる繰り込み群方程式は y に関する最低次まで (2.43) 式で正しく, しかも以下に見るように KT 転移の特徴は y が小さい極限での固定点に起因するため, KT 転移の上記の導出方法に問題はないことが現在ではわかっている [6].

KT 転移に伴う臨界現象を説明するために, 転移点 T_{KT} 近傍に限って (2.43) 式を扱おう. そこでは, $x \equiv -1 + 2K^{-1}/\pi$ と y がともに十分小さいはずなので, (2.43) 式は

$$\frac{dx}{d\ln r} = 8\pi^2 y^2,$$
$$\frac{dy}{d\ln r} = 2xy \tag{2.46}$$

となり, 従って $x^2 - (2\pi y)^2$ がスケールに依存しない定数 $C(T)$ となることがわかる. $T > T_{\mathrm{KT}}$ ($T < T_{\mathrm{KT}}$) で y が長距離で増大 (減少) することが, 自由渦の増殖 (消失) を意味する. つまり, $C(T > T_{\mathrm{KT}}) < 0$, $C(T < T_{\mathrm{KT}}) > 0$ となる. C は温度に関して解析的であろうから, $C \simeq b_{\mathrm{KT}}^2(-T + T_{\mathrm{KT}})$ と書こう. また, $T = T_{\mathrm{KT}}$ で上式を解いて $y = 1/(4\pi\ln r)$ となることを参考にすると, y

がO(1) となるスケール

$$\xi_{\mathrm{ph}}(T) \sim \exp\left(\frac{1}{4\pi b_{\mathrm{KT}}|T - T_{\mathrm{KT}}|^{1/2}}\right) \tag{2.47}$$

が得られ，$T > T_{\mathrm{KT}}$ での熱的に励起した自由渦間の平均間隔に相当する．つまり，KT転移近くのその高温側での位相相関長である．これを次節で定義される繰り込まれた超伝導揺らぎの相関長 $\xi_{\mathrm{R}}(T)$ と同一視するのは自然であろう．

では，KT転移は2次元ボース流体の物理量にはどのように反映されるのであろうか？　まず，熱力学量であるが，連続相転移の転移点近くで臨界揺らぎによる自由エネルギーへの有限な寄与は存在する．具体的に，この場合上記の $\xi_{\mathrm{R}}(T)$ に相当する相関長が転移点に近づくと際限なく増大するので，転移点より高温側での揺らぎに起因する自由エネルギー密度は

$$f_{\mathrm{cr}} \sim -k_{\mathrm{B}}T c_{\mathrm{cr}}[\xi_{\mathrm{R}}(T)]^{-2} \tag{2.48}$$

となるであろう．温度を上げるとエントロピーは上昇するから，c_{cr} は ξ_{R} の冪には依らない正の無次元量である．この式は，次節で述べる一般の2次転移の揺らぎの効果に対するガウス近似での計算結果により支持される．指数 -2 は2次元であることによる．厳密にいえば，c_{cr} が ξ_{R} の対数関数依存性を含むことは否定できないが，ここでの目的のためには ξ_{R} に依らないとみなして差し支えない．この式で，ξ_{R} を $\xi_{\mathrm{ph}}(T)$ と同一視することにより，自由エネルギーを何回温度で微分してもその微係数は転移点で決して発散や跳びを示さないことがわかる．2次転移では自由エネルギーを2回温度で微分して得られる比熱が異常を示すことと対比させて，KT転移は無限次の連続相転移の典型例であるということができる．しかし，相転移であるから，どんな物理量も発散や不連続性を示さない，というわけではない．自由エネルギーから定義される熱力学量は確かに連続的だが，応答量は明瞭な異常を示す．このことは上記の x, y のスケーリングの議論からも次のように理解できる．低温から転移点直下（$T \leq T_{\mathrm{KT}}$）に接近すると，$K \to 2/\pi$，$y \to 0$ に近づくので，超流動密度 ρ_s は T_{KT} で (2.44) で与えられた値に近づく．一方で，転移点より高温は超流動相ではないので $\rho_s = 0$ になる．これは，(2.37) 式において，高温側では渦と反渦が高密度で分布しているため，"電荷" 密度 $n(\boldsymbol{r}) = \sum_a n_a \delta^{(2)}(\boldsymbol{r} - \boldsymbol{R}_a)$ を

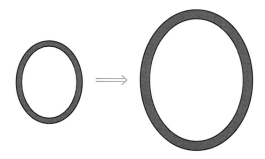

図 2.4 相転移を誘起する渦輪の臨界成長.渦輪のサイズ R にスケールして,その芯の直径 a も R に比例して増大する.

連続場として扱う方法（一種のデバイ–ヒュッケル（Debye-Huckel）近似）[7] により示すことができる.つまり,超流動密度は昇温に伴い,連続転移点で有限な値からゼロへと不連続に跳ぶことになる.連続転移による応答量の不連続な跳びが,第 5 章で絶対零度での 2 次相転移における電気伝導度にも起こることを見るであろう.

では,3 次元の超流動転移は同様な方法で記述できるか？ つまり,渦対の代わりにサイズの大きい渦輪（ループ）を考えて,3 次元超流動転移（ラムダ転移）が欠陥成長により生成されるとする記述が成り立つであろうか？ トポロジカル励起（欠陥）がもたらす相転移の一例として,ラムダ転移とその臨界現象の説明は相転移の物理的イメージをわかりやすくする.そこで,上記の自由エネルギーの考察を繰り返そう.今,十分大きな渦輪を考える.そのエネルギーは $R\ln(R/a)$ に比例する.a は渦の芯のサイズである.一方,エントロピーをカウントするために,便宜的に渦輪を格子定数が b,最近接格子数が $z(>1)$ の 3 次元立方格子をたどる酔歩だとしよう.すると,エントロピーは $k_{\rm B}\ln(z-1)^{R/b}$ となる.従って,十分 R が大きい極限で内部エネルギー項の因子 $\ln(R/a)$ により自由エネルギーは正で,渦輪生成により 3 次元超流動転移は説明できないように思える.実際,この対数因子は臨界現象のスケール不変性自体と抵触する.2 次元と同様な理論はうまく働かないように思われるが,この困難は転移点に接近するに伴い,渦芯サイズ a が臨界成長する（つまり,$a(R) \sim R$.図 2.4 を参照）[8] ことを説明できれば解消できる.ただし,渦芯

は超流動密度がゼロになる場所なので，この芯のスケーリングは超流動秩序パラメタの振幅の揺らぎの成長と等価であろう．この意味で，3 次元超流動転移のトポロジカル励起による説明は，次節にあるように同じ相転移をランダウの相転移の理論の方針，つまり秩序パラメタの振幅揺らぎが本質的だとする方針で議論することと定性的には矛盾しない．

逆に，2 次元の KT 転移を記述するには "秩序パラメタ" の振幅 $|\Psi|$ の揺らぎを必要とはせず，ランダウ理論の枠内では説明できない．付録 G においても述べられるように，相転移に関するもっと一般的な見地からも O(2) シグマモデル（XY モデルともいう）の相転移は特別なクラスに属する．

2.5 超流動揺らぎ

次に，先述のボース系の作用 (2.15) に直接基づいて，"秩序パラメタ" Ψ の熱的揺らぎの効果の解析方法について紹介する．まず，相互作用項が無視できるとしてガウス近似で，つまり理想ボース気体を量子揺らぎを無視して考えよう．この場合，(2.15) において τ に依らない Ψ, Ψ^* についてガウス積分すれば分配関数 Z_B は得られる．高温側から転移温度に近づくに伴い，化学ポテンシャルの絶対値 $-\mu$ は減少するので，その結果相関長 $\xi_>(T) = \hbar[2m_B(-\mu)]^{-1/2}$ が増大する．具体的に，場の量 Ψ を

$$\Psi = \frac{1}{V^{1/2}} \sum_{\boldsymbol{k}} b_{\boldsymbol{k}} e^{i\boldsymbol{k}\cdot\boldsymbol{r}} \tag{2.49}$$

とフーリエ展開して，

$$Z_B \propto \prod_{\mathbf{k}} \left[\frac{\beta^{-1}}{\xi_>^{-2}(T) + k^2} \right] \tag{2.50}$$

となることがわかる．3 次元自由エネルギー密度 f については $|\mathbf{k}|$ に関する積分を短波長側で切断を用意して実行することにより，

$$f = f_{\text{ana}} - \frac{\beta^{-1}}{6\pi} [\xi_>(T)]^{-3} \tag{2.51}$$

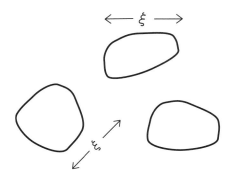

図 2.5 ある時刻での秩序パラメタの揺らぎのイメージ．相関長とともに，相関時間も有限なので，これはスナップショットに相当する．$T > T_c$ では各領域内で振幅 $|\Psi|$ はノンゼロで，位相相関もある．$T < T_c$ では反対に，各領域のサイズのスケールで $|\Psi|$ は変調しているが，長距離では $|\Psi|$ は一定で位相相関も維持されている．図 2.4 の描像では，この各領域が各渦輪と同一視される．

という形を得る．切断に依存する寄与はすべて，$-\mu$ についての解析関数である f_{ana} に押し込めた．$-\mu$ が温度について解析的である限り，上記の解析項からは物理量の転移点での発散にはつながらない．一方，第 2 項は $-\mu$ について非解析的であり，前節の (2.48) 式と同じ形をしており，物理量のガウス近似における臨界挙動を決める．2 次元では，上記の $\xi_>^{-3}/(6\pi)$ は $\xi_>^{-2}\ln(\xi_>)/(4\pi)$ で置き換えられることは容易に確かめられる．図 2.5 に，秩序パラメタの揺らぎの概念図を与えておく．

ボース系が仮想電荷を持っている場合，反磁性帯磁率 χ_{dia} の同様な結果は次のように得られる．ゲージ共変性（演算子 $-i\boldsymbol{\nabla} - q\boldsymbol{A}/(\hbar c)$ の形）に基づき，臨界現象を決める唯一の長さが $\xi_>(T)$ であればゲージ場の揺らぎは

$$\delta \boldsymbol{A} \sim \xi_>^{-1} \tag{2.52}$$

に従ってスケールされるので，磁場の揺らぎ $\delta \boldsymbol{B}$ は $\xi_>^{-2}$ でスケールされる．従って，マイスナー効果の前兆を表す反磁性帯磁率 χ_{dia} は (2.48) 式や (2.51) 式から D 次元系では

$$-\chi_{\text{dia}} \sim (\xi_>(T))^{4-D} \tag{2.53}$$

と振る舞い，超流動（連続）転移に接近するに伴い，反磁性帯磁率が発散することが予言される．これは，(1.23) 式を異なる方法で導出したことに相当する．指数 4 は磁束密度で 2 回微分したことによる．

超流動相への 2 次相転移温度 T_c の十分近くになると，非線形項の無視を正当化できず，上記のガウス近似は適用できない．その場合でも臨界挙動に伴う 3 次元自由エネルギー密度への寄与（(2.51) の最後の項）は

$$\xi_{\mathrm{R}}(T) \sim (-\mu)^{-\nu} \tag{2.54}$$

と振る舞う実際の相関長を用いて，$-(\xi_{\mathrm{R}})^{-3}$ に比例するはずである．しかし，3 次元系においてガウス近似を超えるともちろん厳密には問題は解けないので，近似法が必要である．ここではまず，ハートリー近似の結果を見てみよう．つまり，非線形項を

$$\frac{u}{2} \int d^3\boldsymbol{r} |\Psi|^4 \to u\langle|\Psi|^2\rangle \int d^3\boldsymbol{r} |\Psi|^2 \tag{2.55}$$

と置き換えることにより，

$$-\mu \to -\mu_{\mathrm{R}} \equiv -\mu + u\langle|\Psi|^2\rangle \tag{2.56}$$

という読み換えをする．従って，ガウス近似での $\xi_>^{-2}(T)$ を $[\xi_{\mathrm{R}}(T)]^{-2} = 2m_B(-\mu_{\mathrm{R}})/\hbar^2$ で置き換えて，ガウス近似に沿って解析を行えばよい．先述のように，$\langle|\Psi|^2\rangle$ は今の場合常流動相（$T > T_c$）の理想気体の粒子数密度に相当し，ボース分布関数を使って $1/(\exp[\hbar^2\beta(\xi_{\mathrm{R}}^{-2} + k^2)/(2m_B)] - 1)$ であるが，相転移点付近での臨界揺らぎのエネルギースケールは温度スケールより十分低いため，分布関数中の指数関数はその引数で展開でき，上記の分布関数は古典統計の対応する表式 $2m_B(\hbar^2\beta)^{-1}/[(\xi_{\mathrm{R}}(T))^{-2} + k^2]$ で近似できることになる．つまり，量子多体系であっても有限温度での連続相転移の転移点近傍では量子統計が無視でき，古典統計での対応する表式で代用できることになる．

こうして，$-\mu_{\mathrm{R}}$ は自己無撞着な関係式

$$-\mu_{\mathrm{R}} = -\mu + \frac{2m_B u}{\beta\hbar^2} \int \frac{d^3\boldsymbol{q}}{(2\pi)^3} \frac{\xi_{\mathrm{R}}^2}{1 + \xi_{\mathrm{R}}^2 q^2} \tag{2.57}$$

を満たす．3 次元でこの積分を実行するのに，運動量の大きい側の切断 $k_c \simeq c^{-1/2}$ を導入して，k_c 依存項 $\delta\mu$ は温度に比例し転移温度を下げる役割を果た

34 第2章 ボース粒子系の超流動

す. $-\mu + \delta\mu \to -\mu$ と再定義して, T_c 近くでは

$$\xi_{\mathrm{R}}(T) \simeq \frac{\beta^{-1}}{2\pi}\frac{u}{\hbar^2(-\mu)}\frac{2m_B}{} \tag{2.58}$$

が, また T_c より十分高温では,

$$\xi_{\mathrm{R}}(T) \simeq \xi_>(T) \tag{2.59}$$

が成り立つ. $\xi_>$ の μ 依存性に関する指数 ν ((2.54) 式参照) がガウス近似での 1/2 から, このハートリー (Hartree) 近似では 1 に変わったことに注意してほしい.

ところで, 今まで μ の温度依存性について言及しなかった. 理想ボース気体の結果に基づく場合, これについては注意が必要である. 作用 (2.19) における元の化学ポテンシャル μ は, 相互作用が十分弱いと仮定すれば, 理想ボース気体での結果を用いることになる. その場合, μ の常流動相側での温度依存性は (1.14) において N_{ex} を両辺から引いて,

$$-\mu = \left(\frac{\hbar^2}{2m_B}\right)^3 (4\pi\beta)^2 \left(\frac{N_{\mathrm{ex}} - N}{V}\right)^2 \propto (T - T_{\mathrm{BEC}})^2 \tag{2.60}$$

となることがわかる. この結果と (2.51), (2.54) で $\nu = 1/2$ とした式を用いることで, 理想ボース気体の場合, 転移点 T_{BEC} における比熱 C が 3 次相転移に特徴的な比熱の温度勾配 $\partial C/\partial T$ の跳びを示すことがわかる. より詳しい導出過程については, 文献 [9] を参照するとよい.

しかし, 相互作用がある系では, 上でハートリー近似の場合で既に見たように超流動転移温度は T_{BEC} より低い T_c で起こることになる (以下の図 2.6 参照). そのため, T_c のまわりで温度依存性は解析的で, 上式の $-\mu$ と対照的に, 一般に

$$-\mu \propto T - T_c \tag{2.61}$$

となるであろう. 従って, 通常の 2 次相転移のランダウ理論と平行して臨界現象の議論を進めることができる. 相関長 $\xi_{\mathrm{R}}(T)$ と比熱 C の臨界挙動を

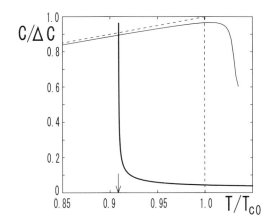

図 2.6 2 つの近似の下で得られた超流動転移付近での比熱曲線の結果：平均場近似（点線），熱揺らぎを無視して Ψ_{MF} が不均一にならないという近似（本文を参照）で乱れが考慮された場合（細い実線），ハートリー近似で熱揺らぎを含むが乱れは考慮されない場合（太い実線）．熱揺らぎでシフトした転移温度は矢印（↓）で示されている．乱れにより $|\Psi_{MF}|$ が不均一になった場合の結果は示されていない（本章の末尾の議論を参照）．

$$\xi_R(T) \sim (T - T_c)^{-\nu},$$
$$C(T) \sim (T - T_c)^{-\alpha} \tag{2.62}$$

と書くと，ガウス近似では $\nu = 1/2$ となり，(2.51) 式から $\alpha = 2 - 3\nu = 1/2$ である．一方，(2.58) 式からハートリー近似では $\nu = 1$ であり，$\alpha = -1$ となるので，比熱は発散しない．ガウス近似との臨界指数の違いに加えて，この結果はハートリー近似では揺らぎの繰り込み効果を取り込みすぎていることを意味している．実際のヘリウム 4 の超流動転移の実験では，ν は 2/3 に近く，従って $\alpha = 2 - 3\nu$ はほぼゼロである．この $\nu \simeq 2/3$ という実測値を解析計算から定量的に正当化するのは容易ではない．摂動論的繰り込み群の方法での臨界現象の記述では D 次元では $\nu = 0.5 + 0.1 \times (4 - D) + O((4 - D)^2)$ である．摂動論的繰り込み群法の解説は多くの文献に見られるので，ここでは取り上げない．第 6，7 章で紹介する磁場下の超伝導揺らぎと磁場中の超伝導相図を考える際に，繰り込み群法は有益ではないからである．むしろ，第 6 章と直接関連のある方法として，臨界現象を説明するための多体問題的取り扱いを付録 H で紹介するだけにとどめよう．作用 (2.15) において量子揺らぎの寄与を落

36 第 2 章　ボース粒子系の超流動

としたモデルにおいて，ファインマンダイアグラムのパルケ（Parquet）ダイアグラムを集めるという（フェルミ粒子系でいえば，ランダウのフェルミ液体論の微視的導出に用いられた手法に相当する）方法から，例えば上記の臨界指数 $\nu = 0.5 + 0.1(4 - D)$ の結果は再現される（付録 H を見よ）.

　上記の近似とは逆に，十分に臨界揺らぎ（つまり，揺らぎ間の相互作用）が強い系では，振幅の揺らぎが重要でない低温領域において位相揺らぎを主役とした姿で相転移が起こりうる．先述の 2 次元における KT 転移がまさにそれである．実際に，量子揺らぎを無視した分配関数

$$Z^{(cl)} = \mathrm{Tr}\, \exp[-\beta \mathcal{H}_B],$$
$$\mathcal{H}_B = \int d^3 \boldsymbol{r} \left(-\mu |\Psi|^2 + \gamma_B |\boldsymbol{\nabla} \Psi|^2 + \frac{u}{2} |\Psi|^4 \right) \tag{2.63}$$

を平均場近似での転移温度に比べ十分低温で，かつ結合係数 u が十分大きい場合には $(\boldsymbol{\nabla} |\Psi|)^2$ 項を無視して，

$$Z^{(cl)} \simeq \mathrm{Tr}_{\Psi, \Psi^*} \exp\left[-\int d^3 \boldsymbol{r} \frac{\beta u}{2} \left(|\Psi|^2 - \frac{\mu}{u} \right)^2 \right] \exp\left(-\beta \gamma_B \int d^3 \boldsymbol{r} |\Psi|^2 (\boldsymbol{\nabla} \varphi_B)^2 \right)$$

$$\simeq \mathrm{Tr}_{|\Psi|} \prod_{\boldsymbol{r}} \sqrt{\frac{2\pi}{\beta u}} \, \delta\left(|\Psi|^2 - \frac{\mu}{u} \right) \mathrm{Tr}_{\varphi_B} \exp\left(-\frac{K}{2} \int d^3 \boldsymbol{r} (\nabla \varphi_B)^2 \right) \tag{2.64}$$

と書き換えることができる．ここで，K は $2\beta \gamma_B \mu / u$ で与えられ，2.5 節での K と同じ量である．(2.64) 式で，μ/u が有限値のままで μ, u がともに十分大きいときに成り立つデルタ関数の公式 $\delta(x) = (2\pi\varepsilon)^{-1/2} \exp(-x^2/(2\varepsilon))|_{\varepsilon \to +0}$ が用いられた．また，この導出の中では位相変数 φ_B に対し，フォノン励起，つまり NG モードによる揺らぎに限定していないので $\nabla \varphi_B$ の横成分，つまり渦励起もこの中に考慮されていることを注意しておく．

　ここで，位相揺らぎという NG モードだけで相転移を誘起することはできないことを再び強調しておこう．既に，(2.22) 式や KT 転移の解説などを通して暗にこれは示してあるが，以下では別の形でこの点に触れておこう．そのために，自由エネルギーの温度微分，つまりエントロピー変化に該当する $\langle |\Psi|^2 \rangle$ $(T < T_{\mathrm{mf}})$ をガウス揺らぎの近似で調べよう．モデル (2.63) において有限温度の転移点のわずかに低温側を想定して，ボース場の τ 依存性を無視し，

$$\Psi(\boldsymbol{r}) = \Psi_{\mathrm{MF}} + V^{-1/2} \sum_{\boldsymbol{q}} e^{i\boldsymbol{q}\cdot\boldsymbol{r}} (b_{\boldsymbol{q}}^{(\mathrm{R})} + i b_{\boldsymbol{q}}^{(\mathrm{I})}) \tag{2.65}$$

とおいて，揺らぎについてガウス近似をとろう．ただし，秩序パラメタの揺らぎ振幅を実虚部に分けたので $b_{-\boldsymbol{q}}^{(\mathrm{R})} = (b_{\boldsymbol{q}}^{(\mathrm{R})})^*$, $b_{-\boldsymbol{q}}^{(\mathrm{I})} = (b_{\boldsymbol{q}}^{(\mathrm{I})})^*$ を満たす．(2.18) 式は

$$\frac{\mathcal{S}_B}{V} \simeq -\frac{1}{2u}\mu^2 + \int \frac{d^3\boldsymbol{q}}{(2\pi)^3} [(2\mu + \gamma_B q^2)|b_{\boldsymbol{q}}^{(\mathrm{R})}|^2 + \gamma_B q^2 |b_{\boldsymbol{q}}^{(\mathrm{I})}|^2] \tag{2.66}$$

となる．最後の項が NG モードの寄与である．一方，先述の通り

$$\langle |\Psi|^2 \rangle = \frac{1}{V\beta} \frac{\partial}{\partial \mu} \ln Z_B \tag{2.67}$$

であるから，上記のガウス近似で分配関数 Z_B を求めて

$$\begin{aligned}
\langle |\Psi|^2 \rangle &= \frac{\mu}{u} - \beta^{-1} \int \frac{d^3\boldsymbol{q}}{(2\pi)^3} \frac{1}{2\mu + \gamma_B q^2} \\
&= \frac{\mu_<}{u} + \frac{\beta^{-1}}{4\pi} \frac{(2\mu)^{1/2}}{\gamma_B^{3/2}},
\end{aligned} \tag{2.68}$$

ただし，

$$\mu_< \simeq \mu - \frac{\beta^{-1} u}{2\pi^2 \gamma_B^{3/2}} \tag{2.69}$$

で，$\mu_< = 0$ で定義される転移温度は，(2.69) 式第 2 項の揺らぎの寄与により，減少していることになる．重要なことは，(2.68) 式の時点で NG モードが寄与していない点である．計算している量が振幅 $|\Psi|$ の分散であるから位相モードが寄与しないのは当然であるが，それは転移点近くでのエントロピーへの寄与でもあるので，一般に臨界現象に位相揺らぎは寄与しない，ということができる．(2.68) 式で無視した位相の量子揺らぎ成分は，(2.15) 式の第 1 項を通して振幅の揺らぎとカップルしているが，(2.68) では量子揺らぎは無視してあることに注意してほしい．

　ここで，熱揺らぎの寄与が無視できなくなる温度を評価してみよう．(2.68) 式において，第 2 項が第 1 項と同程度になることを要請し，その結果を温度で表すと，

38　第2章　ボース粒子系の超流動

$$\mu_<(T) \propto \frac{T_c - T}{T_{c0}} \leq \frac{1}{2}\left(\frac{\beta^{-1}u}{2\pi\gamma_B^{3/2}}\right)^2 \tag{2.70}$$

で表される温度領域では秩序パラメタの揺らぎの記述がガウス近似では十分でなく，揺らぎ間の相互作用（モード結合とも呼ぶ）がこの臨界挙動を表現するのに無視できないことになる．この温度域が臨界領域（critical region）である．(2.70) 式の右辺は，超伝導分野ではしばしばギンツブルク数と呼ばれる ((2.23)，(5.31) 式を参照)．

　今，超流動密度 ρ_s を例にして，転移点 T_c に向かって超流動相内で温度を上げたときのその挙動について触れておく．十分低温では，平均場近似が正しいと仮定すれば，GP 方程式の結果，つまり (2.12) 式が成り立つ．一方，揺らぎが無視できなくなれば，一般式 (2.18) に基づいて ρ_s は (2.68) 式に比例するため，臨界領域に入ると ρ_s は (2.68) 式の第2項から生じる温度依存性，すなわち $\rho_s \propto (T_c - T)^{1/2}$ に従うと期待される．この温度依存性は，(2.51) 式から帰結するスケーリング挙動に合致する．高温正常相での反磁性帯磁率 (2.53) 式の導出と同様に，ゲージ場 $\delta\boldsymbol{A}$ を導入して，先述の $\delta\boldsymbol{A}$ のスケール依存性から

$$\rho_s(\boldsymbol{q}=0) \sim \xi_{\mathrm{R}}^{2-D} \tag{2.71}$$

と評価されるが，$\xi_{\mathrm{R}} \sim \mu_<^{-1/2}$ であればこの結果は (2.68) の第2項からの寄与に相当する．なお，(2.71) 式を (2.53) 式と比較されたい．実際，定義から正常金属相では $\rho_s(\boldsymbol{q}) = -\chi_{\mathrm{dia}}q^2$ が成り立つ．

　このように，3次元で ρ_s は連続的にゼロになる．一方，2次元で (2.71) 式は ρ_s が，(2.48) 式の下で述べられたように，連続転移である KT 転移で不連続的にゼロになることを予言する．一方，上式 (2.71) は1次元（$D=1$）の場合には適用できない．理由は単純で，(2.45) 式で見たように，超流動密度はゲージ場の横成分を導入して定義されるが，1次元ではベクトルの横成分は存在しないからである．

　NG モードは相転移に関わる励起ではない，ことを強調したが，これは NG モードが1成分の O(2) 回転対称性を有するボース粒子系に限ったものというべきである．付録 G で示されるように，(2.64) 式の代わりに秩序パラメタの成分数が一般の場合に拡張して得られる O(N) スピン系（$N \geq 2$）古典非線形

シグマモデルを調べると，$N > 2$ では短波長の NG モードによる繰り込み効果により 3 次元では相転移温度が見出される．3 次元系を 2 次元に近い系とみなすこの取り扱いから得られる相転移は，対応するランダウ自由エネルギー汎関数に基づいて 3 次元系を 4 次元に近い系とみなす平均場近似と摂動論的繰り込み群を用いるアプローチでの相転移と同じものである．対象的に，2 次元 XY モデルが扱う KT 転移は (2.15) 式を直接用いるランダウ理論の単純な拡張からは見出せられない．また，対応する 3 次元系を位相のみのモデル (2.64) に基づいて考える際にも，渦輪励起（トポロジカル線欠陥）を考慮に入れることが相転移の描写には必要であったことにも留意してほしい．

2.6　超流動転移への乱れの効果

　ボース超流動の現実的なモデルの代表例は，もちろんバルクの液体ヘリウム 4 である．この系は本来，純粋な流体であり，不純物や他の種類の乱れの効果を受ける系ではない．しかし，1980 年代頃から多孔質ガラスの中での超流動ヘリウムの研究が行われるようになってから，ボース超流動転移への乱れの効果は無視できない研究対象になってきている．また，超伝導の舞台となる固体電子系では組成の乱れが無視できないサンプルでの実験はむしろ普通であり，第 7 章で述べるように磁場下の超伝導転移では熱的揺らぎ，あるいは量子揺らぎの効果と乱れの効果との相乗効果が主要な研究対象となる．

　前節で，超流動転移に伴うボース超流動秩序の揺らぎがガウス揺らぎと臨界揺らぎとに分類されていたように，乱れの効果においても臨界領域での寄与だけでなく，通常の平均場近似への補正としてみるべき弱い乱れの効果が存在しうる．ここではまず，後者の弱い乱れの効果について簡潔に触れよう．

　超流動転移が有限温度で起こる場合を考えるので，古典極限の分配関数 (2.63) において $\mathcal{H}_B(\mu)$ にランダムポテンシャル項

$$\delta\mathcal{H}_d = \int \frac{d^D\boldsymbol{r}}{(2\pi)^D}\,\delta\mu_d(\boldsymbol{r})|\Psi(\boldsymbol{r})|^2 \tag{2.72}$$

を加えて考えよう．ただし，$\delta\mu_d$ の平均値はゼロで，その分散でランダムネスの強さを測る，すなわち

$$\overline{\delta\mu_d} = 0,$$
$$\overline{\delta\mu_d(\boldsymbol{r})\,\delta\mu_d(0)} = \Delta_{\mathrm{db}}\,\delta^{(D)}(\boldsymbol{r}) \tag{2.73}$$

というガウス分布に $\delta\mu_d$ は従うとする．これは転移温度付近では転移温度の乱れを含めたことに相当する．

ここでは熱揺らぎを無視するので，空間的に一様な平均場解 Ψ_{MF} があるとすると，そこからの秩序パラメタのずれ $\delta\Psi$ は専ら乱れのポテンシャル $\delta\mu_d$ に起因する．そして，古典統計の分配関数の鞍点解を乱れのポテンシャル $\delta\mu_d(\boldsymbol{r})$ の下で決めて，物理量を得るにはその後でランダム平均をとればよい．そこで，$\delta\Psi \equiv \delta\Psi^{(\mathrm{R})} + i\delta\Psi^{(\mathrm{I})}$ は $|\delta\mu_d|$ と同じオーダーとして，これらについて最低次まで展開して表すと $\mathcal{H}'_B = \mathcal{H}_B + \delta\mathcal{H}_d$ は

$$\mathcal{H}'_B \simeq \int d^D\boldsymbol{r}\left[-\mu\Psi_{\mathrm{MF}}^2 + \frac{u}{2}\Psi_{\mathrm{MF}}^4 - \mu(\delta\Psi^{(\mathrm{R})})^2 + 3u\Psi_{\mathrm{MF}}^2(\delta\Psi^{(\mathrm{R})})^2\right.$$
$$\left. + \gamma_B(\nabla\delta\Psi^{(\mathrm{R})})^2 + 2\delta\mu_d\Psi_{\mathrm{MF}}\delta\Psi^{(\mathrm{R})} + \gamma_B(\nabla\delta\Psi^{(\mathrm{I})})^2\right] \tag{2.74}$$

となる．位相の揺らぎ $\delta\Psi^{(\mathrm{I})}$ に関する他の項は $\delta\mu_d$ に関し高次になるので，落とした．その結果，熱揺らぎの結果 (2.68) と同様，$\delta\Psi^{(\mathrm{I})}$ は以下の議論で無視できることになる．

上式を $\Psi_{\mathrm{MF}}, \delta\Psi^{(\mathrm{R})}$ に関し変分をとって，Ψ_{MF} についての変分式のランダム平均をとると，

$$\Psi_{\mathrm{MF}}^2 = \frac{\mu + I_1}{u(1 + 3I_2)},$$
$$m = -\mu + 3\frac{\mu + I_1}{1 + 3I_2},$$
$$I_n = \int \frac{d^D\boldsymbol{k}}{(2\pi)^D}\frac{\Delta_{\mathrm{db}}}{(m + k^2)^n},$$
$$\overline{F} = -\frac{1 + 6I_2}{2u(1 + 3I_2)^2}(\mu + I_1)^2 \tag{2.75}$$

という形で $\delta\mu_d = 0$ のときの平均場近似の結果が変更される [10]．

図 2.6 に，本節の乱れの効果を含んだ平均場近似 (2.75) から得られた比熱の温度変化の曲線（細い実線）を示す．比較のために，乱れの効果を無視して得られた平均場近似（点線）や (2.57) 式に従ってハートリー近似で得られた結

2.6 超流動転移への乱れの効果　*41*

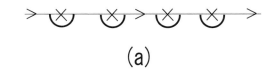

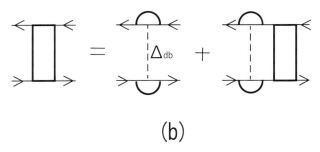

図 **2.7**　(a) $G(\bm{r}_1, \bm{r}_2)$ を表すダイアグラム．各半円部分の説明は図 2.8 にて行われる．(b) (a) のダイアグラムを用いて表された $G_G(\bm{R})$（長方形部分）のフーリエ変換を表すはしご型ダイアグラム．点線は，乱れについて平均化後に生じる (2.73) の第 2 式に相当し，矢印付きの各実線は，乱れについて平均化されたボース場の伝播関数 $\overline{G(\bm{r}, \bm{r}+\bm{R})}$ を表す．

果（太い実線）も含まれる．ハートリー近似では，熱揺らぎの強さを反映して転移温度が（乱れを無視した場合の）平均場近似での値 T_{c0} から下方に大きくシフトする一方で，乱れの効果により転移温度は逆に上方にシフトする傾向にある．しかし，熱揺らぎと乱れの効果はどちらも，転移温度付近の比熱曲線のブロードニングを誘起する傾向にある．従って，現実の超伝導物質におけるゼロ磁場下の転移温度付近の熱力学量から，その揺らぎの強さや乱れの効果について結論を出すのには注意が必要である．

　(2.74) 式とは逆に，T_{c0} より高温側で検討を要する乱れの効果にグラス転移の可能性がある．磁性体において，乱れの効果により生じうる秩序化としてスピングラス秩序がある．ボース場 Ψ という複素スカラー場を XY スピン (S_x, S_y) を使って $S_x + iS_y$ と同一視すれば，スピングラスからの類推で超流動グラス相関関数を定義できる．超流動相関関数 $G(\bm{r}, \bm{r}+\bm{R}) = \langle \Psi(\bm{r})\Psi^*(\bm{r}+\bm{R}) \rangle$ 自体が $|\bm{R}| \to \infty$ で長距離相関を示さなくても，相関関数

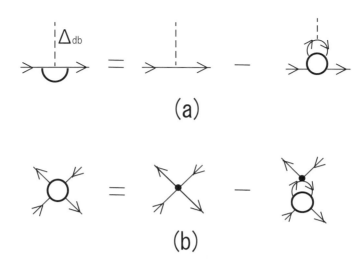

図 2.8 (a) 乱れの強さ $\Delta_{\rm db}$ を運ぶ点線へのバーテックス補正．(b) 繰り込まれた 4 点バーテックス ((a) の白丸部分) を，ハートリー近似とコンシステントな近似で表した図．黒のドットが裸のモード結合項を表し，斥力の強さ u を運ぶ．

$$G_G(\boldsymbol{R}) = \sum_{\boldsymbol{r}} \overline{|G(\boldsymbol{r}, \boldsymbol{r}+\boldsymbol{R})|^2} \tag{2.76}$$

が長距離相関を示す場合，超流動グラス相に入ったと見ることができる．ここで，$\overline{A}$ は A の乱れ $\delta\mu_d$ にわたる平均を意味する．

斥力相互作用するボース流体において，高温側から温度を下げて T_{c0} に近づくときに超流動転移に先立ってグラス転移が可能かどうかを見るために，(2.76) 式のフーリエ変換 $\tilde{G}_G(\boldsymbol{k})$ をはしご型ダイアグラムの和で表された図 2.7(b) を考える．十分乱れの強さ $\Delta_{\rm db}$ が小さければ，図 2.7 の $\Delta_{\rm db}$ を運ぶ点線への繰り込み効果（バーテックス補正と呼ばれる半円部分）は，2.5 節で用いたハートリー近似とコンシステントな取り扱いにより含めると，図 2.8(b) の右辺のように一連のバブルダイアグラムの和の形をとることになる．この和，つまり図 2.8(a) の左辺の半円部分を式で表現すると，$D(<4)$ 次元で

$$R_r = \left(1 + u\int \frac{d^D\boldsymbol{k}}{(2\pi)^D}\frac{1}{(-\mu+k^2)^2}\right)^{-1} \simeq {\rm const.}\frac{(-\mu)^{(4-D)/2}}{u} \tag{2.77}$$

となり，これにより図 2.7(b) の右辺第 1 項のダイアグラムは

$$\Delta_{\mathrm{db}} R_r^2 \int \frac{d^D \boldsymbol{q}}{(2\pi)^D} \frac{1}{(-\mu + q^2)(-\mu + (\boldsymbol{q} + \boldsymbol{k})^2)} \propto \frac{\Delta_{\mathrm{db}}}{u^2}(-\mu)^{(4-D)/2} \qquad (2.78)$$

のように振る舞い，T_{c0} に高温から近づくと μ はゼロに近づくので，上式も T_{c0} に近づくとゼロに近づく．相関関数 (2.76) のフーリエ変換は図 2.7(b) の形をとるため，空間的に一様な（均質な）ボース粒子系では超流動グラス秩序化が超流動転移に先立って起こることはない，という結論になる [11]．従って，ボース流体が空間的に不均一な系にならないという仮定の下で，乱れの効果が重要な役割を果たしうるのは超流動転移に伴う臨界領域の中においてのみとなる．

しかし，上で得られた結論は，一様な平均場解 Ψ_{MF} がよく定義され，空間的に均一な系とみなせる状況にあり，ボース場のずれ $\Psi - \Psi_{\mathrm{MF}}$ を補正として摂動論的に扱う方針が正しい場合に限られる．実際には乱れが強くなると，非摂動論的な解として自発的にボース場の不均一（グラニュラー）構造が誘起される．この不均一系の場合，実際に位相コヒーレンスが現れる温度が平均場近似の転移温度より下がる可能性があり，図 2.6 の細線とは対照的に，超流動転移温度が乱れのない系の場合に比べて下がることになる [12]．この問題については，ゼロ磁場下の超伝導転移を議論する際に再び触れることになる．一方で，磁場下の超伝導では，上記の乱れが誘起する不均一性が無視できるような乱れの弱い系を対象にする場合においても顕著な乱れの効果が期待できるため，より詳しく第 7 章で触れることになる．

第3章 超伝導のBCS理論

3.1 準備—フェルミ理想気体

　金属中の伝導電子系の簡単なモデルとして理想フェルミ気体に関する必要事項を説明しておこう．伝導電子系の典型的な温度スケールは，フェルミ縮退の温度スケール $T_F = E_F/k_{\mathrm{B}} = k_{\mathrm{B}}^{-1}\hbar^2(3\pi^2 n_e)^{2/3}/(2m)$ の 1000 分の 1 程度であることから，伝導電子系のモデルとして理想フェルミ気体を考えるには絶対零度の結果に基づけば十分である．粒子数はフェルミ粒子の場 $\hat{a}_{\boldsymbol{k},\sigma}$，あるいはフェルミ分布関数

$$f(\varepsilon_k - \mu) = \langle \hat{a}_{\boldsymbol{k},\sigma}^\dagger \, \hat{a}_{\boldsymbol{k},\sigma} \rangle = \frac{1}{e^{\beta(\varepsilon_k - \mu)} + 1} \tag{3.1}$$

を用いて

$$N = \sum_{\boldsymbol{k},\sigma} f(\varepsilon_k - \mu) = 2\Big[\sum_{\varepsilon_k < \mu} 1 + \sum_{\varepsilon_k > \mu} f(\varepsilon_k - \mu) - \sum_{\varepsilon_k < \mu} f(-\varepsilon_k + \mu)\Big] \tag{3.2}$$

で与えられる．ここで，$\sigma = \uparrow, \downarrow$ はスピン量子数，フェルミ粒子の分散関係 ε_k や化学ポテンシャル μ が σ に依らないことや (3.1) 式 が満たす関係

$$f(\varepsilon_k - \mu) + f(-\varepsilon_k + \mu) = 1 \tag{3.3}$$

を用いた．今，μ が低温極限での定数値 E_F に帰着しているとしよう．このとき，(3.2) 式の第 1 項は粒子数そのものであるから，その第 2, 3 項はエネルギーが $|\varepsilon_k - \mu|$ の粒子励起と空孔（ホール）励起がそれぞれ，フェルミ球の外と内に同数ずつ生じていることを意味する．ここで，$\mu(T)$ の持つ温度依存性を無視したが，粒子–ホール対称性を仮定してよければ，この仮定は以下で述べ

46 第3章 超伝導の BCS 理論

る低温比熱の結果に影響しない（本節の末尾を参照）．同様に，エネルギーの原点を $\mu = E_F$ だけシフトして表されたハミルトニアンは

$$
\hat{H}_F - \mu\hat{N} = \sum_{\boldsymbol{k},\sigma}(\varepsilon_k - \mu)\hat{a}^\dagger_{\boldsymbol{k},\sigma}\hat{a}_{\boldsymbol{k},\sigma}
$$

$$
= 2\Bigg[\sum_{k<k_F}(\varepsilon_k - E_F) + \sum_{k<k_F}|\varepsilon_k - E_F|\hat{a}_{\boldsymbol{k},\sigma}\hat{a}^\dagger_{\boldsymbol{k},\sigma}
$$

$$
+ \sum_{k>k_F}(\varepsilon_k - E_F)\hat{a}^\dagger_{\boldsymbol{k},\sigma}\hat{a}_{\boldsymbol{k},\sigma}\Bigg] \tag{3.4}
$$

と表される．ここで，フェルミ粒子演算子の間の反交換関係 $\hat{a}_{\boldsymbol{k},\sigma}\hat{a}^\dagger_{\boldsymbol{k},\sigma} + \hat{a}^\dagger_{\boldsymbol{k},\sigma}\hat{a}_{\boldsymbol{k},\sigma} = 1$ を用いたが，これはもちろん (3.3) 式と等価である．つまり，(3.4) 式の左辺第 2 項での $\hat{a}_{\boldsymbol{k},\sigma}$ はホールの生成演算子とみることができる．μ の温度依存性を無視して，上式の統計平均をとると，

$$
U - E_F N = 2\Bigg[\sum_{k<k_F}(\varepsilon_k - E_F) + \sum_{k}|\varepsilon_k - E_F|f(|\varepsilon_k - E_F|)\Bigg] \tag{3.5}
$$

と書かれる．第 1 項はフェルミ縮退の結果である一方，第 2 項は有限温度がもたらす個別励起からの寄与で，フェルミ球外の粒子励起とフェルミ球内のホール励起の対からなることを示している．粒子とホールの励起エネルギーが $|\varepsilon_k - E_F|$ と，まとめて表されていることに注意してほしい．

次に，上式を用いて比熱を計算することを考える．そのために，$\boldsymbol{k}$-和を状態密度 $N(\varepsilon) = V^{-1}\sum_{\boldsymbol{k}}\delta(\varepsilon - \varepsilon_k + E_F)$ を導入して

$$
\sum_{\boldsymbol{k}}\mathcal{I}(\varepsilon_k - E_F) = V\int d\varepsilon N(\varepsilon)\mathcal{I}(\varepsilon) \tag{3.6}
$$

と表す．ただし，V は体積で，化学ポテンシャルをフェルミエネルギー E_F に固定したのに合わせて，各スピン自由度当たりの状態密度 $N(\varepsilon)$ はその ε-依存性を無視してフェルミ球面上でのその値

$$
N(0) = \frac{1}{V}\sum_{\boldsymbol{k}}\delta(\varepsilon_k - E_F) = \frac{3N}{4V\,E_F} = \frac{mk_F}{2\pi^2\hbar^2} \tag{3.7}
$$

で置き換えてみる．これは，粒子–ホール対称性を仮定した．こうして，(3.5)

式から 3 次元フェルミ理想気体の比熱の T-linear 項の正確な結果

$$\frac{C}{V} = \frac{2}{3}\pi^2 N(0)k_{\mathrm{B}}^2 T = \frac{\pi^2}{2}n_e\,k_{\mathrm{B}}\,\frac{k_{\mathrm{B}}T}{E_F} \tag{3.8}$$

が，フェルミ球外の粒子励起とフェルミ球内のホール励起からの同等な寄与の和として直接得られることがわかる．ただし，$n_e = N/V$ はフェルミ粒子数密度である．低温比熱のこの導出過程では，化学ポテンシャルの温度依存性からの寄与と $N(\varepsilon)$ の ε 依存性からの寄与とが相殺していることが使われている．

3.2　電子格子相互作用

孤立した電子間にはクーロン斥力が働くが，固体中の伝導電子間の有効相互作用が引力になる機構が現在では複数知られている．その中で後述の BCS 理論 [13] 建設時にも用いられた典型的なモデルが，結晶格子の格子振動（フォノン励起）を介した，電子間のクーロン斥力をオーバースクリーンするという機構である．この結果の主要な部分は古典論に基づいた記述内で説明でき，物理的な内容がわかりやすいので紹介しておこう [14]．

スクリーニングの効果を誘電応答関数 $\varepsilon(\mathbf{q},\omega)$ を導入して表すために，クーロン斥力のフーリエ変換

$$\frac{4\pi e^2}{q^2} = \int d^3\boldsymbol{r} e^{-i\mathbf{q}\cdot\boldsymbol{r}}\frac{e^2}{|\boldsymbol{r}-\boldsymbol{r}'|} \tag{3.9}$$

を

$$\frac{4\pi e^2}{q^2\,\varepsilon(\boldsymbol{q},\omega)} \tag{3.10}$$

と書き直しておく．次に，伝導電子を解き放った結晶格子上のイオン集団の変調の中で，電子密度の揺らぎとカップルするイオンの密度揺らぎに着目しよう．等方的な系であれば，この簡単化で十分である．そして，固体の変調（弾性）モードの中で，その密度揺らぎは対応する液体の密度揺らぎと本質的に変わらないであろうから，イオン集団を正電荷を有する液体で置き換えよう．以下で，イオン電荷を Ze，その電荷密度の変化を ρ_i，伝導電子の電荷密度の変化を ρ_e として，イオンと伝導電子からなる流体を考える．応答関数 $\varepsilon(\boldsymbol{q},\omega)$ を得るために試験電荷 $\delta\rho_{\mathrm{ext}}$ を導入する．そのとき，電場 $\boldsymbol{E}$，電束密度 $\boldsymbol{D}$ に関す

48 第 3 章 超伝導の BCS 理論

るマクスウェル方程式は

$$\mathrm{div}\boldsymbol{D} = 4\pi\delta\rho_{\mathrm{ext}},$$

$$\mathrm{div}\boldsymbol{E} = 4\pi(\rho_i + \rho_e + \delta\rho_{\mathrm{ext}}),$$

$$\tilde{\boldsymbol{D}}(\boldsymbol{q},\omega) = \varepsilon(\boldsymbol{q},\omega)\tilde{\boldsymbol{E}}(\boldsymbol{q},\omega) \tag{3.11}$$

であり，第 3 式から

$$\varepsilon(\boldsymbol{q},\omega) = \frac{\delta\rho_{\mathrm{ext}}(\boldsymbol{q},\omega)}{\rho_e(\boldsymbol{q},\omega) + \rho_i(\boldsymbol{q},\omega) + \delta\rho_{\mathrm{ext}}(\boldsymbol{q},\omega)} \tag{3.12}$$

となる．そのとき，$\boldsymbol{E} = -\boldsymbol{\nabla}V_e$ で定義されるスカラーポテンシャル V_e は

$$V_e(\boldsymbol{q},\omega) = \frac{4\pi}{q^2}(\rho_e(\boldsymbol{q},\omega) + \rho_i(\boldsymbol{q},\omega) + \delta\rho_{\mathrm{ext}}(\boldsymbol{q},\omega)) \tag{3.13}$$

となる．一方で，イオン数の保存則

$$\frac{\partial\rho_i}{\partial t} + \mathrm{div}\boldsymbol{j}_i = 0, \tag{3.14}$$

及び，線形近似内でのイオン液体のオイラー方程式

$$M\frac{d\boldsymbol{j}_i}{dt} = n_i(Ze)^2\boldsymbol{E} \tag{3.15}$$

が成り立つとしよう．n_i はイオン数密度の平衡値である．電場を消去することにより，

$$\omega^2\rho_i(\boldsymbol{q},\omega) = \Omega_{\mathrm{pl}}^2[\rho_e(\boldsymbol{q},\omega) + \rho_i(\boldsymbol{q},\omega) + \delta\rho_{\mathrm{ext}}(\boldsymbol{q},\omega)] \tag{3.16}$$

となる．ここで，$\Omega_{\mathrm{pl}} = \sqrt{4\pi(Ze)^2n_i/M}$ はイオンのプラズマ振動数である．次に，イオン質量 M は電子質量 m に比べて十分重いため，両者の時間スケールが圧倒的に異なるとしよう．そのとき，断熱近似（ボルン–オッペンハイマー（Born-Oppenheimer）近似ともいう）を適用し，イオンの運動（振動）は伝導電子が平衡分布にある中で起こると考えてよい．そのとき，化学ポテンシャル μ の下での絶対零度での自由電子数密度が $n_e(\mu) = (k_{\mathrm{F}}(\mu))^3/(3\pi^2)$ であることを用いて，

$$\rho_e = -|e|(n_e(E_{\mathrm{F}} + eV) - n_e(E_{\mathrm{F}})) \simeq -\frac{k_s^2}{4\pi}V_e \tag{3.17}$$

と書くことができる．ここで，$k_s = \sqrt{6\pi n_e(E_{\mathrm{F}})e^2/E_{\mathrm{F}}}$ である．これらの道具

立ての下で，上記の式を連立させれば直ちに $\varepsilon(\boldsymbol{q}, \omega)$ が

$$\varepsilon(\boldsymbol{q}, \omega) = \left(1 + \frac{k_s^2}{q^2}\right)\left(1 - \frac{\Omega_q^2}{\omega^2}\right) \tag{3.18}$$

となることが導かれる．ただし，$\Omega_q^2 = \Omega_{\mathrm{pl}}^2 q^2/(k_s^2 + q^2)$ である．結晶格子が十分に硬く，イオンが動かない極限 $\Omega_{\mathrm{pl}} \to 0$ を見ればわかるように $2\pi/k_s$ は電子ガスのクーロン力のトーマス–フェルミ遮蔽長である．また，2番目の因子は伝導電子がない場合（$k_s \to 0$）を考えればわかるように，イオンのプラズマ振動に相当する寄与だが，特徴的振動数 Ω_q はもはやプラズマ振動ではなく，伝導電子によりスクリーンされて音響振動モードの形

$$\Omega_q \simeq \Omega_{\mathrm{pl}}|q|\frac{1}{\sqrt{q^2 + k_s^2}} \simeq c_p|q| \tag{3.19}$$

$(c_p \simeq \Omega_{\mathrm{pl}}/k_s = v_{\mathrm{F}}(Zm/3M)^{1/2} \ll v_{\mathrm{F}})$ に変貌していることに注意してほしい．結局，上で求めた誘電関数を用いて，電子間の有効相互作用は

$$\frac{4\pi e^2}{q^2}\frac{1}{\varepsilon(\boldsymbol{q}, \omega)} = \frac{4\pi e^2}{q^2 + k_s^2}\left[1 + \frac{\Omega_q^2}{\omega^2 - \Omega_q^2}\right] \tag{3.20}$$

と表され，$0 < \omega < \Omega_q$ では電子間有効相互作用はネットには引力になる．引力はクーロン斥力がオーバースクリーンされたことを意味するが，それを得るのにイオン運動に対する断熱近似，つまりイオンと伝導電子との時間スケールが圧倒的に異なることが使われている．

3.3 クーパー不安定性

次に，フェルミ縮退したフェルミ粒子系ではどんなに弱い引力でも，2つのフェルミ粒子からなる束縛状態の形成につながることを示そう．この結果は，3次元空間で孤立した2つのフェルミ粒子のみを考える場合には，十分弱い引力では束縛状態が起こらない，という状況と対照的である．フェルミ面の有無が，2つの状況の間の差異の原因である．

絶対零度のフェルミ理想気体において，2つの個別励起（粒子，あるいはホール励起）の間に引力が生じたとしよう．フェルミ面付近の事象に関心があるため，1粒子ハミルトニアンが $h_{\mathrm{F}}(\boldsymbol{r})$ であるとき，シュレーディンガー方程式

50 第3章 超伝導の BCS 理論

は

$$[h_{\mathrm{F}}(\boldsymbol{r}_1) + h_{\mathrm{F}}(\boldsymbol{r}_2) - 2E_{\mathrm{F}} + U(\boldsymbol{r}_1 - \boldsymbol{r}_2)]\psi(\boldsymbol{r}_1, \boldsymbol{r}_2) = E\psi(\boldsymbol{r}_1, \boldsymbol{r}_2) \tag{3.21}$$

となる．1粒子状態 $\psi(\boldsymbol{r})$ に対するシュレーディンガー方程式は

$$(h_{\mathrm{F}}(\boldsymbol{r}) - E_{\mathrm{F}})\psi_{\boldsymbol{k},\sigma}(\boldsymbol{r}) = |\xi_k|\psi_{\boldsymbol{k},\sigma}(\boldsymbol{r}) \tag{3.22}$$

と書ける．ただし，$\xi_k = \varepsilon_k - E_{\mathrm{F}}$ は引力のない場合にフェルミ面から測られた 1粒子励起のエネルギーである．束縛状態が起きるか否かをみるために，以下 では $E < 0$ とする．$\psi(\boldsymbol{r}_1, \boldsymbol{r}_2) = \sum_{\boldsymbol{k}} c_{\boldsymbol{k}}\psi_{\boldsymbol{k},\uparrow}(\boldsymbol{r}_1)\psi_{-\boldsymbol{k},\downarrow}(\boldsymbol{r}_2)$ と書いて，上式に代 入して

$$(2|\xi_k| - E)c_{\boldsymbol{k}} + \frac{1}{V}\sum_{\boldsymbol{k}'}\Big\langle \boldsymbol{k}\Big|U(\boldsymbol{r}_1 - \boldsymbol{r}_2)\Big|\boldsymbol{k}'\Big\rangle c_{\boldsymbol{k}'} = 0 \tag{3.23}$$

を得る．ここで行列要素 $\langle\boldsymbol{k}|U(\boldsymbol{r}_1 - \boldsymbol{r}_2)|\boldsymbol{k}'\rangle$ は ψ を球面波（自由粒子）にすれ ば $\boldsymbol{k} - \boldsymbol{k}'$ の関数であり，中心力場の場合にそれは

$$\tilde{U}(|\boldsymbol{k} - \boldsymbol{k}'|) \simeq -\sum_{l \geq 0}\frac{2l+1}{4\pi}U_l P_l(\hat{\boldsymbol{k}} \cdot \hat{\boldsymbol{k}}') = -\sum_{l,m}U_l Y_{lm}(\hat{\boldsymbol{k}})Y_{lm}^*(\hat{\boldsymbol{k}}') \tag{3.24}$$

と書くことができる．ここで，フェルミ面付近の粒子に着目して，$k^2 = k'^2 = k_{\mathrm{F}}^2$ とした．$P_l(z)$ はルジャンドル多項式で，規格直交化された球面調和関数 $Y_{lm}(\hat{k})$ を用いてその部分波展開を行った．以下では，引力の最も強い部分波 成分のみを考慮するとしよう．さらに $Y_{lm}^*(\hat{\boldsymbol{k}})c_{\boldsymbol{k}}$ の $\hat{\boldsymbol{k}}$ に関する角度平均の結果 を $c_l(|\boldsymbol{k}|)$ とすると，$c_l(|\boldsymbol{k}|) = V^{-1}(U_l/(2|\xi_k| - E))\sum_{\boldsymbol{k}'}c_l(|\boldsymbol{k}'|)$，あるいは同じ ことだが

$$1 = \frac{1}{V}\sum_{\boldsymbol{k}}\frac{U_l}{2|\xi_k| - E} = \int d\varepsilon N(\varepsilon)\frac{U_l}{2|\varepsilon| - E} \tag{3.25}$$

が得られる．ここで，(3.6) 式で定義した各スピン成分の状態密度を導入した． フェルミ縮退したフェルミ気体を対象にしている場合，フェルミ面付近の電 子状態が主役を演じると期待されるので，フェルミ面上での状態密度の値で $N(0) = mk_{\mathrm{F}}/(2\pi^2\hbar^2)$ で $N(\varepsilon)$ を置き換えてよい．その結果，

$$E = -2\hbar\omega_D \exp(-1/[U_l N(0)]) \qquad (3.26)$$

を得る．これは，U_l に関する摂動では得られない結果であり，引力の大きさに関係なく束縛状態が現れること，がここでの重要な結論である．もし，フェルミ面のない孤立した3次元での2電子系を対象に同じ解析を行って比較すれば，$N(\varepsilon)$ は $\varepsilon^{1/2}$ に比例し，例えば球対称な井戸型ポテンシャル中の1粒子のシュレーディンガー方程式を対象とするなら，井戸の深さが十分浅いと束縛状態は存在しない，というよく知られた結果を得る．一方，1，2次元での孤立した2電子を対象に同様の解析を行うと，束縛状態は常に出現する，とわかる．つまり，フェルミ面の存在がもたらす多体効果として，このクーパー（Cooper）対という3次元束縛状態が得られたことになる．

3.4 フェルミ液体論と有効相互作用

実際の超伝導物質や液体 ^{3}He では，3次元理想フェルミ気体ではなく，斥力相互作用しあう伝導電子系における超伝導，あるいはフェルミ原子系の超流動，を対象にすることになる．その場合，正常相を理想フェルミ気体として記述する理論が実際には正しいはずがないのだが，理想フェルミ気体の粒子・ホール励起の代わりに準粒子という1粒子励起の概念を導入し，斥力相互作用するフェルミ粒子系の基底状態や物理量を理解することができる．これが，ランダウが提唱したフェルミ液体論で元来は現象論として導入されたが，ヘリウム3正常流体相を念頭にして後に微視的な理論により正当化された [15]．この理論での主要な仮定，1）準粒子を特定する量子数が，理想気体の粒子やホールと同様，運動量 $\mathbf{p} = \hbar\mathbf{k}$ とスピン量子数 $\sigma = \uparrow, \downarrow$ である，2）粒子の寿命が $\hbar/(k_BT)$ より長い，に問題がなければ，準粒子描像は正しいと考えられる．その理論形式は，付録 H で説明されたボース系の超流動転移の臨界現象に用いられたダイアグラム法をフェルミ粒子系において発展させたものになっている [15, 16]．

フェルミ液体論では，元の（裸の）粒子間の多重散乱による繰り込まれた相互作用が準粒子間の相互作用として扱われるが，それは準粒子の分散関係を通して準粒子の有効質量や，準粒子が感じる"分子場"といった，比較的扱いや

52 第 3 章 超伝導の BCS 理論

すい形で理論の中に登場する．いったんフェルミ液体論の概要を念頭におくことができれば，理想フェルミ気体に引力相互作用を導入して得られた超伝導理論は，正常相をフェルミ液体として扱う必要がある場合においても，1粒子励起を準粒子として読み替えることにより，裸の粒子間の斥力相互作用から誘起された準粒子間の有効相互作用が引力として働く系の超伝導の理論にそのまま拡張することができる [17]．

　重要なことは，裸のフェルミ粒子間の相互作用が斥力であっても，そこから生成される有効相互作用が裸の相互作用とは異なる対称性の成分において引力になることがある，という点である．例えば，裸のフェルミ粒子間の相互作用ハミルトニアンとして，

$$\hat{H}_{\mathrm{intsf}} = \int d^3\boldsymbol{r} \int d^3\boldsymbol{r}' I_{\boldsymbol{r}-\boldsymbol{r}'}\, \hat{n}_\uparrow(\boldsymbol{r})\, \hat{n}_\downarrow(\boldsymbol{r}') = \frac{1}{4} \int d^3\boldsymbol{r} \int d^3\boldsymbol{r}' I_{\boldsymbol{r}-\boldsymbol{r}'} \hat{\psi}^\dagger_\alpha(\boldsymbol{r}) \hat{\psi}^\dagger_\beta(\boldsymbol{r}')$$
$$\times (\,\delta_{\alpha,\delta}\delta_{\beta,\gamma} - (\sigma_z)_{\alpha,\delta}(\sigma_z)_{\beta,\gamma}\,) \hat{\psi}_\gamma(\boldsymbol{r}') \hat{\psi}_\delta(\boldsymbol{r}) \tag{3.27}$$

という単純なモデルを用いると，有効相互作用は次式で表されることがわかる [18]

$$\hat{H}^{(\mathrm{eff})}_{\mathrm{intsf}} = -\frac{1}{V} \sum_{\alpha,\beta,\gamma,\delta} \sum_{\boldsymbol{k},\boldsymbol{k}',\boldsymbol{q}} J(\boldsymbol{q}) (\sigma_\mu)_{\alpha,\gamma} (\sigma_\mu)_{\beta,\delta}\, \hat{a}^\dagger_{\boldsymbol{k}_-,\alpha} \hat{a}^\dagger_{\boldsymbol{k}'_+,\beta} \hat{a}_{\boldsymbol{k}'_-,\delta} \hat{a}_{\boldsymbol{k}_+,\gamma}. \tag{3.28}$$

ここで，

$$J(\boldsymbol{q}) = \frac{1}{1 - \langle I \rangle_s V N(0) + \gamma_{\mathrm{sf}} q^2} \tag{3.29}$$

は強磁性秩序の臨界揺らぎ（パラマグノンとも呼ぶ）の静的な伝播関数である．また，(3.28) 式で，フェルミ粒子の場の演算子のフーリエ表示

$$\hat{\psi}_\sigma(\boldsymbol{r}) = \frac{1}{\sqrt{V}} \sum_{\boldsymbol{p}} \hat{a}_{\boldsymbol{p},\sigma} e^{i\boldsymbol{p}\cdot\boldsymbol{r}} \tag{3.30}$$

を用いた．後述するが，ハミルトニアン (3.28) を書き換えると三重項成分における準粒子間の引力を記述していることがわかる．つまり，元のフェルミ粒子間の相互作用 (3.27) が接触型で波数依存性を持たない（s 波成分しか持たない）場合でも，有効相互作用の波数依存性から準粒子間に引力が生じる．

得られる対相互作用の具体例を見るために，まず最も単純なスピンに依存しない相互作用ハミルトニアン

$$\hat{H}_{\text{int}} = \frac{1}{2} \int d^3 r \int d^3 r' \sum_{\sigma=\uparrow,\downarrow} v(\boldsymbol{r} - \boldsymbol{r}') \, \hat{\psi}^\dagger_\sigma(\boldsymbol{r}) \, \hat{n}(\boldsymbol{r}') \, \hat{\psi}_\sigma(\boldsymbol{r}), \tag{3.31}$$

に関して見てみよう．ここで，$\hat{n}(\boldsymbol{r}) = \sum_\sigma \hat{\psi}^\dagger_\sigma(\boldsymbol{r})\hat{\psi}_\sigma(\boldsymbol{r})$ は密度演算子，$\sigma = \uparrow, \downarrow$ はスピン量子数である．簡単のために，接触型の引力相互作用 $v(\boldsymbol{r}) = -g\delta^{(3)}(\boldsymbol{r})$ $(g > 0)$ を仮定して，ポテンシャル $v(\boldsymbol{r})$ の波数依存性を無視できるとする．そのとき，上式は

$$\hat{H}_{\text{int}} = -\frac{g}{2V} \sum_{\boldsymbol{q},\alpha,\beta} \sum_{\boldsymbol{k}} \hat{a}^\dagger_{\boldsymbol{k},\alpha} \hat{a}^\dagger_{-\boldsymbol{k}+\boldsymbol{q},\beta} \sum_{\boldsymbol{k}'} \hat{a}_{-\boldsymbol{k}'+\boldsymbol{q},\beta} \hat{a}_{\boldsymbol{k}',\alpha} \tag{3.32}$$

と書かれる．仮に，スピン三重項対の一成分として $\alpha = \beta$ の場合を仮定すると，上の式はゼロとなる．実際，$\boldsymbol{k}$ 和の中で変数変換 $\boldsymbol{k} \to -\boldsymbol{k}+\boldsymbol{q}$ とおいて $a^\dagger$ どうしの反交換関係を使うとわかる．従って，対の相対運動の波数依存性のない接触型にしたために，引力が純粋に s 波（(3.24) 式における $l = 0$）成分のみであることを反映して，対のスピン状態は一重項（対の全スピンゼロ）状態に限定されたことになる．

次に，もっと一般的な有効相互作用ハミルトニアンの場合にフェルミ粒子対間の引力ハミルトニアンを与えておこう．相互作用ハミルトニアンと可能な対状態との対応を知っておくことは，この後述べる s 波対に関する超伝導の BCS 理論が一般の対状態の場合に拡張される際に必要とされる．以下，簡単のために元のフェルミ粒子と準粒子とは区別せずに表記することになる．相互作用に関する対称性としては，全スピン S を保存するものに限定し，スピン軌道相互作用はないものとしよう．その場合，2粒子系はスピン一重項（$S = 0$），三重項（$S = 1$）の固有状態に分離されることはよく知られている．つまり，一般的なハミルトニアンとして

$$\hat{H}_{\text{int}} = \int \frac{d^3 q}{(2\pi)^3} \sum_{\alpha,\beta,\gamma,\delta} \sum_{\boldsymbol{k},\boldsymbol{k}'} [v_d(\boldsymbol{q})\delta_{\alpha,\gamma}\delta_{\beta,\delta} + v_s(\boldsymbol{q})(\sigma_\mu)_{\alpha,\gamma}(\sigma_\mu)_{\beta,\delta}]$$
$$\times \hat{a}^\dagger_{\boldsymbol{k}_-,\alpha} \hat{a}^\dagger_{\boldsymbol{k}'_+,\beta} \hat{a}_{\boldsymbol{k}'_-,\delta} \hat{a}_{\boldsymbol{k}_+,\gamma}, \tag{3.33}$$

を考える．これを対形成の記述に便利な形に書き直すために，パウリ行列が満

54　第 3 章　超伝導の BCS 理論

たす式[1]

$$(\sigma_\mu)_{\alpha\gamma}(\sigma_\mu)_{\beta\delta} = 2\delta_{\alpha\delta}\delta_{\beta\gamma} - \delta_{\alpha\gamma}\delta_{\beta\delta} \tag{3.34}$$

を使う．さらに，反対称テンソル $\epsilon_{\alpha\beta} = i(\sigma_y)_{\alpha\beta}$ が満たす式 $(\sigma_y)_{\alpha\beta}(\sigma_y)_{\delta\gamma} = \delta_{\alpha\gamma}\delta_{\beta\delta} - \delta_{\alpha\delta}\delta_{\beta\gamma}$，及びこの式と (3.34) 式の内積から得られる $(\sigma_y\sigma_\mu)_{\alpha\beta}(\sigma_\mu\sigma_y)_{\delta\gamma} = \delta_{\alpha\gamma}\delta_{\beta\delta} + \delta_{\alpha\delta}\delta_{\beta\gamma}$ とを用いて，(3.33) 式は

$$\hat{H}_{\text{int}} = \int \frac{d^3\boldsymbol{q}}{(2\pi)^3} \sum_{\boldsymbol{p},\boldsymbol{p}'} [V_1(\boldsymbol{p},\boldsymbol{p}')\hat{S}^\dagger(\boldsymbol{p}|\boldsymbol{q})\hat{S}(\boldsymbol{p}'|\boldsymbol{q}) + V_3(\boldsymbol{p},\boldsymbol{p}')\hat{T}_\mu^\dagger(\boldsymbol{p}|\boldsymbol{q})\hat{T}_\mu(\boldsymbol{p}'|\boldsymbol{q})] \tag{3.35}$$

と書けることがわかる．ただし，$\boldsymbol{p}_\pm = \boldsymbol{p} \pm \boldsymbol{q}/2$ で

$$\hat{S}(\boldsymbol{p}|\boldsymbol{q}) = \frac{1}{2}\sum_{\alpha,\beta} \hat{a}_{\boldsymbol{p}_+,\alpha}(i\sigma_y)_{\alpha\beta}\hat{a}_{-\boldsymbol{p}_-,\beta},$$

$$\hat{T}_\mu(\boldsymbol{p}|\boldsymbol{q}) = \frac{1}{2}\sum_{\alpha,\beta} \hat{a}_{\boldsymbol{p}_+,\alpha}(i\sigma_y\sigma_\mu)_{\alpha\beta}\hat{a}_{-\boldsymbol{p}_-,\beta} \tag{3.36}$$

はそれぞれ，スピン一重項，三重項の電子対の場の演算子で，それぞれの統計平均が対応する超伝導（フェルミ超流動）秩序パラメタである．また，

$$V_1(\boldsymbol{p},\boldsymbol{p}') = \sum_{\sigma=\pm 1} [v_d(\boldsymbol{p} - \sigma\boldsymbol{p}') - 3v_s(\boldsymbol{p} - \sigma\boldsymbol{p}')],$$

$$V_3(\boldsymbol{p},\boldsymbol{p}') = \sum_{\sigma=\pm 1} \sigma[v_d(\boldsymbol{p} - \sigma\boldsymbol{p}') + v_s(\boldsymbol{p} - \sigma\boldsymbol{p}')] \tag{3.37}$$

であり，$\boldsymbol{p} \cdot \boldsymbol{p}'$ に関してそれぞれ偶関数（even parity），奇関数（odd parity）になっており，パウリの排他律による固有状態の反対称化に則した形になっていることがわかる．この表式において，$\boldsymbol{p} \cdot \boldsymbol{p}' \propto \sum_m Y_{lm}(\hat{\boldsymbol{p}})Y_{lm}^*(\hat{\boldsymbol{p}}')$ で展開することにより，例えば $\hat{H}_{\text{intsf}}^{(\text{eff})}$ に該当する項から，スピン三重項の p 波成分に引力成分があることがわかる．p 波フェルミ超流動の理論の構成方法について，後の節で説明する．

---

[1] 左辺が $\delta_{\alpha\gamma}\delta_{\beta\delta}$, $\delta_{\alpha\delta}\delta_{\beta\gamma}$, $\delta_{\alpha\beta}\delta_{\gamma\delta}$ の定数倍の和で表されることを要請し，トレースをとるなどしてこの等式は示すことができる．

3.5 BCS 理論 I—ボゴリューボフ変換

　以下，超伝導の BCS 理論の解説のために，スピン一重項の特定の部分波成分に引力があると仮定しよう．超伝導に限定するために，以下ではフェルミ粒子（フェルミ液体論における準粒子）を単に電子と呼ぶことにするが，他のフェルミ粒子系に議論を拡張することは容易に行えるはずである．具体的に，

$$V_1(\boldsymbol{p}, \boldsymbol{p}') \simeq \sum_{l \geq 0} V_1^{(2l)} P_{2l}(\hat{\boldsymbol{p}} \cdot \hat{\boldsymbol{p}}')$$

$$= \sum_{l,m} \frac{4\pi}{4l+1} V_1^{(2l)} Y_{2l,m}(\hat{\boldsymbol{p}}) Y_{2l,m}^*(\hat{\boldsymbol{p}}') \tag{3.38}$$

の 1 成分のみをとり，

$$V_1(\boldsymbol{p}, \boldsymbol{p}') = -g w_{\boldsymbol{p}}^* w_{\boldsymbol{p}'} \tag{3.39}$$

という (3.32) 式を拡張したモデルに基づいて進める．ただし，$w_{\boldsymbol{p}}$ は $\boldsymbol{p}$ に関し偶である．そのとき，(3.35) 式により

$$\hat{H}_{\mathrm{int}} \simeq -\frac{g}{V} \sum_{\boldsymbol{q}} \sum_{\boldsymbol{k}} w_{\boldsymbol{k}}^* \hat{a}_{\boldsymbol{k}_+,\uparrow}^\dagger \hat{a}_{-\boldsymbol{k}_-,\downarrow}^\dagger \sum_{\boldsymbol{k}'} w_{\boldsymbol{k}'} \hat{a}_{-\boldsymbol{k}'_-,\downarrow} \hat{a}_{\boldsymbol{k}'_+,\uparrow} \tag{3.40}$$

である．今，平均場

$$\Delta_{\boldsymbol{q}} = \frac{g}{V} \sum_{\boldsymbol{k}} w_{\boldsymbol{k}} \langle \hat{a}_{-\boldsymbol{k}_-,\downarrow} \hat{a}_{\boldsymbol{k}_+,\uparrow} \rangle \tag{3.41}$$

を導入し，$\sum_{\boldsymbol{k}} w_{\boldsymbol{k}} \hat{a}_{-\boldsymbol{k}_-,\downarrow} \hat{a}_{\boldsymbol{k}_+,\uparrow}$ と $V\Delta_{\boldsymbol{q}}/g$ の間の差に関して 2 次の項を H_{int} において無視する．この手法は相転移に関する平均場近似の通常の取り扱いに他ならない．(3.41) 式のことをギャップ方程式と呼ぶ．また以下では，基底状態として得られる Δ は $\boldsymbol{q} = 0$ 成分に限るものとしよう．後述するように，これは電子対に BEC の描像を適用したことに他ならない．その結果，我々がこの後対象とする電子系のモデルは

$$\hat{H}_{\mathrm{BCS}} - \mu\hat{N} - \frac{V}{g}|\Delta|^2 = \sum_{\boldsymbol{k}} \left[\xi_{\boldsymbol{k}} \sum_{\sigma=\uparrow,\downarrow} \hat{a}_{\boldsymbol{k},\sigma}^\dagger \hat{a}_{\boldsymbol{k},\sigma} - (\Delta^* \hat{a}_{-\boldsymbol{k},\downarrow} \hat{a}_{\boldsymbol{k},\uparrow} w_{\boldsymbol{k}} + \mathrm{h.c.}) \right],$$

$$\tag{3.42}$$

ただし，Δ は $\boldsymbol{q} = 0$ での (3.41) 式を満たし，$\xi_{\boldsymbol{k}} = \varepsilon_k - \mu$, $\langle \ \ \rangle$ はハミルトニア

56 第 3 章 超伝導の BCS 理論

ン $\hat{H}_{\mathrm{BCS}}$ による統計平均を意味する．実際，（$\boldsymbol{q} = 0$ とした）ギャップ方程式 (3.41) は自由エネルギー

$$F_{\mathrm{BCS}} = -\beta^{-1}\ln\mathrm{Tr}_{\hat{a},\hat{a}^\dagger}\exp(-\beta(\hat{H}_{\mathrm{BCS}} - \mu\hat{N})) \tag{3.43}$$

の Δ^* に関する変分方程式

$$0 = \frac{g}{V}\frac{\delta F_{\mathrm{BCS}}}{\delta\Delta^*} \tag{3.44}$$

となっていることに注意せよ．物理的に重要な点は，超伝導では電子数を保存しない量の平均 $\langle\hat{a}_{\boldsymbol{k},\uparrow}\hat{a}_{-\boldsymbol{k},\downarrow}\rangle$ が秩序パラメタの役割を果たすということで，この段階で BEC との対応が示唆される．

平均場近似の結果，(3.42) 式の右辺は場の演算子に関して 2 次形式だが対角化されていない．基底状態と励起を明確にするために，その対角化を実行しよう．簡単のために，対関数 w_k を実数に選べる場合に限ることにして，ユニタリ変換

$$\hat{a}_{\boldsymbol{k},\uparrow} = u_k^*\hat{\alpha}_{\boldsymbol{k},\uparrow} - v_k\hat{\alpha}_{-\boldsymbol{k},\downarrow}^\dagger,$$
$$\hat{a}_{-\boldsymbol{k},\downarrow}^\dagger = v_k^*\hat{\alpha}_{\boldsymbol{k},\uparrow} + u_k\hat{\alpha}_{-\boldsymbol{k},\downarrow}^\dagger \tag{3.45}$$

を行う [19]．そして，ユニタリ条件

$$|u_k|^2 + |v_k|^2 = 1 \tag{3.46}$$

を満たせば，$\hat{\alpha}$, $\hat{\alpha}^\dagger$ はあるフェルミ粒子の生成消滅演算子になっている．これをハミルトニアン (3.42) 式に代入して，$\hat{\alpha}_{\boldsymbol{k},\uparrow}\hat{\alpha}_{-\boldsymbol{k},\downarrow}$ 項とそのエルミート共役項がゼロになる条件を課して，$2\xi_k u_k v_k + w_{\boldsymbol{k}}^*\Delta u_k^2 - \Delta^* w_k v_k^2 = 0$, あるいは $\Delta = |\Delta|\exp(i\varphi)$, $u_k = \overline{u}_k\exp(-i\varphi/2)\sqrt{w_{\boldsymbol{k}}/|w_{\boldsymbol{k}}|}$, $v_k = -\overline{v}_k\exp(i\varphi/2)\sqrt{w_{\boldsymbol{k}}^*/|w_{\boldsymbol{k}}|}$ という表示を選んだ場合，関係式

$$-2\xi_k\overline{u}_k\overline{v}_k + |w_{\boldsymbol{k}}\Delta|(\overline{u}_k^2 - \overline{v}_k^2) = 0 \tag{3.47}$$

が得られる．この式とユニタリ条件とから，

$$\overline{u}_k = \sqrt{\frac{1}{2}\left(1 + \frac{\xi_k}{E_k}\right)},$$

$$\overline{v}_k = \sqrt{\frac{1}{2}\left(1 - \frac{\xi_k}{E_k}\right)} \tag{3.48}$$

を得る．ただし，

$$E_k = \sqrt{\xi_k^2 + |w_{\boldsymbol{k}}\Delta|^2}. \tag{3.49}$$

そして，ハミルトニアンは $\hat{\alpha}_{\boldsymbol{k},\sigma}\hat{\alpha}_{\boldsymbol{k}',\sigma'}^\dagger = \delta_{\boldsymbol{k},\boldsymbol{k}'}\delta_{\sigma,\sigma'} - \hat{\alpha}_{\boldsymbol{k}',\sigma'}^\dagger\hat{\alpha}_{\boldsymbol{k},\sigma}$ を用いて，結局

$$\hat{H}_{\mathrm{BCS}} - \mu\hat{N} = \frac{V}{g}|\Delta|^2 + \sum_{\boldsymbol{k}}\left(\,[2\xi_k|\overline{v}_k|^2 - 2(|\Delta w_{\boldsymbol{k}}|\overline{u}_k\overline{v}_k)] + \sum_\sigma E_k\hat{\alpha}_{\boldsymbol{k},\sigma}^\dagger\hat{\alpha}_{\boldsymbol{k},\sigma}\right) \tag{3.50}$$

を得る．この表式で，第 1，第 2 項の和が基底状態のエネルギー，残りの最後の項が超伝導相での個別励起エネルギーの寄与を表す，と解釈できる．以下，$\hat{\alpha}$, $\hat{\alpha}^\dagger$ で表されるフェルミ粒子をボゴリューボフ（Bogoliubov）準粒子（ボゴロン）と呼ぶ（フェルミ液体論で述べた正常相で定義された準粒子と混同しないこと）．波数 $\boldsymbol{k}$ のボゴリューボフ準粒子のエネルギーが E_k であり，演算子 $\hat{\alpha}$, $\hat{\alpha}^\dagger$ の定義から統計平均 $\langle\hat{\alpha}_k^\dagger\hat{\alpha}_k\rangle$ はフェルミ分布関数 $f(E_k) = 1/(\exp(E_k/(k_\mathrm{B}T)) + 1)$ になる．そして，基底状態 $|0\rangle$ は

$$\hat{\alpha}_{\boldsymbol{k},\sigma}|0\rangle = 0 \tag{3.51}$$

で定義される．問題設定から，エネルギーギャップ $|\Delta|$ がゼロであれば，正常金属相の結果を回復するはずなのでそれを確認しよう．このとき，式 (3.48) から $\overline{u}_k = \theta(k - k_\mathrm{F})$, $\overline{v}_k = \theta(k_\mathrm{F} - k)$ に帰着するので，

$$\hat{H}_{\mathrm{BCS}}(\Delta = 0) - \mu\hat{N} = \sum_{k<k_\mathrm{F},\sigma} \xi_{\boldsymbol{k}} + \sum_{\boldsymbol{k},\sigma} |\xi_k|\hat{\alpha}_{\boldsymbol{k},\sigma}^\dagger\hat{\alpha}_{\boldsymbol{k},\sigma} \tag{3.52}$$

となり，この式の統計平均は (3.5) 式に他ならない．

超伝導相に戻って，式 (3.50) の統計平均をとれば，$-\mu N$ 項は別にすれば内部エネルギー U である．ここではその $T = 0$ での正常相の値との差をとることにする．結果は，

58 第 3 章 超伝導の BCS 理論

$$U - U(T=0)|_{|\Delta|=0} = \frac{|\Delta|^2}{g}V + \sum_{\boldsymbol{k}}(\xi_k - E_k) + \sum_{\boldsymbol{k},\sigma}E_k f(E_k) - 2\sum_{k<k_{\mathrm{F}}}\xi_k$$

$$= \frac{|\Delta|^2}{g}V + \sum_{\boldsymbol{k}}(|\xi_k| - E_k) + \sum_{\boldsymbol{k},\sigma}E_k f(E_k). \tag{3.53}$$

一方，ギャップ方程式は

$$\Delta = -\frac{g}{V}\sum_{\boldsymbol{k}}\langle w_{\boldsymbol{k}}\,\hat{a}_{\boldsymbol{k},\uparrow}\hat{a}_{-\boldsymbol{k},\downarrow}\rangle$$

$$= \frac{g}{V}\sum_{\boldsymbol{k}}w_{\boldsymbol{k}}u_k^* v_k \tanh\left(\frac{E_k}{2k_{\mathrm{B}}T}\right)$$

$$= g\int\frac{d^3\boldsymbol{k}}{(2\pi)^3}|w_{\boldsymbol{k}}|^2\frac{\Delta}{2E_k}\tanh\left(\frac{\beta E_k}{2}\right) \tag{3.54}$$

と変形できる．これを用いると，式 (3.53) は

$$\Delta U(T) \equiv U - U(T=0)|_{|\Delta|=0}$$

$$= \sum_{\boldsymbol{k}}\left(\frac{|\Delta|^2}{2E_k}|w_{\boldsymbol{k}}|^2\tanh\left(\frac{\beta E_k}{2}\right) + |\xi_k| - E_k\tanh\left[\frac{\beta E_k}{2}\right]\right) \tag{3.55}$$

となる．この式の $T=0$ での表式

$$\Delta U(T=0) = \sum_{\boldsymbol{k}}\left[\frac{|\Delta|^2}{2E_k}|w_{\boldsymbol{k}}|^2 + |\xi_k| - E_k\right] \tag{3.56}$$

にまず着目しよう．$\boldsymbol{k}$ 和を積分に変えて，被積分関数は $|\xi_k|$ の大きい側で $|\xi_k|^{-2}$ のように振る舞うので ξ_k に関する積分に現れる（1 スピン当たりの）状態密度はそのフェルミ面付近での値 $N(0)$ に置き換えてよい．積分を実行して，マイスナー相の凝縮エネルギー

$$-\Delta U(T=0) = U_N(T=0) - U_S(T=0) = \frac{V}{2}N(0)|\Delta|^2 \equiv V\frac{H_c^2(0)}{8\pi} \tag{3.57}$$

を得る．ここで，$\boldsymbol{k}$ 空間の立体角 $\Omega_{\boldsymbol{k}}$ に関する規格化条件

$$\int\frac{d\Omega_{\boldsymbol{k}}}{4\pi}|w_{\boldsymbol{k}}|^2 = 1 \tag{3.58}$$

を用いた．$\Delta U(T=0) < 0$ であるから，超伝導相がエネルギーギャップ $|\Delta|$

の出現により安定になったことになる．熱力学的臨界磁場 $H_c(T)$ の物理的意味については後述しよう．

ここで，BCS ハミルトニアンとボゴリューボフ変換とを組み合わせることにより，1粒子励起の物理的意味について言及しよう．絶対零度 $T = 0$ で，正常相のフェルミエネルギーから測った系のエネルギーを，基底状態 $|0\rangle$ に対して $\alpha_{\boldsymbol{p},\sigma}|0\rangle = 0$ に注意して

$$E_0 - \mu N = \langle 0|\hat{H}_{\mathrm{BCS}} - \mu\hat{N}|0\rangle = 2\sum_{\boldsymbol{p}} \xi_p|v_p|^2 - \frac{g}{V}\sum_{\boldsymbol{p},\boldsymbol{k}} u_p^* v_p u_k v_k^* w_{\boldsymbol{k}} w_{\boldsymbol{p}}^* \quad (3.59)$$

と書くことにする．ここで，ギャップ方程式を使って Δ を消去した．上式で，$\boldsymbol{p}$-和はフェルミ面にわたってクーパー対をカウントする．従って，1対 $(\boldsymbol{p}\uparrow, -\boldsymbol{p}\downarrow)$ を取り除くことによるエネルギー変化 δE_p は $-2\xi_p|v_p|^2 + 2V^{-1}g\sum_k u_k v_k^* u_p^* v_p w_{\boldsymbol{k}}^* w_{\boldsymbol{p}}$ である．さらに，対のみからなる凝縮体に外から波数 $\boldsymbol{p}$ の正常相の電子を1個加えたとすると，エネルギー変化の総和は

$$\delta E_p + \xi_p = \xi_p(1 - 2|v_p|^2) + 2|\Delta||u_p v_p||w_{\boldsymbol{p}}|$$
$$= \frac{\xi_p^2}{E_p} + |w_{\boldsymbol{p}}\Delta|\left(1 - \frac{\xi_p^2}{E_p^2}\right)^{1/2} = E_p > |w_{\boldsymbol{p}}\Delta| \quad (3.60)$$

となる．このように，ボゴリューボフ準粒子は，対を1つ壊して正常相の個別励起を加えたことに相当する．ただ，凝縮体から対を1つ破壊して，2つの個別励起を生成するのに必要なエネルギーは，$2|w_{\boldsymbol{p}}\Delta|$ であることに注意してほしい．また，フェルミ面上のある $\boldsymbol{p}$ で $w_{\boldsymbol{p}} = 0$ となる超伝導体，つまりギャップノードがある系では (3.60) 式によりギャップレス準粒子があることになる．

次に，ギャップ方程式における積分を直接実行することを考える．この積分はフェルミ面から遠くで対数発散するので，積分をする前にそのエネルギー切断を決めておこう．電子間引力は ω_D 程度のエネルギースケールの電子，あるいはホール励起に対して起こるが，この ω_D は

$$\omega_D^2 \simeq \Omega_{\mathrm{pl}}^2 \frac{k_D^2}{k_s^2} \simeq E_F \frac{\hbar^2 k_D^2}{M} \quad (3.61)$$

程度で，フェルミエネルギーより $\sqrt{m/M}$ 程度小さい．ここで，m は電子の有効質量，M はイオンの質量で，この比が小さいことにより，図3.1にある

第 3 章 超伝導の BCS 理論

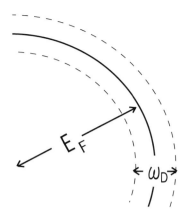

図 3.1 フェルミ面まわりの殻を表す図．この殻内にある電子状態が超伝導に関与し，フェルミ面上のギャップレス（電子–ホール）準粒子（(3.5) 式参照）がエネルギーギャップのあるボゴリューボフ準粒子にとって代わられる．

ように，元来 s 波超伝導の理論として作られた BCS 理論はフェルミ面付近の電子状態の変更に起因する，という描像になる．

そこで，$T=0$ でギャップ方程式での積分を直接実行すると，

$$\Delta(T=0) = 2\hbar\tilde{\omega}_D \exp(-1/(gN(0))) \tag{3.62}$$

を得る．ただし，

$$\tilde{\omega}_D = \omega_D \exp\left(\left\langle \frac{|w_{\bm{k}}|^2}{2} \ln(|w_{\bm{k}}|^{-2}) \right\rangle_{\hat{\bm{k}}}\right) \tag{3.63}$$

で，$\langle\ \rangle_{\hat{\bm{k}}}$ は $\bm{k}$ 空間での角度平均を表す．等方的 s 波の場合，$\tilde{\omega}_D$ は ω_D に帰着する．明らかに，$\Delta(T=0)$ は超伝導状態に固有な新しいエネルギースケールであるが，平均場理論においてはこれが超伝導転移温度 T_c に相当する．

転移温度 T_c を決めるために，平均場理論の超伝導転移は連続転移であると仮定しよう．そのとき，転移温度ではギャップ $|\Delta|$ はゼロであるため，転移点は式 (3.54) において E_k を $|\xi_k|$ で置き換えた式

$$1 = \int \frac{d^3\bm{k}}{(2\pi)^3} |w_{\bm{k}}|^2 \frac{g}{2|\xi_k|} \tanh\left(\frac{\beta_c|\xi_k|}{2}\right) \tag{3.64}$$

（$\beta_c = 1/(k_\mathrm{B}T_c)$）で与えられる．$\xi_k$-積分を上述のエネルギー切断の下に実行し，積分公式

$$\int_{-\infty}^{\infty} dx \ln(x) \operatorname{sech}^2(x) = -\gamma_E - \ln\left(\frac{4}{\pi}\right) \tag{3.65}$$

（$\gamma_E = 0.577$ はオイラー定数）と (3.58) 式を用いれば，

$$k_B T_c = \frac{2}{\pi} e^{\gamma_E} \hbar \omega_D \exp(-1/(gN(0))) \tag{3.66}$$

となり，等方的 s 波の場合は比 $2|\Delta(0)|/(k_B T_c)$ は普遍定数 $2\pi e^{-\gamma_E} = 3.53$ となる．ただし，切断 $\tilde{\omega}_D$ の対状態への依存性（(3.63) 式参照）により，一般の対状態では上記の比は普遍定数になるわけではない．重要なことは，超伝導状態では新たなエネルギースケール $k_B T_c$（$\ll E_F$）が現れたという点である．

今度は，ギャップ方程式を $T < T_c$ で書き直そう．式 (3.65)，あるいは

$$\int_0^{x_c} dx \frac{1}{x} \tanh\left(\frac{x}{2}\right) = \ln\left(\frac{2x_c}{\pi}\right) + \gamma_E \tag{3.67}$$

を用いて，引力の強さ g やエネルギー切断 ω_D に依らない形にギャップ方程式 (3.64) を書き直すことができる．その結果，式 (3.64) は

$$0 = \ln\left(\frac{T}{T_c}\right) + \int_0^{\infty} d\xi \Big\langle \sum_{n \geq 0} \Big[\frac{4\beta}{\beta^2 \xi^2 + (2n+1)^2 \pi^2} $$
$$- \frac{4\beta |w_{\boldsymbol{k}}|^2}{\beta^2(\xi^2 + |w_{\boldsymbol{k}}|^2 |\Delta|^2) + (2n+1)^2 \pi^2} \Big] \Big\rangle_{\hat{\boldsymbol{k}}} \tag{3.68}$$

と書ける．ここで，公式

$$\tanh\left(\frac{x}{2}\right) = \sum_n \frac{2}{x + i\pi(2n+1)} \tag{3.69}$$

を用いた．(3.69) 式は，ポアソンの和公式

$$\sum_n \delta(z-n) = \sum_m \exp(i2\pi mz) \tag{3.70}$$

と複素積分により容易に示すことができる．ξ_k 積分を実行して，$|\Delta|^2$ で展開すると，$\sum_{n \geq 0}(2n+1)^{-3} = 7\zeta(3)/8 \simeq 1.05$ を用いて

$$0 = \ln\left(\frac{T}{T_c}\right) + b|\Delta|^2,$$
$$b = \frac{7\beta^2}{8\pi^2} \zeta(3) \langle |w_{\boldsymbol{k}}|^4 \rangle_{\hat{\boldsymbol{k}}} \tag{3.71}$$

62 第 3 章 超伝導の BCS 理論

となり，式 (3.44) を使うことにより，ギャップ方程式は自由エネルギー密度

$$f_{\rm GL} = N(0)\left[\varepsilon_0|\Delta|^2 + \frac{b}{2}|\Delta|^4\right] - {\rm O}(|\Delta|^6),$$

$$\varepsilon_0 = \ln\left(\frac{T}{T_c}\right) \tag{3.72}$$

のエネルギー極小の条件となっている．エネルギーギャップを秩序パラメタとみなせば (3.72) 式が相転移のランダウ理論を記述する自由エネルギー密度の形になっていることから，上記の解析は秩序パラメタ Δ が空間的に一様な場合において BCS 理論以前に提出されたギンツブルク–ランダウ（Ginzburg-Landau：GL）の超伝導現象論の微視的導出とみることができる．ただし，この式は Δ の位相に依らず，位相が任意の値をとることになる点は注意を要する．いったん Δ の空間変化（クーパー対の重心運動）を考慮すると，通常期待されるゼロ磁場中の超伝導相（マイスナー相）では位相が一定であることが要請され，従って上式が位相に依らないのは実現した超伝導相が自発的に巨視的位相コヒーレンスを実現すること（図 2.1 参照）を意味していることがわかる．Δ の空間変化を含む場合への拡張は後で述べる．

　上記の議論に基づいて，平均場近似における熱力学的特徴を記しておこう．まず，式 (3.72) の第 2 項の係数 b が正であるため，超伝導転移は平均場近似で連続転移であり，係数 ε_0 が T_c 近くで $T - T_c$ に比例することから，それは 2 次転移である．転移点近くで正常相と超伝導相との間の自由エネルギー差 $F_s - F_n$ は

$$\frac{F_s - F_n}{V} = -\frac{H_c^2(T)}{8\pi} = -\frac{N(0)}{2b(T=T_c)}\left(\frac{T-T_c}{T_c}\right)^2 \propto -N(0)[k_{\rm B}(T_c - T)]^2 \tag{3.73}$$

となり，転移点での比熱の跳びは

$$\Delta C = N(0)\frac{1}{T_c\, b(T=T_c)} \tag{3.74}$$

となる．上記の T_c 近くのみで正しい $H_c(T)$ 式を $T \to 0$ に外挿すると，$H_c(T=0)$ にほぼつながる形になっていることは興味深い．

3.6 BCS 理論 II—基底状態と 1 粒子励起

基底状態として実現するべき超伝導状態を，波動関数の形で理解しておくことは欠かせない．実際，BCS の理論は元来この量子状態を設定するところから始まっている．自由電子ガスのフェルミ縮退状態は規格化定数は別にして

$$|0\rangle = \prod_{k<k_F} \hat{a}^\dagger_{-\boldsymbol{k},\uparrow} \hat{a}^\dagger_{\boldsymbol{k},\downarrow} |\mathrm{vac}\rangle \tag{3.75}$$

であり，

$$\hat{a}_{\boldsymbol{k},\sigma}\theta(|\boldsymbol{k}|-k_F)|0\rangle = 0,$$
$$\hat{a}^\dagger_{-\boldsymbol{k},\sigma}\theta(k_F-|\boldsymbol{k}|)|0\rangle = 0 \tag{3.76}$$

を満たすことは容易に確かめられる．第 1 式がフェルミ球の外に粒子が存在しないこと，第 2 式はフェルミ球内にホールが存在しないこと，を意味する．超伝導基底状態 $|g>$ は，正常相の電子とホールの重ね合わせ状態である 1 粒子励起が存在しないという条件 (3.51) で定義される．そして，$\hat{\alpha}_{\boldsymbol{k},\sigma}$ の定義に含まれる係数 u_k, v_k を用いて

$$|g\rangle = \prod_{k} (u_k - v_k \hat{a}^\dagger_{\boldsymbol{k},\uparrow} \hat{a}^\dagger_{-\boldsymbol{k},\downarrow})|\mathrm{vac}\rangle \tag{3.77}$$

と選べば，上記の条件を満たしていることがわかる．ここでは，この量子状態をボゴリューボフ変換と両立する形で得ることができたが，元の BCS の原論文ではこれを変分パラメタ u_k, v_k を含む変分波動関数として理論の出発点とした．調和振動子との類推から，この状態に $\hat{\alpha}^\dagger_{\boldsymbol{k},\sigma}$ が作用した結果は 1 粒子励起状態である．例えば，$(u_k^* \hat{a}^\dagger_{\boldsymbol{k},\uparrow} + v_k^* \hat{a}_{-\boldsymbol{k},\downarrow})(u_k - v_k \hat{a}^\dagger_{\boldsymbol{k},\uparrow} \hat{a}^\dagger_{-\boldsymbol{k},\downarrow})|\mathrm{vac}\rangle = \hat{a}^\dagger_{\boldsymbol{k},\uparrow}(|u_k|^2 + |v_k|^2)|\mathrm{vac}\rangle$ を用いて，直ちに

$$\hat{\alpha}^\dagger_{\boldsymbol{k},\sigma}|g\rangle = \hat{a}^\dagger_{\boldsymbol{k},\sigma} \prod_{p \neq k} (u_p - v_p \hat{a}^\dagger_{\boldsymbol{p},\uparrow} \hat{a}^\dagger_{-\boldsymbol{p},\downarrow})|\mathrm{vac}\rangle \tag{3.78}$$

$(\sigma=\uparrow)$ を得る．同様に，$\sigma=\downarrow$ の場合の式も同様に得られる．これは，(3.60) 式で与えた説明の内容と正確に合致する．

(3.77) 式の形は，この基底状態は粒子数が異なる項の和から構成されることを表している．この特徴は，超伝導状態が粒子数をよい量子数としないボース系の BEC と密接に関係があることを示唆している．それを明確にするため

64　第 3 章　超伝導の BCS 理論

に，パウリの排他律により $(\hat{a}^{\dagger}_{\boldsymbol{p},\uparrow}\hat{a}^{\dagger}_{-\boldsymbol{p},\downarrow})^l|\mathrm{vac}\rangle\ (l\geq 2)=0$ が成り立つことを使うと，$|g\rangle$ は

$$|g\rangle = \prod_k u_k \prod_p \left(1 + \frac{-v_p}{u_p}\hat{a}^{\dagger}_{\boldsymbol{p},\uparrow}\hat{a}^{\dagger}_{-\boldsymbol{p},\downarrow}\right)|\mathrm{vac}\rangle$$

$$= \prod_k u_k \exp\left(\sum_p \left(-\frac{v_p}{u_p}\right)\hat{a}^{\dagger}_{\boldsymbol{p},\uparrow}\hat{a}^{\dagger}_{-\boldsymbol{p},\downarrow}\right)|\mathrm{vac}\rangle \qquad (3.79)$$

と書ける．係数 $-v_k/u_k$ がフェルミ面近傍（$|\xi_k|\ll|\Delta|$）では単に $\mathrm{sgn}(w_{\boldsymbol{k}})\,\Delta/|\Delta| = \mathrm{sgn}(w_{\boldsymbol{k}})\exp(i\varphi)$ と書けることに注意して，$\sum_k w_{\boldsymbol{k}}\hat{a}^{\dagger}_{\boldsymbol{k},\uparrow}\hat{a}^{\dagger}_{-\boldsymbol{k},\downarrow}$ をボソン演算子 $\hat{B}_0$ とみなせば，$|g\rangle$ は $\hat{B}_0$ の固有値が $-\exp(\mathrm{i}\varphi)$ となるコヒーレント状態と見ることができる．ここで，φ は Δ の位相である．コヒーレント状態はボース粒子数 $\hat{B}^{\dagger}_0\hat{B}_0$ の固有状態ではないので，まさにクーパー対の $\boldsymbol{k}$-空間にわたる重ね合わせとして定義されたボソン $\hat{B}_0$ の巨視的位相コヒーレンス，つまり BEC を実現した状態となっていることになる．実際，u_k, v_k の表式を用いて，

$$\Delta = \frac{g}{V}\sum_k u^*_k v_k = \frac{g}{V}\sum_k \langle g|w_{\boldsymbol{k}}\hat{a}_{\boldsymbol{k}\uparrow}\hat{a}_{-\boldsymbol{k}\downarrow}|g\rangle \qquad (3.80)$$

が成り立つので，まさに秩序パラメタはボソン $\hat{B}_0$ の期待値である（(3.41) 式を参照）．

　さて，基底状態，つまり絶対零度の極限から有限温度に考察を移すとき，十分低い有限温度の下で物理量の温度依存性を決める励起は $\hat{\alpha}_{\boldsymbol{k},\sigma}$ で表されたボゴリューボフ準粒子である．ここでは，これら個別準粒子励起の寄与から生じる比熱の温度依存性について述べておこう．励起エネルギー E_k の自由フェルミ粒子からの寄与を考えているので，熱力学的ポテンシャルは単に

$$\Omega = -2\beta^{-1}\sum_k \ln(1 + \exp(-\beta E_k)) \qquad (3.81)$$

であり，比熱は

$$C = \frac{2}{V}\frac{\partial}{\partial T}\sum_k E_k \frac{1}{\exp(\beta E_k)+1} \qquad (3.82)$$

で与えられる.

$|\Delta|$ の波数依存性の無視できる s 波対状態の場合, 十分低温 $\beta|\Delta| \gg 1$ では, $|\xi_k|/|\Delta|$ に関し 2 次まで展開し, ガウス積分を用いると

$$C \simeq \sqrt{2} k_{\mathrm{B}} N(0) |\Delta| (\beta|\Delta|)^{3/2} \exp(-\beta|\Delta|) \tag{3.83}$$

となり, 指数関数 $\exp(-|\Delta|/k_{\mathrm{B}}T)$ に従って低温比熱は小さい値にとどまる.

一方, ギャップノードを持つ異方的対状態の場合, ギャップノードに伴って存在するギャップレス準粒子励起の寄与が比熱にとって支配的な寄与を与えることは容易に想像できる. これら, 対状態が s 波以外の場合の低温比熱の議論は本章の末尾で述べよう.

3.7 グリーン関数を用いた平均場近似

次節以降で Δ が実空間で変調する場合を論じるために備えて, s 波超伝導を記述する BCS ハミルトニアン (3.42) と ギャップ方程式を座標表示で表しておく. ハミルトニアン $\hat{H} \equiv \hat{H}_{\mathrm{BCS}} - \mu\hat{N}$ は

$$\hat{H} = \int d^3\boldsymbol{r} \sum_{\sigma} \left[\psi_\sigma^\dagger \left(\frac{1}{2m} \left(-i\hbar\boldsymbol{\nabla} + \frac{e}{c}\boldsymbol{A} \right)^2 - \mu \right) \psi_\sigma - \frac{1}{2} \sum_{\rho} [\Delta^*(\boldsymbol{r})\, \psi_\rho \varepsilon_{\sigma\rho} \psi_\sigma + \mathrm{h.c.}] \right]$$
$$+ g^{-1} \int d^3\boldsymbol{r} |\Delta(\boldsymbol{r})|^2 \tag{3.84}$$

で, 一方ギャップ方程式は

$$\Delta(\boldsymbol{r}) = \frac{g}{2} \sum_{\delta,\gamma} \langle \psi_\delta(\boldsymbol{r})\, \varepsilon_{\gamma\delta}\, \psi_\gamma(\boldsymbol{r}) \rangle. \tag{3.85}$$

と表される. ここで, 電子 (準粒子) の軌道運動による磁場依存性をゲージ場 $\boldsymbol{A}$ を加えることにより導入した. 実際には, 電子のスピンへの磁場効果, つまりハミルトニアンにおけるゼーマン項の効果も存在する. しかし, 後述するように多くの場合超伝導相では, ゼーマン項から生じるパウリ常磁性の寄与が磁場の軌道効果による超伝導への影響, つまり渦電流の寄与よりも圧倒的に小さくなる. この理由で, ゼーマン項は簡単のために無視した.

次に, 虚時間 τ $(0 \leq \tau < \beta)$ 依存性を場の量に次のように導入する [14, 15] :

$$\psi(\boldsymbol{r}, \tau) = e^{\tau \hat{H}} \psi(\boldsymbol{r}) e^{-\tau \hat{H}},$$

$$\overline{\psi}(\boldsymbol{r}, \tau) = e^{\tau \hat{H}} \psi^{\dagger}(\boldsymbol{r}) e^{-\tau \hat{H}} \tag{3.86}$$

$\overline{\psi}(\boldsymbol{r}, \tau)$ は $\psi^{\dagger}(\boldsymbol{r}, \tau)$ ではないことに注意しよう．従って，以下の解析は絶対零度での実時間での場の理論とは異なり，全く形式的な扱いにより進む．実時間でのハイゼンベルク方程式の導出と同様に，(3.86) 式を虚時間 τ で微分し，反交換関係を用いることにより，

$$\frac{\partial}{\partial \tau} \psi_{\sigma} = -\left[\frac{1}{2m} \left(-i\hbar \boldsymbol{\nabla} + \frac{e}{c} \boldsymbol{A} \right)^2 - \mu \right] \psi_{\sigma}(\boldsymbol{r}, \tau) + \Delta(\boldsymbol{r}) \varepsilon_{\sigma\rho} \overline{\psi}_{\rho}(\boldsymbol{r}, \tau),$$

$$\frac{\partial}{\partial \tau} \overline{\psi}_{\sigma} = \left[\frac{1}{2m} \left(i\hbar \boldsymbol{\nabla} + \frac{e}{c} \boldsymbol{A} \right)^2 - \mu \right] \overline{\psi}_{\sigma}(\boldsymbol{r}, \tau) + \Delta^*(\boldsymbol{r}) \varepsilon_{\rho\sigma} \psi_{\rho}(\boldsymbol{r}, \tau) \tag{3.87}$$

が得られる．以下，しばしば $x_j = (\boldsymbol{r}_j, \tau_j)$ という文字表記をしよう．

正常相の記述においても現れる松原グリーン関数（正常グリーン関数）は次のように定義される：

$$\mathcal{G}_{\rho\sigma}(x_1, x_2) \equiv -\langle T_{\tau} \psi_{\rho}(x_1) \overline{\psi}_{\sigma}(x_2) \rangle \delta_{\rho, \sigma} = [-\langle \psi_{\rho}(x_1) \overline{\psi}_{\sigma}(x_2) \rangle \theta(\tau_1 - \tau_2)$$

$$+ \langle \overline{\psi}_{\sigma}(x_2) \psi_{\sigma}(x_1) \rangle \theta(\tau_2 - \tau_1)] \delta_{\rho, \sigma}$$

$$= T \sum_{\varepsilon} \int \frac{d^3 \boldsymbol{p}}{(2\pi)^3} \int \frac{d^3 \boldsymbol{p}'}{(2\pi)^3} \mathcal{G}_{\sigma}(\boldsymbol{p}, \boldsymbol{p}'; \varepsilon) e^{i(\boldsymbol{p} \cdot \boldsymbol{r} - \boldsymbol{p}' \cdot \boldsymbol{r}') - i\varepsilon(\tau - \tau')} \delta_{\rho, \sigma} \tag{3.88}$$

今，スピンに作用する磁場効果（ゼーマン項）は無視しているので，$\mathcal{G}_{\rho\sigma}(x_1, x_2) = \mathcal{G}(x_1, x_2) \delta_{\rho, \sigma}$ と書けて $\mathcal{G}$ の従う方程式が (3.87) 式を使って

$$-\frac{\partial}{\partial \tau_1} \mathcal{G}(x_1, x_2) - \left[\frac{1}{2m} \left(-i\hbar \boldsymbol{\nabla}_1 + \frac{e}{c} \boldsymbol{A}(\boldsymbol{r}_1) \right)^2 - \mu \right] \mathcal{G}(x_1, x_2)$$

$$+ \Delta(\boldsymbol{r}_1) \mathcal{F}^{\dagger}(x_1, x_2) = \delta^{(3)}(\boldsymbol{r}_1 - \boldsymbol{r}_2) \delta(\tau_1 - \tau_2), \tag{3.89}$$

となる．ただし，$\boldsymbol{\nabla}_1$ は座標 $\boldsymbol{r}_1$ に関する微分演算子で，超伝導相でのみ有限な異常グリーン関数

$$\mathcal{F}^{\dagger}(x_1, x_2) = -\langle T_{\tau} \overline{\psi}_{\downarrow}(x_1) \overline{\psi}_{\uparrow}(x_2) \rangle \tag{3.90}$$

を導入した．$\mathcal{F}^{\dagger}$ が従う式は同様に，

$$-\frac{\partial}{\partial \tau_1}\mathcal{F}^{\dagger}(x_1, x_2) + \left[\frac{1}{2m}\left(i\hbar \boldsymbol{\nabla}_1 + \frac{e}{c}\boldsymbol{A}(\boldsymbol{r}_1)\right)^2 - \mu\right]\mathcal{F}^{\dagger}(x_1, x_2)$$
$$+ \Delta^*(\boldsymbol{r}_1)\mathcal{G}(x_1, x_2) = 0. \tag{3.91}$$

ただし，

$$\Delta^*(\boldsymbol{r}) = g\mathcal{F}^{\dagger}(x'_-, x)|_{\boldsymbol{r}'=\boldsymbol{r}} \tag{3.92}$$

である．ただし，$x'_{\pm} = (\boldsymbol{r}', \tau \pm 0)$ である．また，別の異常グリーン関数

$$\mathcal{F}(x_1, x_2) = -\langle T_\tau \, \psi_\uparrow(x_1)\psi_\downarrow(x_2)\rangle \tag{3.93}$$

を用いて $\Delta(\boldsymbol{r}) = g\mathcal{F}(x'_+, x)|_{\boldsymbol{r}'=\boldsymbol{r}}$ であることもわかる．上の $\mathcal{G}$, $\mathcal{F}^{\dagger}$ に関する方程式系を用いた理論形式をゴルコフ（Gor'kov）理論と呼ぶ．

　時間に依存する摂動のある状況を考えない限り，常に虚時間方向には並進対称性があるため，上記のグリーン関数は虚時間には $\tau = \tau_1 - \tau_2$ を通してのみ依存する．そして，$\tau = \tau_1 - \tau_2 > 0$ であれば，定義に従って

$$\mathcal{G}(x_1, x_2) = -Z^{-1}\mathrm{Tr}(e^{-\tau\tilde{H}}\psi_\uparrow^{\dagger}(\boldsymbol{r}_2)e^{(\tau-\beta)\tilde{H}}\psi_\uparrow(\boldsymbol{r}_1)) \tag{3.94}$$

一方，$\tau < 0$ の場合は

$$\mathcal{G}(x_1, x_2) = Z^{-1}\mathrm{Tr}(e^{-(\beta+\tau)\tilde{H}}\psi_\uparrow^{\dagger}(\boldsymbol{r}_2)e^{\tau\tilde{H}}\psi_\uparrow(\boldsymbol{r}_1)) \tag{3.95}$$

なので，反周期性

$$\mathcal{G}(\tau < 0) = -\mathcal{G}(\hbar\beta + \tau) \tag{3.96}$$

が成り立つ．これは，フェルミオンの場合の時間順序演算子 T_τ の性質のみからの帰結なので，$\mathcal{F}$, $\mathcal{F}^{\dagger}$ も満たす性質である．そこで，$\mathcal{X} = (\mathcal{G}, \mathcal{F}$, あるいは $\mathcal{F}^{\dagger})$ とまとめて表すと，反周期性はフーリエ級数展開

$$\mathcal{X}(x_j) = \beta^{-1}\sum_n \mathcal{X}(\boldsymbol{r}_j; \varepsilon_n)\exp(-i\varepsilon_n\tau_j) \tag{3.97}$$

が成り立つことを意味する．ここで，$\varepsilon_n = \pi(2n+1)/(\hbar\beta)$ はフェルミオン松原振動数という．ゴルコフ方程式に $\exp(i\varepsilon_n\tau)$ を乗じて，τ について積分をとれば

68 第 3 章 超伝導の BCS 理論

$$
\left(i\varepsilon_n - \left[\frac{1}{2m} \left(-i\hbar \boldsymbol{\nabla}_1 + \frac{e}{c} \boldsymbol{A}(\boldsymbol{r}_1) \right)^2 - \mu \right] \right) \mathcal{G}(\boldsymbol{r}_1, \boldsymbol{r}_2; \varepsilon_n) + \Delta(\boldsymbol{r}_1) \mathcal{F}^\dagger(\boldsymbol{r}_1, \boldsymbol{r}_2; \varepsilon_n)
$$

$$
= \delta^{(3)}(\boldsymbol{r}_1 - \boldsymbol{r}_2), \tag{3.98}
$$

$$
\left(i\varepsilon_n + \left[\frac{1}{2m} \left(i\hbar \boldsymbol{\nabla}_1 + \frac{e}{c} \boldsymbol{A}(\boldsymbol{r}_1) \right)^2 - \mu \right] \right) \mathcal{F}^\dagger(\boldsymbol{r}_1, \boldsymbol{r}_2; \varepsilon_n) + \Delta^*(\boldsymbol{r}_1) \mathcal{G}(\boldsymbol{r}_1, \boldsymbol{r}_2; \varepsilon_n)
$$

$$
= 0 \tag{3.99}
$$

を得る.

前節までにボゴリューボフ変換によって得られたバルクの系の平衡状態に関する結果は，ゴルコフ方程式から系統的に導出できる．例えば，電磁場が無視でき，空間的にも並進対称性がある系，すなわち Δ が定数でグリーン関数が相対座標 $\boldsymbol{r} = \boldsymbol{r}_1 - \boldsymbol{r}_2$ のみに依存する場合を考えよう．この場合のグリーン関数 $\mathcal{X}^{(0)}(\boldsymbol{r}; \varepsilon_n)$ を

$$
\mathcal{X}^{(0)}(\boldsymbol{r}; \varepsilon_n) = \int \frac{d^3\boldsymbol{k}}{(2\pi)^3} \mathcal{X}^{(0)}(\boldsymbol{k}; \varepsilon_n) e^{i\boldsymbol{k}\cdot\boldsymbol{r}} \tag{3.100}
$$

と書いて，ゴルコフ方程式の解は

$$
\mathcal{G}^{(0)}(\boldsymbol{k}; \varepsilon_n) = \frac{-i\varepsilon_n - \xi_k}{\varepsilon_n^2 + \xi_k^2 + |\Delta|^2}, \tag{3.101}
$$

$$
(\mathcal{F}^\dagger)^{(0)}(\boldsymbol{k}; \varepsilon_n) = \frac{\Delta^*}{\varepsilon_n^2 + \xi_k^2 + |\Delta|^2} \tag{3.102}
$$

となり，この $(\mathcal{F}^\dagger)^{(0)}(\boldsymbol{k})$ と (3.69), (3.92) の各式を用いれば，ギャップ方程式

$$
\Delta^* = g\beta^{-1} \sum_n \int \frac{d^3\boldsymbol{k}}{(2\pi)^3} (\mathcal{F}^\dagger)^{(0)}(\boldsymbol{k}; \varepsilon_n) \tag{3.103}
$$

が以前の結果 (3.54) に帰着することは容易にわかる.

3.8　電磁応答

前節で得られたゴルコフ方程式を用いて，マイスナー効果の微視的導出に進むことにしよう．そのためには，ロンドンの電流密度の式 (1.1) を導出すれば

よい．ここでは dc 応答に限る．そのため，本節で現れる電磁場 $\boldsymbol{A}$ の（虚）時間依存性は無視することにしよう．

シュレーディンガー方程式と無矛盾な電流密度は第二量子化された表示では

$$\hat{j}_i(\boldsymbol{r}) = -c\frac{\delta\hat{H}_{\mathrm{BCS}}}{\delta A_i(\boldsymbol{r})} = -\frac{e}{2m}\sum_\sigma\left[\psi_\sigma^\dagger\left(-i\hbar\frac{\partial}{\partial x_i} + \frac{e}{c}A_i\right)\psi_\sigma + \mathrm{h.c.}\right] \quad (3.104)$$

と表されるので，時空点 $x=(\boldsymbol{r},\tau)$ での電流密度は，$\langle\overline{\psi}_\uparrow(\boldsymbol{r})\psi_\uparrow(\boldsymbol{r})\rangle=\mathcal{G}(x,x'_+)|_{\boldsymbol{r}'=\boldsymbol{r}}$ を用いて

$$j_i(x) = \langle\hat{j}_i(\boldsymbol{r},\tau)\rangle = \left[\frac{i\hbar e}{m}\left(\frac{\partial}{\partial x_i} - \frac{\partial}{\partial x'_i}\right) - \frac{2e^2}{mc}A_i(\boldsymbol{r})\right]\mathcal{G}(x,x'_+)|_{\boldsymbol{r}'=\boldsymbol{r}} \quad (3.105)$$

と表される．以下，簡単のために電磁場 $\boldsymbol{A}$ がなければ，空間的にも並進対称性があり，従って電流は流れないとしよう．つまり，$\boldsymbol{A}$ に関して線形な電流密度の表式を得るには上式の第 2 項の $\mathcal{G}$ には前節で求めた平衡状態での $\mathcal{G}^{(0)}$ を代入すればよく，そのため第 2 項の係数は全粒子数密度 n_e で与えられる．第 1 項からの寄与を調べるためには，$\boldsymbol{A}$ に比例する $\mathcal{G}$ への補正項 $\delta\mathcal{G}(x,x') = \beta^{-1}\sum_n\delta\mathcal{G}_n(\boldsymbol{r},\boldsymbol{r}')\exp(-i\varepsilon_n\tau)$ をゴルコフ方程式 (3.99) を用いて見出す必要がある．

記述を簡単にするために，以下電磁場を $\boldsymbol{A}(\boldsymbol{r}) = \boldsymbol{A}_k\exp(i\boldsymbol{k}\cdot\boldsymbol{r})$ と表し，ロンドンゲージ $\mathrm{div}\boldsymbol{A} = 0$，つまり

$$\boldsymbol{k}\cdot\boldsymbol{A}(\boldsymbol{k}) = 0 \quad (3.106)$$

を用いよう．まず，ギャップ Δ への $\mathrm{O}(\boldsymbol{A})$ の補正 $\delta\Delta$ は存在しないことが次のようにわかる．ギャップ方程式 (3.92) は座標 1 点での式でその右辺はスカラー量なので，(3.92) は (3.106) 式を考慮すると，$\delta\Delta \sim \sum_{\boldsymbol{p}}\boldsymbol{p}\cdot\boldsymbol{A}(\boldsymbol{k})Y(p^2)$ の形でないといけないが，この $\boldsymbol{p}$ 積分は明らかにゼロである．これにより，ゴルコフ方程式を満たす $\delta\mathcal{G}$ と $\mathcal{F}^\dagger$ の対応する補正 $\delta\mathcal{F}^\dagger$ は関数形

$$\delta\mathcal{X}(\boldsymbol{r},\boldsymbol{r}') = \delta\mathcal{X}(\boldsymbol{r} - \boldsymbol{r}')\exp(i\boldsymbol{k}\cdot\boldsymbol{R})$$
$$= \int\frac{d^3\boldsymbol{p}}{(2\pi)^3}\delta\mathcal{X}(\boldsymbol{p})\exp(i[\boldsymbol{p}\cdot(\boldsymbol{r} - \boldsymbol{r}') + \boldsymbol{k}\cdot\boldsymbol{R}]) \quad (3.107)$$

を持つことがわかる．ここで，$\boldsymbol{R} = (\boldsymbol{r} + \boldsymbol{r}')/2$ は重心座標である．

70 第 3 章 超伝導の BCS 理論

具体的に，ゴルコフ方程式への $\mathrm{O}(\boldsymbol{A})$ の寄与は

$$(i\varepsilon_n - \xi_{\boldsymbol{p}_+})\delta\mathcal{G}_{\boldsymbol{p}}(\varepsilon_n) + \Delta\delta\mathcal{F}_{\boldsymbol{p}}^{\dagger}(\varepsilon_n) = \frac{e\hbar}{mc}\boldsymbol{p}\cdot\boldsymbol{A}(\boldsymbol{k})\mathcal{G}^{(0)}(\boldsymbol{p}_-;\varepsilon_n),$$

$$(i\varepsilon_n + \xi_{\boldsymbol{p}_+})\delta\mathcal{F}_{\boldsymbol{p}}^{\dagger}(\varepsilon_n) + \Delta\delta\mathcal{G}_{\boldsymbol{p}}(\varepsilon_n) = \frac{e\hbar}{mc}\boldsymbol{p}\cdot\boldsymbol{A}(\boldsymbol{k})[\mathcal{F}^{\dagger}]^{(0)}(\boldsymbol{p}_-;\varepsilon_n) \tag{3.108}$$

に従うこと，その結果，電流密度は

$$j_i(\boldsymbol{k}) \equiv -\frac{e^2}{mc}(n_s)_{ij}A_j(\boldsymbol{k}),$$

$$(n_s(\boldsymbol{k}))_{ij} = n_e\delta_{ij} + \beta^{-1}\sum_n e^{i\varepsilon_n\cdot(+0)}\int\frac{d^3\boldsymbol{p}}{(2\pi)^3}\frac{2}{m}p_ip_j[\mathcal{G}^{(0)}(\boldsymbol{p}_+;\varepsilon_n)\mathcal{G}^{(0)}(\boldsymbol{p}_-;\varepsilon_n)$$

$$+\mathcal{F}^{(0)}(\boldsymbol{p}_+;\varepsilon_n)[\mathcal{F}^{\dagger}]^{(0)}(\boldsymbol{p}_-;\varepsilon_n)] \tag{3.109}$$

と与えられることがわかる．ただし，$\boldsymbol{p}_{\pm} = \boldsymbol{p} \pm \boldsymbol{k}/2$ である．しばしば，$(n_s)_{ij}$ の第 1 項を反磁性項，他の 2 項を常磁性項という．この式を (2.45) 式と比較するとわかる通り，常磁性項が電流–電流相関関数に対応している．正常相でのグリーン関数 $\mathcal{G}^{(N)}(\boldsymbol{p};\varepsilon_n) \equiv \mathcal{G}^{(0)}(\boldsymbol{p};\varepsilon_n)|_{\Delta=0}$ の持つ性質

$$\int\frac{d^3\boldsymbol{p}}{(2\pi)^3}p_i\frac{\partial}{\partial p_j}\mathcal{G}^{(N)}(\boldsymbol{p};\varepsilon_n) = -\delta_{i,j}\int\frac{d^3\boldsymbol{p}}{(2\pi)^3}\mathcal{G}^{(N)}(\boldsymbol{p};\varepsilon_n)$$

$$= \int\frac{d^3\boldsymbol{p}}{(2\pi)^3}\frac{p_ip_j}{m}(\mathcal{G}^{(N)}(\boldsymbol{p};\varepsilon_n))^2 \tag{3.110}$$

を用いて，

$$n_e\delta_{ij} = -2\int\frac{d^3\boldsymbol{p}}{(2\pi)^3}\beta^{-1}\sum_n e^{i\varepsilon\cdot(+0)}\frac{p_ip_j}{m}(\mathcal{G}^{(N)}(\boldsymbol{p};\varepsilon_n))^2 \tag{3.111}$$

となる．従って，電流密度は

$$j_i(\boldsymbol{k}) = -\frac{2e^2\hbar}{m^2c}\beta^{-1}\sum_n e^{i\varepsilon\cdot(+0)}\int\frac{d^3\boldsymbol{p}}{(2\pi)^3}(\boldsymbol{p}\cdot\boldsymbol{A}(\boldsymbol{k}))p_i\Big[\mathcal{G}^{(0)}(\boldsymbol{p}_+;\varepsilon_n)\mathcal{G}^{(0)}(\boldsymbol{p}_-;\varepsilon_n)$$

$$-(\mathcal{G}^{(N)}(\boldsymbol{p};\varepsilon_n))^2 + \mathcal{F}^{(0)}(\boldsymbol{p}_+;\varepsilon_n)[\mathcal{F}^{\dagger}]^{(0)}(\boldsymbol{p}_-;\varepsilon_n)\Big] \tag{3.112}$$

と書き直され，$\boldsymbol{k} \to +0$ に限れば

$$j_i(0) = -\frac{e^2}{mc}n_s A_i,$$

$$n_s = \pi n_e \beta^{-1} \sum_n \frac{|\Delta|^2}{(|\Delta|^2 + \varepsilon_n^2)^{3/2}} \tag{3.113}$$

となる．従って，$\boldsymbol{A}$ に顕に依存する電流密度は正常相（$\Delta \to 0$）では生じない．序論で述べたように，正常相ではゲージ対称性により電流密度は電磁場に依存するが，$\boldsymbol{A}$ に顕に依存する寄与は生じない．この意味で，マイスナー相への転移はゲージ対称性の破れを伴うと表現される．

n_s は平均場近似での超流体密度で，ボース系における $\langle |\Psi|^2 \rangle$ に相当する（(2.12) 式を参照）．(3.113) の n_s は $T \to 0$ で n_e に帰着し，$T \to T_c - 0$ で

$$\frac{n_e |\Delta|^2}{\pi^2 T^2} \sum_n \frac{1}{|2n+1|^3} = 2b n_e |\Delta|^2 \tag{3.114}$$

に帰着する[2]．

次に，秩序パラメタの空間変調がある状況の典型例として，秩序パラメタの位相 φ に一様勾配 $\boldsymbol{\nabla}\varphi = Q\hat{x}$ がある，つまり $\Delta = |\Delta|\exp(iQx)$ の場合を考える．電磁場はないとする．このとき，グリーン関数が

$$\mathcal{G}(\boldsymbol{r}, \boldsymbol{r}'; \varepsilon_n) = g_n(\boldsymbol{r} - \boldsymbol{r}')e^{iQ(x-x')/2},$$

$$\mathcal{F}^\dagger(\boldsymbol{r}, \boldsymbol{r}'; \varepsilon_n) = f_n^\dagger(\boldsymbol{r} - \boldsymbol{r}')e^{-iQ(x+x')/2} \tag{3.115}$$

の形でゴルコフ方程式を満たすことがわかる．(3.99) 式は今の場合，

$$\left(i\varepsilon_n + \frac{\hbar^2}{2m}\left(\boldsymbol{\nabla} + \frac{i}{2}Q\hat{x}\right)^2 + \mu\right)g_n(\boldsymbol{r} - \boldsymbol{r}') + |\Delta|f_n^\dagger(\boldsymbol{r} - \boldsymbol{r}') = \delta^{(3)}(\boldsymbol{r} - \boldsymbol{r}'),$$

$$\left(i\varepsilon_n - \frac{\hbar^2}{2m}\left(\boldsymbol{\nabla} - \frac{i}{2}Q\hat{x}\right)^2 - \mu\right)f_n^\dagger(\boldsymbol{r} - \boldsymbol{r}') + |\Delta|g_n(\boldsymbol{r} - \boldsymbol{r}') = 0 \tag{3.116}$$

となり，電流密度に寄与する $\mathcal{G}$ は

$$\mathcal{G}(\boldsymbol{r}, \boldsymbol{r}'; \varepsilon_n) = \int \frac{d^3 \boldsymbol{p}}{(2\pi)^3} \frac{-i\varepsilon_n - \xi_{p_-}}{(i\varepsilon_n - \xi_{p_+})(-i\varepsilon_n - \xi_{p_-}) + |\Delta|^2} e^{i\boldsymbol{p}_+ \cdot (\boldsymbol{r} - \boldsymbol{r}')} \tag{3.117}$$

となる．ここで，$\boldsymbol{p}_\pm = \boldsymbol{p} \pm (Q\hat{x})/2$ である．従って，

---

[2] 後述するように，磁場下の渦格子では，平均場近似においてもこれが超流動密度にはならない．

$$j_x = \frac{\mathrm{i}e}{m}\beta^{-1}\sum_n \left(\frac{\partial}{\partial x} - \frac{\partial}{\partial x'}\right)\mathcal{G}(\boldsymbol{r},\boldsymbol{r}';\varepsilon_n)\bigg|_{\boldsymbol{r}\to\boldsymbol{r}'}$$

$$= -\frac{2e}{m}\beta^{-1}\sum_n \int \frac{d^3p}{(2\pi)^3}((v_{\boldsymbol{p}})_x \cdot Q)p_x \frac{|\Delta|^2}{(\varepsilon_n^2 + \xi_p^2 + |\Delta|^2)^2}$$

$$= -\frac{\pi e}{2m}n_e|\Delta|^2\beta^{-1}\sum_n \frac{1}{(\varepsilon_n^2 + |\Delta|^2)^{3/2}}Q$$

$$= -\frac{1}{2e}\frac{e^2}{m}n_s Q \tag{3.118}$$

従って，上式と前節の結果 $\boldsymbol{j} = -e^2 n_s \boldsymbol{A}/(mc)$ とをまとめて，空間変調の波数や電磁場が弱い状況下の超伝導状態において生じる電流密度は

$$\boldsymbol{j} = -\frac{e^2}{mc}n_s\left(\frac{\hbar c}{2e}\boldsymbol{\nabla}\varphi + \boldsymbol{A}\right) \tag{3.119}$$

となる．電磁場項の係数が e でなく，$2e$ であるのは電流の担い手がクーパー対であることの反映である．

マイスナー効果の説明は，ギンツブルク–ランダウ（GL）自由エネルギーを構成する 3.10 節で行おう．

3.9　コヒーレンス長

(3.117) 式のグリーン関数から，位相変調 $Q\hat{x}$ があるときの準粒子励起エネルギーがわかる．ゴルコフ方程式はハイゼンベルク方程式 (3.87) から得られ，その虚時間微分項が励起エネルギーの固有値を与える項である．具体的にいえば，$i\varepsilon_n$ を実時間に対する振動数 ε に置き換えて $\mathcal{G}$ のフーリエ成分のいずれかの分母がゼロという条件，すなわち

$$-\varepsilon^2 + \varepsilon(\xi_{\boldsymbol{p}_+} - \xi_{\boldsymbol{p}_-}) + \xi_{\boldsymbol{p}_+}\xi_{\boldsymbol{p}_-} + |\Delta|^2 = 0 \tag{3.120}$$

の解として，励起エネルギーは得られる．$\mathrm{O}(Q^2)$ の補正項を無視すれば，解はクーパー対の重心運動の速度，すなわち超流動速度 $\boldsymbol{V} = \hbar\boldsymbol{Q}/(2m)$ を用いて

$$\varepsilon = E_{\boldsymbol{p}} + \boldsymbol{V} \cdot \boldsymbol{p} \tag{3.121}$$

と表される．上式が系のガリレイ不変性の結果であることはボース系のランダウの超流動判定条件の場合 (2.8) と同様である．ボース系の場合と同様，励起エネルギーが負になる条件 $E_p(p = p_F) < |V|p_F$ が超流動（超伝導）不安定化の条件とみるのは自然である．簡単のために，s 波超伝導に限定しよう．上式は位相の空間変調の波長 $2\pi/Q$ が長さ

$$\xi(T) \equiv \frac{\pi \hbar v_F}{|\Delta|} \tag{3.122}$$

以下であれば，超伝導は破壊されることを示唆する．凝縮状態の基本構成要素，今の場合クーパー対，が壊れれば（対破壊），超伝導は不安定化するであろう．クーパー対のサイズ程度の変調が加えられれば対破壊は確実に起こるであろうから，$\xi(0)$ はコヒーレンス長というクーパー対のサイズに相当する．

　このサイズはフェルミ粒子間平均距離より圧倒的に長い．この束縛状態の出現の背景にあるのが，フェルミ面近傍の電子状態が超伝導の主役を演じるという点である．実空間ではなく，k-空間の物理で超伝導の微視的機構は形づけられていることになる．

　k 空間に超伝導ギャップ $|\Delta|$ のノードがある異方的超伝導状態に上の議論を適用するには，次の注意が必要である．一見すると，上記の議論からノード近傍の準粒子が励起すると超伝導が容易に不安定化するという結論になるが，そうではない．(3.80) 式で見たように，k 空間にわたり和をとった状態が凝縮することにより超伝導状態は実現されるのである．それでもなお，異方的超伝導におけるボゴリューボフ準粒子の特性の中で，(3.121) 式の適用により理解が容易になるものがしばしば見られることを注意しておく．

3.10　ギンツブルク–ランダウ（GL）自由エネルギー

　(3.119) 式の電流密度は (2.17) 式により，自由エネルギーに付加項

$$\delta \tilde{F}_{\text{GL,grad}} = \frac{\hbar^2}{8m} n_s \int d^3 r \left(\boldsymbol{\nabla} \varphi + \frac{2e}{\hbar c} \boldsymbol{A} \right)^2 \tag{3.123}$$

があることを意味する．ただし，上で見たように T_c 近くでは n_s は $|\Delta|^2$ に比例する．しかし，秩序パラメタ Δ の位相のみに結果が依存するのはあくまで

74   第3章　超伝導の BCS 理論

近似の結果であり，実際 BCS 理論に現れるあらゆる物理量は Δ で表される．
この理由で，上記自由エネルギー付加項も (3.114) 式を用いて

$$
\delta F_{\mathrm{GL,grad}} = \frac{\hbar^2}{4m} b n_e \int d^3 \boldsymbol{r} \left| \left(-i\boldsymbol{\nabla} + \frac{2e}{\hbar c} \boldsymbol{A} \right) \Delta \right|^2
$$

$$
= N(0)[\xi_{\mathrm{GL}}(0)]^2 \int d^3 \boldsymbol{r} \left| \left(-i\boldsymbol{\nabla} + \frac{2\pi}{\phi_0} \boldsymbol{A} \right) \Delta \right|^2 \tag{3.124}
$$

となる．ここで，$\phi_0 = 2\pi\hbar c/(2e) = 2.068 \times 10^{-7}(\mathrm{G \cdot cm^2})$ は磁束量子で，

$$
\xi_{\mathrm{GL}}(0) = \left(\frac{7}{48}\zeta(3) \right)^{1/2} \frac{\hbar v_{\mathrm{F}}}{\pi T_c} \tag{3.125}
$$

は $T = 0$ でのコヒーレンス長を T_c 近くの領域で定義したもので，GL コヒー
レンス長と呼ばれる．こうして，Δ が一様として得られた GL 自由エネルギ
ー (3.72) の Δ の空間変調がある場合への一般化として，外部磁場 $\boldsymbol{H}$ 下での
ギブス自由エネルギー

$$
G_{\mathrm{GL}} = \frac{1}{8\pi} \int d^3 r [B^2 - 2\boldsymbol{H} \cdot \boldsymbol{B}]
$$

$$
+ N(0) \int d^3 r \left[\xi_{\mathrm{GL}}^2(0) \left| \left(-i\boldsymbol{\nabla} + \frac{2\pi}{\phi_0} \boldsymbol{A} \right) \Delta \right|^2 + \varepsilon_0 |\Delta|^2 + \frac{b}{2} |\Delta|^4 \right]. \tag{3.126}
$$

が正当化されたことになる．ここで，正常状態における磁気エネルギーも考慮
した．$-\boldsymbol{H} \cdot \boldsymbol{B}$ 項はルジャンドル変換で生じる項である．なお，ここで生じて
いる $|\Delta|^4$ 項は図 3.2(a) のように表される．四角形（ゴルコフボックス）を構
成している矢印付きの実線は正常状態での自由フェルミ粒子のグリーン関数を
表す．

　本節を終える前に，1.1 節で触れたマイスナー効果をこの章での導出内容に
基づいて再度説明しておく．後述する量子渦がなければ，ゲージ変換を施し
て $\nabla\varphi$ を $\boldsymbol{A}$ に吸収させてもよい．その結果，第 1 章で現れた磁場侵入長 λ は
(3.113)，あるいは (3.123) 式と比べて，

$$
\lambda^{-2} = \frac{4\pi^3 \hbar^2}{m\phi_0^2} n_s \simeq 8\pi N(0) \left(\frac{2\pi \xi_{\mathrm{GL}}(0)|\Delta|}{\phi_0} \right)^2 \tag{3.127}
$$

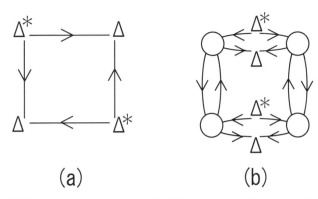

図 3.2 (a) 弱結合 BCS モデルでの GL 4 次項を表すゴルコフボックス．(b) GL 4 次項への強結合補正を与えるダイアグラムの例．白丸は準粒子間斥力の 4 点バーテックスを表す．

で与えられる．そして，(3.123) と (1.22) 式との比較（あるいは，付録の (B.21) 式参照）から，第 1 章での $-\chi_{\text{dia}}$ をマイスナー相では $1/(4\pi\lambda^2 q^2)$ （q は波数）に置き換えればいいことがわかる．従って，マイスナー相では，(1.25) 式の代わりに

$$\boldsymbol{B}(q) = \mu(q)\boldsymbol{H}(q), \quad \mu(q) = \frac{\lambda^2 q^2}{1 + \lambda^2 q^2} \tag{3.128}$$

が成り立ち，長波長（$0 < q \ll \lambda^{-1}$）で磁束が排除されることになる．また，外部電流，すなわち $\boldsymbol{H}(q \neq 0)$ がないときの式 $(1 + \lambda^2 q^2)\boldsymbol{B}(q) = 0$ は実空間で書けば，(1.3) 式そのものである．

3.11 平均場近似における不純物効果

これまでは，不純物が存在しない物質中で成り立つ超伝導理論の枠組みを解説してきた．ここでは，不純物がある場合に BCS モデル (3.84) に不純物ポテンシャル項

$$\delta\hat{H}_{\text{BCS}} = \sum_{\alpha} \int d^3\boldsymbol{r}\, \psi_\alpha^\dagger(\boldsymbol{r}) u(\boldsymbol{r}) \psi_\alpha(\boldsymbol{r}) \tag{3.129}$$

を加えて s 波超伝導に関する平均場理論がどのように変わるのかを，文献 [15]

図 3.3 乱れのポテンシャル（× で表されている）について平均化する前の超伝導相における正常グリーン関数 $\mathcal{G}$（左辺）を定義するダイアグラム．右辺の初項はクリーン極限での $\mathcal{G}$，右辺最後の項はクリーン極限での $\mathcal{F}$ と乱れについて平均する前の $\mathcal{F}^\dagger$ との結合項による寄与を表す．

に基づいてその導出方法をスケッチしておこう[3]．以下で，不純物ポテンシャル u の汎関数 $f(u)$ の u に関する統計平均を $\overline{f(u)}$ で表すことにして，モデル (3.129) におけるランダム平均を

$$\overline{u(\boldsymbol{r})} = 0,$$
$$\overline{u(\boldsymbol{r})\,u(0)} = \frac{1}{2\pi N(0)\tau}\delta^{(3)}(\boldsymbol{r}) \tag{3.130}$$

で定義されるとしよう．(5.54) 式で，τ^{-1} が不純物散乱の割合，あるいは準粒子の寿命の逆数を表すことを見るであろう．s 波対状態の場合に対する以下の解析結果では，この散乱強度である τ^{-1} が等方的，つまり波数に依らないという仮定が本質的である．

ランダム平均をとる前の正常グリーン関数 $\mathcal{G}$，異常グリーン関数 $\mathcal{F}^\dagger$, $\mathcal{F}$ を (3.88) と (3.90) 式に従って定義すると，それらは図 3.3 に従って

$$\mathcal{G}_{\sigma,\sigma}(x_1,x_2) = \mathcal{G}^{(0)}_\sigma(x-x') + \sum_{x_3} \mathcal{G}^{(0)}_\sigma(x_1-x_3)u(\boldsymbol{r}_3)\mathcal{G}_{\sigma,\sigma}(x_3,x_2)$$
$$- \sum_{x_3} \mathcal{F}^{(0)}_{\sigma,-\sigma}(x_1-x_3)u(\boldsymbol{r}_3)\mathcal{F}^\dagger_{-\sigma,\sigma}(x_3,x_2) \tag{3.131}$$

と表される．ここで，$\mathcal{G}^{(0)}_\sigma$，$\mathcal{F}^{(0)}_{\sigma,-\sigma}$ は，(3.101)，(3.102) 式で与えられた．(3.131) 式に相当する $\mathcal{F}^\dagger_{-\sigma,\sigma}(x_1,x_2)$ に関する式は，(3.131) 式における $\mathcal{G}^{(0)}_\sigma$ を $\mathcal{F}^{\dagger(0)}_{-\sigma,\sigma}$ に，$\mathcal{F}^{(0)}_{\sigma,-\sigma}$ を $-\mathcal{G}^{(0)}_{-\sigma}$ に，形式に置き換えて得られる．これら 2 つの式のランダム平均をとると，不純物ポテンシャルの伝播関数 $\overline{u(\boldsymbol{r})u(0)}$ が様々な現れ方をする．実際，この伝播関数を点線で表示すると，図 3.4 に示されるような点線どうしの交差が随所に現れてしまう．幸いなことに（詳細は省略す

---

[3] [15] の第 39 節の内容と本質的に同じ．なお，[15] ではアンダーソンの論文 [20] を引用していない．

図 3.4 乱れについて平均化後に現れる点線が交差するダイアグラム．各点線は $(2\pi N(0)\tau)^{-1}$ を運ぶ．このダイアグラムの寄与は，点線が交差しない該当するダイアグラムに比べて $\hbar/(E_F\tau)$ に関して相対的に高次の寄与になるため，無視できる．

るが），点線の交差は $\hbar/(E_F\tau)$ に関して高次の寄与につながることがわかるため，乱れが弱い場合には図 3.4 のような交差をすべて無視するのが正当な近似となる．そのとき，ランダム平均後の式をフーリエ表示で表し，(3.101)，(3.102) の表式を $\mathcal{G}^{(0)}$, $\mathcal{F}^{\dagger(0)}$ に適用すると，次の式を得る：

$$\begin{pmatrix} -i\varepsilon - \xi_{\bm{p}} & \Delta \\ \Delta^* & -i\varepsilon + \xi_{\bm{p}} \end{pmatrix} \begin{pmatrix} A_{\bm{p},\varepsilon} \\ B_{\bm{p},\varepsilon} \end{pmatrix} = 0. \qquad (3.132)$$

ここで，

$$\begin{aligned} A_{\bm{p},\varepsilon} &= (i\tilde{\varepsilon} - \xi_{\bm{p}})\mathcal{G}_\sigma(\bm{p};\varepsilon) + \tilde{\Delta}_\varepsilon \mathcal{F}^\dagger_{-\sigma,\sigma}(\bm{p};\varepsilon) - 1, \\ B_{\bm{p},\varepsilon} &= \tilde{\Delta}^*_\varepsilon \mathcal{G}_\sigma(\bm{p};\varepsilon) + (i\tilde{\varepsilon} + \xi_{\bm{p}})\mathcal{F}^\dagger_{-\sigma,\sigma}(\bm{p};\varepsilon), \end{aligned} \qquad (3.133)$$

で，自己エネルギー

$$\begin{aligned} \overline{\mathcal{G}_\sigma(\varepsilon)} &= (2\pi N(0)\tau)^{-1} \int \frac{d^3\bm{p}}{(2\pi)^3} \mathcal{G}_\sigma(\bm{p},\varepsilon) = -i\tilde{\varepsilon} + i\varepsilon, \\ \overline{\mathcal{F}_\sigma(\varepsilon)} &= (2\pi N(0)\tau)^{-1} \int \frac{d^3\bm{p}}{(2\pi)^3} \mathcal{F}_{\sigma,-\sigma}(\bm{p}) = -\tilde{\Delta}_\varepsilon + \Delta \end{aligned} \qquad (3.134)$$

が定義された．自己エネルギーが，(3.130) 式に従って，波数依存性を持たないことに注意されたい．$\xi_{\bm{p}}^2 + \varepsilon^2 + |\Delta|^2 > 0$ であることから，(3.132) の解は $A_{\bm{p},\varepsilon} = B_{\bm{p},\varepsilon} = 0$ であり，その結果

$$\begin{aligned} \mathcal{G}_\sigma(\bm{p};\varepsilon) &= \frac{-i\tilde{\varepsilon} - \xi_{\bm{p}}}{|\tilde{\varepsilon}|^2 + \xi_{\bm{p}}^2 + |\tilde{\Delta}_\varepsilon|^2}, \\ \mathcal{F}^\dagger_{-\sigma,\sigma}(\bm{p};\varepsilon) &= \frac{\tilde{\Delta}_\varepsilon}{|\tilde{\varepsilon}|^2 + \xi_{\bm{p}}^2 + |\tilde{\Delta}_\varepsilon|^2} \end{aligned} \qquad (3.135)$$

となる．これは乱れがないときのゴルコフ方程式の解 (3.101)，(3.102) と同じ形をしており，しかも平均場近似での超伝導転移温度と超伝導ギャップの大き

78 第 3 章 超伝導の BCS 理論

さを決めるギャップ方程式は (3.54) と全く同じ式になることから，s 波超伝導に関する熱力学的性質は系の乱れの影響を受けない [20]，という驚くべき結論を得る．GL 自由エネルギーに基づいていえば，$(\xi_{GL}(0))^2$ に比例するグラディエント項以外の GL 自由エネルギーの項は乱れの影響を受けない，ということになる．歴史的経緯からこれはしばしば，アンダーソンの定理と呼ばれる．s 波超伝導を示すバルクの（3 次元）単結晶を対象にする限り，アンダーソンの定理はよい近似で成立するようである．

　ただ，これはあくまで，s 波クーパー対につながる引力相互作用がフェルミ粒子間の唯一の相互作用である場合の熱力学量に限った結論である．フェルミ粒子間の斥力成分も考慮した場合には，例えば平均場近似の転移温度は不純物濃度が増すとともに減少することが知られている [21]．これは，乱れた系のフェルミ液体における超伝導と呼ぶにふさわしい状況である．この斥力と不純物効果（系の乱れ）との相乗効果の超伝導への影響は，超伝導薄膜では特に無視できなくなる [22]．さらに，d 波，p 波の対状態のように，引力相互作用がゼロでない軌道角運動量量子数に起因する波数依存性からなる場合には，自己エネルギーの異常項への不純物効果（$\mathcal{F}$）が一般にはゼロになるため，不純物効果が十分弱い状況であっても不純物濃度とともに転移温度が減少するというのが通常の理解である [23]．しかし，次節で紹介するように，これら異方的超伝導を考えるときでも不純物散乱の異方性がある条件を満たすと，アンダーソンの定理が良い近似で成り立つ事例が最近見出され，実験的にも検証された．つまり，アンダーソンの定理が成り立つことを実験的に見出しても，それが必ずしも s 波対状態の証拠にはならない．

　また，上記の s 波引力のみの相互作用を有するモデルにおいても，グラディエント項に関係した電磁応答量，超流動密度といった物理量は不純物効果を受ける．第 1 章のボース超流動を対象にした場合に指摘したように，不純物濃度が高いために上記の議論で仮定されていた（ボース場に相当する）秩序パラメタの均一性が保証できない場合には，もはやアンダーソンの定理は現象に反映しない．つまり，系の乱れが秩序パラメタ（ボース場）の振幅の不均一性を誘起する状況では，図 3.5 に描かれたように，グラニュラーな超伝導体を扱うと考えた方がより現実に近い状況にある．そこでは，2 つのグレイン a, b の間にはジョセフソン電流

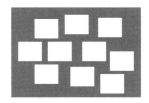

図 3.5 グラニュラー構造.白いグレインではミクロなスケールで超伝導になっている.グレイン間のジョセフソン結合のエネルギーは,GL 自由エネルギーの（係数 $(\xi_{\rm GL}(0))^2$ を運ぶ）微分項に相当する.

$$J_{ab} = -\frac{2e}{\hbar} d E_j \sin(\varphi_a - \varphi_b) \tag{3.136}$$

が流れることから,グレイン間の相互作用エネルギーは $E_j\cos(\varphi_a - \varphi_b)$ であることになるが,このエネルギー項は GL 自由エネルギーでいえば,上で述べた,係数 $(\xi_{\rm GL}(0))^2$ を持ったグラディエント項を離散化したものであるため,系の乱れが強く不均一超伝導と化した系ではもはやアンダーソンの定理は成り立たない.具体的に,この状況での超伝導転移はグレイン間の位相差がなくなる,位相の巨視的コヒーレンスが発展する温度で起こり,それは平均場近似での転移温度 T_{c0} より低温側に位置する [12].ゼロ磁場下の s 波超伝導の強い乱れによる破壊のメカニズムには,このグラニュラー化のシナリオと前出の乱れた系のフェルミ液体に基づいたシナリオがあり,どちらの見方が正しいのかはしばしば議論の対象となる.

3.12 p 波対状態への拡張

3.10 節までのスピン一重項対状態の場合の BCS 理論と平均場近似での GL 自由エネルギーの導出という内容を,ここではスピン三重項対状態,特にそのうちの p 波対形成の場合に拡張して触れておく.

通常の並進対称性,回転対称性のあるフェルミ流体の場合,表式 (3.37) がフェルミ粒子間相互作用の有効モデルであることは先に述べた.(3.29) 式で定義した $-J(\boldsymbol{q})$ を $v_s(\boldsymbol{q})$ とすれば,スピン一重項相互作用 V_1 は斥力となり,一方,三重項相互作用は

80　第 3 章　超伝導の BCS 理論

$$V_3(\boldsymbol{p}, \boldsymbol{p}') \simeq -2g\,\hat{\boldsymbol{p}} \cdot \hat{\boldsymbol{p}'} \tag{3.137}$$

となる．なおここでは，$g \simeq 4p_{\mathrm{F}}^2 \gamma_{\mathrm{sf}}^{-1}/(l_{\mathrm{sf}}^{-2} + 2p_{\mathrm{F}}^2)^2 > 0$ と表され，$l_{\mathrm{sf}} = \sqrt{\gamma_{\mathrm{sf}}/(1 - \langle I \rangle VN(0))}$ は強磁性転移で発散する相関長である．ここで，$\hat{\boldsymbol{p}} = \boldsymbol{p}/p_{\mathrm{F}}$ は波数空間での単位ベクトルである．従って，強磁性臨界点近くでスピン三重項内の p 波対状態でのフェルミ超流動，超伝導が起こると一般に期待されている．(3.35), (3.36) を見ると，スピン三重項の超流動秩序パラメタを

$$\Delta_{\alpha,\beta}(\hat{\boldsymbol{p}}) = \frac{1}{V} \sum_{\boldsymbol{p}'} \frac{V_3(\boldsymbol{p}, \boldsymbol{p}')}{4}(\delta_{\alpha,\gamma}\delta_{\beta,\delta} + \delta_{\alpha,\delta}\delta_{\beta,\gamma})\langle a_{\boldsymbol{p}',\gamma} a_{-\boldsymbol{p}',\delta} \rangle$$
$$= \sum_{\mu = x,y,z} d_\mu(\boldsymbol{p})(i\sigma_\mu \sigma_y)_{\alpha,\beta} \tag{3.138}$$

ととるとよい．

　ただ，p 波の場合に限ると，むしろ以下の表示をとる方が理論を進める際には便利である：ここでは，フェルミ面は前節までと同様に等方的であると仮定する．固体電子系の場合であれば，結晶構造の影響が弱い電子密度の低い系が対象になるが，より現実的に以下では液体 ${}^3\mathrm{He}$ における超流動相を表す対状態を考えることにする．この場合，(3.137) を (3.138) 式に代入すると軌道の自由度は連続的な 3 次元ベクトルとして振る舞うことがわかるため，(3.138)式よりも次の 3×3 行列演算子

$$\hat{A}_{\mu,j} = \frac{g}{2} \sum_{\boldsymbol{p}} \hat{p}_j (i\sigma_y \sigma_\mu)_{\alpha,\beta} \hat{a}_{\boldsymbol{p},\alpha} \hat{a}_{-\boldsymbol{p},\beta} \tag{3.139}$$

の統計平均である $A_{\mu,j}$，つまり 3×3 の複素行列を秩序パラメタにとれば，前節までの解析の多くを直接応用して p 波超流動の理論を構成することができる．例えば，ハミルトニアン (3.42) は p 波の場合，

$$\mathcal{H}_{p-\mathrm{wave}} - \mu N = \frac{V}{g} \sum_{\mu,j} A_{\mu,j}^* A_{\mu,j} + \sum_{\boldsymbol{p},\sigma} \xi_{\boldsymbol{p}} a_{\boldsymbol{p},\sigma}^\dagger a_{\boldsymbol{p},\sigma} - \sum_{\mu,j}(A_{\mu,j}^* \hat{A}_{\mu,j} + \mathrm{h.c.})$$
$$\tag{3.140}$$

ととればいい．なお，現実の超伝導物質で結晶構造により回転対称性が破れている場合，しばしば d ベクトルと呼ばれる $d_\mu(\hat{\boldsymbol{p}}) = \sum_j A_{\mu,j} \hat{p}_j$ を秩序パラメタとみなすことが多く，超流動 ${}^3\mathrm{He}$ と超伝導に共通した実験手段である核磁気

共鳴ではまさに d ベクトルを実験で見ることになる.

モデル (3.140) を用いれば, 平均場近似の理論の構築の仕方は s 波超伝導の場合の自然な拡張であるため, 理論の詳細 [24, 25, 26] についてはここでは触れずに, 超伝導に関係した話題にとどめるつもりで書き記しておこう. まず, ゼロ磁場下の超流動 ^{3}He の 3 次元凝縮相として実現することが明らかとなった 3 つの状態を挙げておく.

1) Balian-Werthamer (BW) 状態:

$$A_{\mu,j} = |\Delta|e^{i\Phi}\delta_{\mu,j}. \tag{3.141}$$

バルクの超流動相として低圧領域[4]では, フェルミ粒子間相互作用の斥力成分を一切無視した弱結合 BCS 理論[5]でよく表され, 等方的でフェルミ面上にできた準粒子のエネルギーギャップにゼロ点 (ノード) がない (図 3.6(a)) 状態が最も安定で, 超流動 ^{3}He の B 相として生じることがわかっている. なお, 軌道自由度とスピン自由度の間の局所座標回転に対して縮退しているので, 上式の $\delta_{\mu,j}$ は一般に 3×3 回転行列 $R_{\mu,j}$ で置き換えられる. BW 状態は見かけ上単純な構造を有するが, 軌道とスピンの自由度間が独立ではないことから特有の性質を示す.

2) Anderson-Brinkman-Morel (ABM) 状態, あるいはカイラル p 波状態:

$$A_{\mu,j} = \frac{1}{\sqrt{2}}|\Delta|e^{i\Phi}\hat{d}_\mu(\hat{m}_j + i\hat{n}_j). \tag{3.142}$$

液体 ^{3}He の高圧側では原子 (フェルミ粒子) 間の斥力が重要になり, 強結合補正項を GL 自由エネルギーに加える必要がある: 図 3.2(a) のゴルコフボックスに加えて, 図 3.2(b) のように斥力によって構成される GL 4 次項への付加項を含める. この強結合項は一般に平均場近似での GL 自由エネルギーを下げる寄与として働き, 斥力がより重要となる高圧では, BW 状態より ABM 状態においてこの強結合項が凝縮エネルギーの利得をより増やすことになり, ABM 状態が実現する. こうして, バルク超流動 ^{3}He の高温・高圧相となる

---

[4] 原子系で高圧とは, 原子間の斥力の増大を, つまり原子間の相関がより高いことを表す. 固体電子系での圧力の増大は伝導電子のトンネル効果を容易にし, より弱相関 (金属的) になることを意味するので, 逆の意味になることに注意せよ.

[5] 3.10 節までの定式化は弱結合 BCS 理論で行われており, その場合, GL 自由エネルギーの 4 次項は図 3.2(a) のみで与えられる.

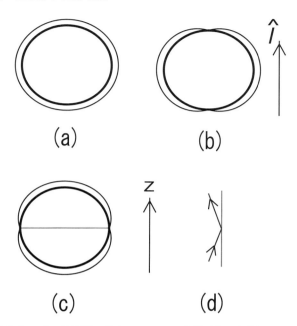

図 3.6 p 波の各クーパー対状態の場合のフェルミ球面（太い実線）上の準粒子エネルギーギャップ：(a) BW 状態，(b) ABM 状態，(c) polar 状態．(d) polar 状態が安定化される z 方向に伸びた線状の弾性散乱体がある環境では，スペキュラー（specular）な散乱事象で polar 対状態が不安定化することはない（アンダーソンの定理）．

ABM 状態では，準粒子エネルギーギャップがフェルミ球上においてクーパー対の軌道角運動量 $\hat{l} = \hat{m} \times \hat{n}$ の方向となる 2 点で点状のノードを持つ（図 3.6(b)）．一様磁場下，あるいは薄膜のように 2 次元的な境界条件を有する状況では，BW 状態よりもこの状態が実現される傾向にある．

3）polar 状態：

$$A_{\mu,j} = |\Delta|e^{i\Phi}\hat{d}_\mu \delta_{j,z} \tag{3.143}$$

バルク液体 ^{3}He においては凝縮エネルギーが小さく，実現し得ないが，環境に z 方向を軸とする 1 次元的な異方性があるとこの状態が高温相として実現するようになる [27]．具体的に，極端に異方的な多孔質媒質の中の 3 次元超流動状態として polar 相が実現することが核磁気共鳴の実験によって実証された

[28]. この状態では，準粒子エネルギーギャップが z-方向に垂直な方向に線状のノードを持つ（図 3.6(c)）．ゼロ磁場下の液体 ^{3}He における第 3 の超流動相であるこの対状態が持つ著しい性質に，前出の s 波超伝導（超流動）を舞台としたアンダーソンの定理がこの p 波超流動状態に対しても成り立つという事実がある [29]．これは，図 3.6(d) に示されるように，準粒子が媒質により弾性散乱される際に z-方向の運動量成分を保存したまま散乱されることがその原因である．その結果，多孔質媒質が高密度になり空孔率が下がって不純物散乱効果が強まっても，生き残る p 波超流動相が polar 状態のみという傾向が見られる [28]．等方的 s 波対状態の場合に散乱が等方的である場合にアンダーソンの定理が確かめられたように，非 s 波の対状態に対して同様なことが起こるには対状態と散乱効果の波数依存性の間のマッチングが必要である．実際，2 次元的な超流動状態である 2）のカイラル p 波の場合でも，2 次元的な散乱体となる媒質の中であれば同様に，カイラル p 波ばかりが生き残るという状況が可能である [30]．このように，異方的な対状態が不純物散乱効果に対して頑強な場合があるという事実から，不純物効果を通して対状態の詳細を実験的に探るという方法には注意が必要であるといわざるを得ない．

　対状態を区別する手段としては，低温での物理量の温度依存性を調べるのが無難である．ここでは，上記の 3 つの状態における低温比熱に，ギャップノードの有無がどのように反映されるのかについて触れるにとどめよう．1）の BW 状態の場合はギャップノードがないため，低温比熱を与える式は s 波での結果 (3.83) 式と本質的に同じである．対照的に 2）のカイラル p 波の場合，一般式 (3.82) において点状ノード付近の寄与が主要項になると想定して計算すればいい．フェルミ球面を 3 次元極座標で表し，その北極（$\boldsymbol{k} = k_{\mathrm{F}}\hat{z}$）と南極（$\boldsymbol{k} = -k_{\mathrm{F}}\hat{z}$）方向のノード付近で準粒子エネルギー E_k が $\sqrt{\xi_k^2 + |\Delta|^2\theta^2}$ と書けることを用いて，点状ギャップノードを持つ状態での低温比熱の主要項が

$$C_{\mathrm{point}} \sim N(0)k_{\mathrm{B}}(\beta^3|\Delta|^2)^{-1} \propto T^3 \tag{3.144}$$

となることがわかる．また，3）の polar 状態の場合も同様にして線状ギャップノードを持つ状態での低温比熱の主要項は

$$C_{\mathrm{line}} \sim N(0)k_{\mathrm{B}}(\beta^2|\Delta|)^{-1} \propto T^2 \tag{3.145}$$

84　第 3 章　超伝導の BCS 理論

となる．これらの冪状の温度依存性は，フルギャップの場合の依存性 (3.83) とは明らかに異なるため，少なくともギャップノードの有無を判断するのには有用である．

第4章 磁場下の超伝導—平均場近似

4.1 はじめに—超伝導体のタイプ

　以下では，上で導出した GL 自由エネルギーに基づいて，第二種超伝導体が磁場下において示す物理現象を平均場近似で記述していく．(3.73) 式に従って，$|\Delta|$ が一様となるマイスナー相はエネルギー密度 $-H_c^2(T)/(8\pi)$ の利得を持っているが，一様磁場下でこの相は正常相における磁気エネルギー $B^2/(8\pi)$ の利得との比較により，$H > H_c(T)$ で 1 次転移により正常相に取って代わられる．1 次転移に伴う準安定状態の出現等を別にすれば，これが第一種超伝導の磁場変化である．第二種超伝導体は，$H_c(T)$ より低磁場でマイスナー効果が不完全になる系であり，豊富な磁場下の超伝導現象を示す．殊に近年研究対象となる超伝導体の多くがこの第二種の系であるため，以下では第二種超伝導体に絞って話を進める．

　超伝導状態においては，コヒーレンス長 $\xi(T)$（あるいは，$\xi_{GL}(T)$）と磁場侵入長 $\lambda(T)$ という 2 つの特徴的長さが登場する．個々の長さのスケールの定義から，$\xi(T) > \lambda(T)$ の系では有限の電磁場がクーパー対のサイズ内に閉じ込められているので本質的ではなく，従って電磁場が超伝導状態の詳細を変えない第一種の系がこの場合に相当することは推測がつくであろう．事実，超伝導相と正常相との間の表面エネルギーの考察から，$\xi_{GL}(T) > \lambda(T)$ は第一種超伝導体，$\xi_{GL}(T) < \lambda(T)$ は第二種超伝導体が満たす条件であると考えられている [14]．ここではまず，$H_c(T)$ と第二種超伝導体における他の特徴的磁場との大小関係を調べることにする．

86 第 4 章 磁場下の超伝導—平均場近似

4.2 ロンドンモデルと磁束の量子化

G_{GL} を 3.8 節 までの $|\Delta|$ が一様という近似から一歩進めて,秩序パラメタの低エネルギーの可能な非一様性を含めた取り扱いにするには,位相 φ とそれにカップルするゲージ場 $\boldsymbol{A}$ の自由度を考慮すればよい.(3.127) 式を用いて,エネルギーの原点をマイスナー相におけるエネルギーに変えて得られた

$$G_{\mathrm{L}} \equiv G_{\mathrm{GL}} + V \frac{H_c^2(T)}{8\pi}$$

$$= \frac{1}{8\pi} \int d^3\boldsymbol{r} \left[(\mathrm{curl}\boldsymbol{A} - H\hat{z})^2 - H^2 + \frac{1}{\lambda^2(T)} \left(\boldsymbol{A} + \frac{\phi_0}{2\pi} \boldsymbol{\nabla}\varphi \right)^2 \right] \tag{4.1}$$

を考えることとしよう.ただし,(3.125) と (3.127) 式から

$$H_c(T) = \frac{1}{\sqrt{2}} \frac{\phi_0}{2\pi\lambda(T)\xi_{\mathrm{GL}}(T)} \tag{4.2}$$

である.このロンドン(London)モデルには,コヒーレンス長 $\xi_{\mathrm{GL}}(T)$ が特徴的長さとして登場しない.これは前節最後に述べた第一種の系とは逆の第二種極限 $\lambda(T) \gg \xi_{\mathrm{GL}}(T)$ をこのモデルが記述することを意味する.この意味で (4.1) 式をロンドン極限と呼ぶことも多い.しかし,後述するが,第二種極限でこの近似が常に正しいわけではなく,平均場近似の超伝導転移点に近づくとともに ξ_{GL} のスケールでの記述が本質的になるため,$|\Delta|$ を一定値とおくことはできなくなる.

ロンドンモデルからマイスナー効果,さらにその結果としてのゼロ電気抵抗は,磁場侵入長として (3.127) 式で定義した λ を用いれば,第 1 章で説明したように得られる.ここでは,マイスナー効果から生じる別の知見である磁束の量子化に目を向けよう.図 4.1 のようにドーナツ状に変形された超伝導体が用意できたとする.紙面に垂直な z 軸方向に一様磁場 $\boldsymbol{B} = B\hat{z}$（$B > 0$）を掛けたとしよう.2 つの同心円の半径の差は巨視的なサイズで,超伝導体がマイスナー状態にあれば,2 つの同心円の間への磁束の侵入は無視できる.そのため,マクスウェル方程式により超伝導体奥深くでは電流密度 $\boldsymbol{j}$ はゼロである.しかし,図 4.1 のような閉曲線に沿って一周したとき,位相 φ が変化するとしよう.秩序パラメタ Δ はクーパー対の BEC の反映であるから一価関数でないといけない（2.3 節参照）ので,許される位相変化は $2\pi \times n_w$（n_w は

4.2 ロンドンモデルと磁束の量子化

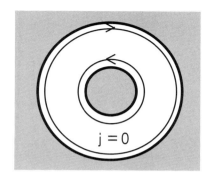

図 4.1 磁束の量子化を表現するドーナツ状の超伝導体.半径方向のサイズは磁場侵入長 λ に比べ,十分長いものとする.超伝導体の内径,外径付近の λ にわたる領域では電流が流れ,侵入した磁場を遮蔽しようとする.そして,超伝導体内部では磁束密度ゼロ,従って電流密度 j もゼロである.

整数)である.式で書けば,

$$\oint d\varphi = \oint d\boldsymbol{l} \cdot \boldsymbol{\nabla}\varphi = 2\pi n_w \tag{4.3}$$

である.従って,中空円の面積を S として,(3.119) 式の上記閉曲線上一周の線積分 $\oint d\boldsymbol{l} \cdot \boldsymbol{j} = 0$ にストークスの定理を用いると,貫く全磁束 Φ は

$$\Phi = B_s S = \oint d\boldsymbol{l} \cdot \boldsymbol{A} = -\frac{\hbar c}{2e}\oint d\boldsymbol{l} \cdot \boldsymbol{\nabla}\varphi = -\phi_0 n_w \tag{4.4}$$

となる.ここで,B_s は B の空間平均である.この式から明らかに,n_w は負の整数でなければいけない.この符号は,電子の電荷が負 ($-e$) であることの結果である.この磁束の量子化は,S のサイズにかかわらずに,つまりトポロジカルな理由で保証されている.そこで,中空部分のサイズを無限小に縮めたとしよう.これは (4.4) で与えられた磁束を通す位相の特異点が中心に位置する状況に相当するが,この位相の特異点が超伝導体での量子渦糸(quantized vortex line)をその垂直面で見たものに他ならない.つまり,超伝導では量子渦が常に量子化磁束を運んでいるので,3 次元系で発現する量子渦糸を磁束線(flux line)と呼ぶこともある.

上記の磁束の量子化は渦間の間隔には依らない.上記の議論での積分経路を N_v 個の渦を含む経路に選ぼう.渦をその経路から λ より十分長い距離隔たっ

88 第 4 章 磁場下の超伝導—平均場近似

た経路の内部に集めることができたとすると，経路に沿った線積分の結果は渦間の間隔などに依らず，磁場が誘起する渦の総数

$$N_v = \frac{B_s S}{|n_w|\phi_0} \tag{4.5}$$

を得る．また，後述する高磁場からの方法でも各渦が担う磁束が ϕ_0 となる渦格子解（アブリコソフ（Abrikosov）解）が表現されるが，この渦格子解は磁場侵入長のサイズとは全く関係なく作られる．

ボソンの場合と同様，$|\Delta| = 0$ が渦中心で満たされる．ロンドンモデルは ξ_{GL} 程度のスケールを記述できないので，この渦中心が ξ_{GL} 程度の拡がりを持っていると仮定してよいであろう．しかも，(3.126) 式の $-\boldsymbol{H} \cdot \boldsymbol{B}$ 項により，外部からの一様磁場 $\boldsymbol{H} = H\hat{z}$ が増えるとこの量子渦の侵入が可能となる．渦，つまり磁束が侵入してマイスナー効果が壊れ始める磁場をしばしば下部臨界磁場 $H_{c1}(T)$ と呼ぶ．G_{L} の最後の項を $\boldsymbol{j}$ で表してマクスウェル方程式 $\mathrm{curl}\boldsymbol{B} = -(\boldsymbol{A} + \phi_0\boldsymbol{\nabla}\varphi/(2\pi))/\lambda^2$ を使って $\boldsymbol{B} = B\hat{z} = \mathrm{curl}\boldsymbol{A}$ のみで表すと

$$G_{\mathrm{L}} = \frac{1}{8\pi}\int d^3\boldsymbol{r}[\lambda^2(\mathrm{curl}\boldsymbol{B})^2 + B^2] - \frac{H}{4\pi}B_s V \tag{4.6}$$

となる．マクスウェル方程式の curl をとって，平均場近似内の考察なので，出現する量子渦は磁場方向にまっすぐ伸びているとして (4.3) 式を書き直した式

$$\boldsymbol{\nabla} \times \boldsymbol{\nabla}\varphi = 2\pi n_w \sum_\nu \hat{z}\delta^{(2)}(\boldsymbol{r} - \boldsymbol{r}_\nu) \tag{4.7}$$

を用いることにより，

$$(-\lambda^2\boldsymbol{\nabla}^2 + 1)\boldsymbol{B} = -\phi_0 n_w \sum_\nu \hat{z}\delta^{(2)}(\boldsymbol{r} - \boldsymbol{r}_\nu) \tag{4.8}$$

が得られる．ここで，$\boldsymbol{r}_\nu$ は ν 番目の渦の 2 次元座標で，((2.30) 式での n_ν に相当する）ワインディング数は磁場が誘起した渦では共通の値 n_w であることを仮定した．この解は

$$B(\boldsymbol{r}) = \int \frac{d^2\boldsymbol{q}}{(2\pi)^2}B(\boldsymbol{q})e^{i\boldsymbol{q}\cdot\boldsymbol{r}} = -\frac{\phi_0 n_w}{2\pi\lambda^2}\sum_\nu K_0\left(\frac{|\boldsymbol{r} - \boldsymbol{r}_\nu|}{\lambda}\right) \tag{4.9}$$

である．$K_0(x)$ は 0 次の変形ベッセル関数である．また，フーリエ成分 $B(\boldsymbol{q})$

は

$$B(\boldsymbol{q}) = -\frac{\phi_0 n_w}{1 + \lambda^2 q^2} \sum_\nu e^{-i\boldsymbol{q}\cdot\boldsymbol{r}_\nu} \tag{4.10}$$

である.

この準備の下で, (4.8) と (4.9) 式を G_{L} に適用して, 単位長さ当たり, かつ渦 1 本当たりでの (4.6) 式は結局,

$$\begin{aligned}
\frac{G_{\mathrm{L}}}{N_v L_z} &= -\frac{\phi_0 n_w}{8\pi N_v} \sum_\nu B(\boldsymbol{r}_\nu) - \frac{|n_w|\phi_0 H}{4\pi} \\
&= \frac{\phi_0^2}{16\pi^2\lambda^2} n_w^2 \left[N_v^{-1} \sum_{\mu \neq \nu} K_0\left(\frac{|\boldsymbol{r}_\mu - \boldsymbol{r}_\nu|}{\lambda} \right) + \ln\left(\frac{\lambda}{\xi_{\mathrm{GL}}} \right) \right] - \frac{\phi_0 H}{4\pi} |n_w|
\end{aligned} \tag{4.11}$$

となる. ここで, $N_v = B_s S/(|n_w|\phi_0)$ は $H > H_{c1}$ で磁場が誘起する渦の数である. 各渦の自己エネルギーに相当する第 2 項を書き直す際に, $B(\boldsymbol{r} = 0)$ を表す $\boldsymbol{q}$ 積分の上限に, 各渦の芯のサイズの逆数である ξ_{GL}^{-1} を用いた.

まず, 磁束が侵入し始める磁場 H_{c1} を決めるには 1 本の渦の侵入を念頭におけば十分であろうから, (4.11) 式の渦間の相互作用を表す第 1 項を無視しよう. そのとき, $n_w = -1$ で不等式

$$\begin{aligned}
H > H_{c1}(T) &\equiv \frac{4\pi\varepsilon_v}{\phi_0} \\
&= \frac{\phi_0}{4\pi\lambda^2(T)} \ln\left(\frac{\lambda}{\xi_{\mathrm{GL}}} \right) = \frac{H_c(T)}{\sqrt{2}\,\kappa} \ln\kappa
\end{aligned} \tag{4.12}$$

が満たされれば, ワインディング数の大きさ $|n_w|$ が最小値 1 の渦が, そしてそれに伴って磁束が侵入した $|B_s| > 0$ の状態が熱力学的に安定であることになる. 最後の等式から, GL パラメタ

$$\kappa \equiv \frac{\lambda(0)}{\xi_{\mathrm{GL}}(0)} \tag{4.13}$$

が O(1) を超えれば, H_{c1} が H_c より低磁場に位置するため, H_c における不連続転移が起こることなく, $B_s = 0$ のマイスナー相は磁束が渦に運ばれて侵入した状態に連続転移したことがわかる.

90　第4章　磁場下の超伝導—平均場近似

　もちろん，$H > H_{c1}(T)$ では渦が多数入り込んでくるため，上記で無視した渦間の相互作用を考慮する必要が出てくる．平衡状態を考えているので，相互作用しあう渦は格子を組んでいるであろう．簡単のために，渦に関する和を

$$\sum_{\mu \neq \nu} K_0\left(\frac{|\boldsymbol{r}_\mu - \boldsymbol{r}_\nu|}{\lambda}\right) \to N_v \sum_{\mu}' K_0\left(\frac{|\boldsymbol{r}_\mu|}{\lambda}\right) \tag{4.14}$$

と書き直し，変分方程式 $\delta G_{\mathrm{L}}/\delta \langle B \rangle_s = 0$ を解くことにより

$$H - H_{c1}(T) = \frac{\phi_0}{8\pi\lambda^2} \sum_{\mu}' \left(2K_0\left(\frac{|\boldsymbol{r}_\mu|}{\lambda}\right) + \frac{|\boldsymbol{r}_\mu|}{\lambda} K_1\left(\frac{|\boldsymbol{r}_\mu|}{\lambda}\right)\right) \tag{4.15}$$

を得る．ここで，$K_1(z) = -dK_0(z)/dz$ で，(4.14) と (4.15) 式の和には，$\boldsymbol{r}_\mu = 0$ は含まれないものとする．これに応じて，自由エネルギーは

$$\frac{G_{\mathrm{L}}}{L_z N_v} = -\frac{\phi_0^2}{32\pi^2\lambda^2} \sum_{\mu}' \frac{|\boldsymbol{r}_\mu|}{\lambda} K_1\left(\frac{|\boldsymbol{r}_\mu|}{\lambda}\right) \tag{4.16}$$

となる．この式を用いて，渦格子のタイプを決定することができ，渦間の最近接距離 d が $(2\phi_0/\sqrt{3}B_s)^{1/2}$，最近接数 z が 6 の三角格子が四角格子より安定であることが数値的にわかる．この d と z を用いて，H_{c1} 近くでは

$$B_s \simeq \frac{2\phi_0}{\sqrt{3}\lambda^2(T)} \left[\ln\left(\frac{9\phi_0}{2\pi\lambda^2[H - H_{c1}(T)]}\right)\right]^{-2} \tag{4.17}$$

であることがわかる．このように，$H = H_{c1}(T)$ での転移は連続転移で $\langle B \rangle_s$ をその秩序パラメタとして選ぶことができるが，その H 依存性は上式の対数依存性により異常である．ただ，実験的にこの関数形が確かめられた例は報告されていない．渦が低密度の状況で，渦間の弱い相互作用が現実の系が含む不純物による渦のピニング効果で遮蔽されやすい場合であるため，これは驚くべきことではない．

　上の結果は，$d \gg \lambda$ で正しい結果であるが，この不等号が成立しない中間磁場域では格子の形状がしばしば問題になり，変形ベッセル関数をフーリエ変換した表示の方が便利である．三角格子の基本格子ベクトルを今，

$$\boldsymbol{a}_1 = d\hat{x},$$
$$\boldsymbol{a}_2 = \frac{d}{2}(\hat{x} + \sqrt{3}\hat{y}) \tag{4.18}$$

ととると，これらはポアソンの和公式 (3.70) と等価な式

$$\sum_{m,n} \delta^{(2)}(\boldsymbol{r} - \boldsymbol{R}_{mn}) = \frac{|B_s|}{\phi_0} \sum_{\boldsymbol{G}} \exp(\mathrm{i}\boldsymbol{G}\cdot\boldsymbol{r}) \tag{4.19}$$

を通して，渦格子の逆格子ベクトル $\boldsymbol{G}$ と関係している[1]．ここで，$d = \sqrt{2\phi_0/\sqrt{3}B_s} = 2\sqrt{\pi/\sqrt{3}}\,r_B$, $\boldsymbol{R}_{mn} = m\boldsymbol{a}_1 + n\boldsymbol{a}_2$, $\boldsymbol{G} = r\boldsymbol{G}_1 + s\boldsymbol{G}_2$ は $\boldsymbol{a}_i \cdot \boldsymbol{G}_j = 2\pi\delta_{i,j}$ を満たす

$$\boldsymbol{G}_1 = \frac{2\pi}{d}\left(\hat{x} - \frac{\hat{y}}{\sqrt{3}}\right),$$
$$\boldsymbol{G}_2 = \frac{4\pi}{\sqrt{3}d}\hat{y} \tag{4.20}$$

で構成される．そして，(4.19) 式を (4.8) や (4.11) 式に用いて，

$$B = \sum_{\boldsymbol{G}} \frac{B_s}{1 + \lambda^2\boldsymbol{G}^2}e^{i\boldsymbol{G}\cdot\boldsymbol{r}},$$
$$\frac{G_{\mathrm{L}}}{V} = \frac{B_s^2}{8\pi}\sum_{\boldsymbol{G}} \frac{1}{1 + \lambda^2\boldsymbol{G}^2} - \frac{H\,B_s}{4\pi} \tag{4.21}$$

を得る．中間磁場領域 $\xi_{\mathrm{GL}} \ll d \ll \lambda$ で，この式を用いて，やはり三角格子が四角格子よりエネルギーが低いことが示される．ただし，渦間の相互作用を決める $\boldsymbol{G}$ 依存性において，$\lambda^2\boldsymbol{G}^2$ の次の補正（$\boldsymbol{G}^4$ 項）を考慮すると，対関数がフェルミ面にわたって 4 回対称性を示す d 波超伝導体の場合には四角格子が広い磁場域で安定化されることがわかる [31]．また，この磁場領域では $1 + \lambda^2\boldsymbol{G}^2$ を $\lambda^2\boldsymbol{G}^2$ で置き換えることができ，磁化を与える式

$$4\pi M = B_s - H \simeq -\frac{\phi_0}{4\pi[\lambda(T)]^2}\ln\left(\frac{\phi_0}{B_s\xi_{\mathrm{GL}}^2}\right) \tag{4.22}$$

において，$\ln|B_s|$ 依存性が温度勾配 $\partial M/\partial T$ に現れるのが特徴的である．

---

[1] 様々な結晶格子に対して，(3.70) 式を利用することで，(4.19) 式での格子ベクトルと逆格子ベクトルの間の関係が正しいことを確認してみるとよい．

92 第4章 磁場下の超伝導—平均場近似

4.3 高磁場近似での渦格子解

十分磁場 H が強い場合，渦間の距離が縮まり，振幅 $|\Delta|$ の空間依存性も無視できない．以下では，GL 自由エネルギー (3.126) を直接用いて，高磁場側からの渦状態の記述を行う．まず，磁束密度を一様成分と変調に分けて $\boldsymbol{B} = [B_s + \delta B(\boldsymbol{r})]\hat{z}$ と書こう．ただし，変調成分 $\delta B(\boldsymbol{r})\hat{z} = \mathrm{curl}\,\delta\boldsymbol{A}$ の空間平均はその定義によりゼロである．渦は磁場に沿ってまっすぐで，渦格子により変調するので，磁束密度も z 成分のみとしてよい．そのとき，GL 自由エネルギーは

$$G_{\mathrm{GL}} = F_\Delta + \frac{L}{8\pi}\int d^2\boldsymbol{r}\,[(B_s - H)^2 - H^2]$$

$$\frac{F_\Delta}{L} = N(0)\int d^2\boldsymbol{r}\,\Bigg[\xi_{\mathrm{GL}}^2(0)\left|\left(-i\boldsymbol{\nabla} + \frac{2\pi}{\phi_0}\boldsymbol{A}_0\right)\Delta\right|^2 + \varepsilon_0|\Delta|^2 + \frac{b}{2}|\Delta|^4$$

$$+ \frac{2\pi\xi_{\mathrm{GL}}^2(0)}{\phi_0}\left(\delta\boldsymbol{A}\cdot\left[\Delta^*\left(-i\boldsymbol{\nabla} + \frac{2\pi}{\phi_0}\boldsymbol{A}_0\right)\Delta + \mathrm{c.c.}\right] + \frac{2\pi}{\phi_0}\delta A^2|\Delta|^2\right)\Bigg]$$

$$+ \int d^2\boldsymbol{r}\,\frac{\delta B^2}{8\pi}. \tag{4.23}$$

L は磁場 (z) 方向 の系のサイズで，$\boldsymbol{B}_s = B_s\hat{z} = \mathrm{curl}\,\boldsymbol{A}_0$ である．

次に，F_Δ の第1項を対角化できるように，一様磁束密度 $B_s\hat{z}$ 下のシュレーディンガー方程式に従う荷電粒子の固有値問題と同様，ランダウ準位モードで Δ を展開することを考える．ここで，秩序パラメタが主としてどのランダウ準位に属するのかを決めるのだが，これが高磁場渦格子の平均場解を決めるための第一段階になる．通常，転移線 $H_{c2}(T)$ やその近くの渦状態の記述は最低ランダウ準位（最低 LL，あるいは LLL）で記述できると期待される．しかし，パウリ常磁性対破壊効果が重要になりうる低温，かつ高磁場領域ではこの期待通りにはならなくなることを後節で指摘する．しばらくの間，パウリ常磁性効果が無視でき，秩序パラメタが LLL のモードとしてよい状況に限って話を進めよう．

今，$\boldsymbol{A}_0$ のゲージを $\boldsymbol{A}_0 = (-B_s y, 0, 0)$ と選べば，LLL に属する Δ は

$$\Pi_-\Delta = 0, \tag{4.24}$$

$$\Pi_{\pm} = \frac{r_B}{\sqrt{2}}\left(-i\frac{\partial}{\partial x} - \frac{y}{r_B^2} \pm \frac{\partial}{\partial y}\right),$$

$$r_B = \sqrt{\frac{\phi_0}{2\pi B_s}} \tag{4.25}$$

を満たし，F_Δ の第 1 項は交換関係 $[\Pi_-, \Pi_+] = 1$ が成り立つことを使うと，

$$\int d^2\boldsymbol{r}\, 2\left(\frac{\xi_{\mathrm{GL}}(0)}{r_B}\right)^2 \Delta^*\left(\Pi_+\Pi_- + \frac{1}{2}\right)\Delta = \int d^2\boldsymbol{r}\left(\frac{\xi_{\mathrm{GL}}(0)}{r_B}\right)^2 |\Delta|^2 \tag{4.26}$$

となる（他のゲージを選んだときは，適当なゲージ因子を Δ に乗じれば以下と同じ解析をたどることになる）．LLL 内の Δ の性質については，付録 B にまとめておく．

次に，$\delta\boldsymbol{A}$ の寄与を考える．δB は $\mathrm{O}(|\Delta|^2)$ であるから，F_Δ における $\mathrm{O}(|\Delta|^4)$ 項までに興味がある限り，(4.23) 式の $\mathrm{O}(\delta A^2)$ 項は無視してよい．そのとき，F_Δ の $\delta\boldsymbol{A}$ に関する変分方程式

$$\mathrm{curl}(\delta B\hat{z}) = -4\pi N(0)\frac{2\pi\xi_{\mathrm{GL}}^2(0)}{\phi_0}\left[\Delta^*\left(-i\boldsymbol{\nabla} + \frac{2\pi}{\phi_0}\boldsymbol{A}_0\right)\Delta + \mathrm{c.c.}\right] \tag{4.27}$$

に (4.24) 式を適用し，$\delta B_s = 0$ に注意して上式を積分すると

$$\delta B = 4\pi N(0)\frac{2\pi\xi_{\mathrm{GL}}^2(0)}{\phi_0}\left[\langle|\Delta|^2\rangle_s - |\Delta|^2\right] \tag{4.28}$$

となる．ここで，$\Delta = 0$ で $\delta B = 0$ であることを用いた．以上により，

$$\frac{F_\Delta}{N(0)V} = \left[\varepsilon_0 + \left(\frac{\xi_{\mathrm{GL}}(0)}{r_B}\right)^2\right]\langle|\Delta|^2\rangle_s + \frac{b}{2}\left[\beta_{\mathrm{A}}\left(1 - \frac{1}{2\kappa^2}\right) + \frac{1}{2\kappa^2}\right](\langle|\Delta|^2\rangle_s)^2 \tag{4.29}$$

となる．ただし，

$$\beta_A = \frac{\langle|\Delta|^4\rangle_s}{(\langle|\Delta|^2\rangle_s)^2} \tag{4.30}$$

である．

さて，ここで β_A に触れることなく，$|\Delta|^2$ の空間平均 $\langle|\Delta|^2\rangle_s$ で F_Δ を変分する．これが，平均場近似で渦格子を決定する手続きの第二段階で，渦格子の

94   第 4 章 磁場下の超伝導—平均場近似

位相コヒーレンスを設定することに相当する[2]. 変分を行った結果, 自由エネルギー (3.126) は

$$\frac{G_{\mathrm{GL}}}{V} = \frac{1}{8\pi}\left[(B_s - H)^2 - H^2 - \frac{(H_{c2}(T) - B_s)^2}{(2\kappa^2 - 1)\beta_A + 1}\right] \tag{4.31}$$

となり, 変分方程式 $\delta G_{\mathrm{GL}}/\delta B_s = 0$ として磁化

$$M = \frac{B_s - H}{4\pi} = \frac{B_s - H_{c2}(T)}{4\pi[(2\kappa^2 - 1)\beta_A + 1]}$$
$$= \frac{H - H_{c2}(T)}{4\pi(2\kappa^2 - 1)\beta_A} \tag{4.32}$$

を得る. ここで,

$$H_{c2}(T) = \frac{\phi_0}{2\pi\xi_{\mathrm{GL}}^2(0)}(-\varepsilon_0) = \sqrt{2}\,\kappa H_c(T) \tag{4.33}$$

はしばしば上部臨界磁場 (upper-critical field) と呼ばれ, 渦の芯のサイズが隣接する渦間の間隔と一致するためにクーパー対が磁場により完全に破壊されるという磁場である. この意味で, $H_{c2}(T)$ はむしろ対破壊磁場 (depairing field) と呼ばれるべきであろう.

ところで, 上に与えた表式から, $1/\sqrt{2}$ が GL パラメタ κ の重要な閾値になっていることが示唆される. この事実は, 磁場下の超伝導状態の形態が $\kappa = 1/\sqrt{2}$ を境に第一種, 第二種の物質に分かれることと無関係ではない. ただ, この 2 つの種類の超伝導体を明確に区別するには超伝導相と正常相間の表面エネルギーの考察が必要である [14].

次に, 渦格子状態を記述する LLL 内で表された秩序パラメタ $\Delta(\bm{r})$ を 具体的に調べよう. まず, LLL への射影を表す条件 (4.24) を再び書こう:

$$\left[-i\frac{\partial}{\partial x} - \frac{y}{r_B^2} - \frac{\partial}{\partial y}\right]\Delta = 0. \tag{4.34}$$

これの解は $\Delta = \exp(-y^2/[2r_B^2])\eta(x - iy)$ という一般形を持つ. η は $x - iy$ の解析関数であり, $x + iy$ には依らない. 代数学の基本定理, すなわち複素解析関数は複素平面で必ず因数分解できることを用いると, LLL 内で記述された渦状態は一般的に

──────────

[2] もちろん, 格子の周期より長距離での相関である.

$$\Delta \equiv |\Delta| \exp(i\varphi) = \exp\left(-\frac{y^2}{2r_B^2}\right) \prod_\nu (x - x_\nu - i(y - y_\nu)) \tag{4.35}$$

と書けるが，一方で η を x の解析関数とみてテイラー展開すれば

$$\Delta = \sum_n c_n \exp\left(-\frac{y^2}{2r_B^2} + ikn(x - iy) - \frac{k^2 r_B^2 n^2}{2}\right) \tag{4.36}$$

と書くこともできる．(4.35) 式の両辺の対数をとることにより得られる位相を表す式

$$\varphi = \sum_\nu \tan^{-1}\left(\frac{y_\nu - y}{x - x_\nu}\right) \tag{4.37}$$

は，$n = -1$ とした (2.25) 式を渦が多数の場合に一般化したものになっている．これは，ロンドン極限での H_{c1} を決める議論で得られたワインディング数と一致している（(4.12) 式につながる議論と比較せよ）．(4.37) 式により，ワインディング数 $+1$ の反渦は，渦が格子を組んでいるか否かにかかわらず，LLL の状態には決して含まれない．実際，(4.35) 式に現れる渦の個数（添え字 ν が数える個数）は N_v に等しい．

しかし，ここまでは，渦格子の形状（タイプ）について特定されなかった．この格子構造を決定するのが，渦格子の平均場解の決定のための最後の作業である．この格子のタイプを決定するのが (4.30) 式で定義したアブリコソフ因子と呼ばれる無次元パラメタ β_A である．この β_A を調べることに関連して，Δ の格子解を詳しく調べてみよう．一般に，$|\Delta|^2$ や $\boldsymbol{j}$ のようなゲージ不変な量は周期関数にできるが，Δ はゲージに依存し，フルに周期関数になる必要はない．以下で，図 4.2 にあるように格子の単位胞と格子ベクトルを定義する．磁束の量子化により単位胞の面積が ϕ_0/B_s であることを使うと，単位胞の Y 軸方向の周期を d_0 とすると

$$d_0 \sin\theta = kr_B^2 \tag{4.38}$$

であり，渦中心は単位胞の中心 $(\pi k^{-1} + kr_B^2 \cot\theta/2, \ kr_B^2/2)$ にある．ここで，式 (4.36) の Δ を $\Delta(x, Y)$ と書き（図 4.2 参照），Y 方向の d_0 だけの変位で

96　第4章　磁場下の超伝導—平均場近似

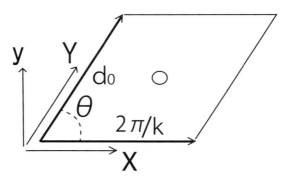

図 4.2　渦格子の単位胞と格子ベクトル．○が渦中心を表す．

$|\Delta|^2$ が周期的であることから，

$$\Delta(x, Y + d_0) = \sum_n c_n \exp\left(ikn(x + d_0\cos\theta) - \frac{1}{2r_B^2}(y + kr_B^2 n + d_0\sin\theta)^2\right)$$

$$= e^{-ikx}\sum_n c_n \exp\left(i[k(n+1)x + nk^2 r_B^2 \cot\theta]\right.$$

$$\left. - \frac{1}{2}(y + kr_B^2(n+1))^2\right) \tag{4.39}$$

となるので，

$$c_n = \exp\left(i\frac{k^2 r_B^2}{2} n(n+n_0)\cot\theta\right) \tag{4.40}$$

であれば，$|\Delta|^2$ は $x \to x + 2\pi/k$, $Y \to Y + d_0$ に対し周期関数であることになる．ここで，n_0 は勝手に選べる整数で，x 方向の原点を決める役割を持つ．以下では，$n_0 = 0$ として話を進める．

このとき，渦格子解の秩序パラメタ Δ_0 は，$\langle|\Delta_0|^2\rangle_s = 1$ と規格化された形で，

$$\Delta \equiv \Delta_0 = \alpha_0 \varphi_0(\boldsymbol{r}; 0) = \frac{(kr_B)^{1/2}}{\pi^{1/4}} \exp\left(-\frac{y^2}{2r_B^2}\right)$$

$$\times \sum_n \exp\left(ikn(x - iy) - \frac{k^2 r_B^2}{2}n^2(1 - i\cot\theta)\right) \tag{4.41}$$

と表される．平均場解として実現すべき格子構造は kr_B, θ という2つのパラ

メタによって先述のアブリコソフ因子 $\beta_A = \langle |\Delta_0|^4 \rangle_s$ を最小にする構造である．(4.30) 式に (4.41) を直接代入することにより，

$$\beta_A = \frac{kr_B}{\sqrt{2\pi}} \sum_{n,m} \exp\left(-\frac{k^2 r_B^2}{2}(m^2 + n^2) - ik^2 r_B^2 \, mn \cot\theta \right) \tag{4.42}$$

となる．さらに，公式 (3.70) を用いて一度ガウス積分を実行すれば，(4.42) 式はよりわかりやすい式

$$\beta_A = \sum_{m,n} \exp\left(-\frac{k^2 r_B^2}{2} n^2 - \frac{1}{2k^2 r_B^2}(k^2 r_B^2 \cot\theta \, n - 2\pi m)^2 \right). \tag{4.43}$$

になる．一般に，$k^2 r_B^2 \cot\theta/(2\pi)$ が有理数 M/N であれば（M, N ($\neq 0$) は整数），y 方向に $|\Delta|^2$ の周期が Nkr_B^2 となる格子構造となるが，y 軸を対称軸とする鏡映対称性は必ずしも存在しない．渦構造の最も簡単な例が，$\theta = \pi/2$ の四角格子で，(4.43) 式の表示から，$kr_B = \sqrt{2\pi}$ のときであることは明らかであろう．

格子構造が y 軸に対して鏡映対称性を持つ場合は包括的に

$$k^2 r_B^2 \cot\theta = \pi \tag{4.44}$$

と選ぶことで記述される．このとき，公式 (3.70) を使った β_A の表式は

$$\beta_A = \sum_{m,n} \Bigg[\exp\left(-2k^2 r_B^2 m^2 - \frac{2\pi^2}{k^2 r_B^2} n^2 \right) \\ + \exp\left(-2k^2 r_B^2 \left(m + \frac{1}{2} \right)^2 - \frac{2\pi^2}{k^2 r_B^2} \left(n + \frac{1}{2} \right)^2 \right) \Bigg] \tag{4.45}$$

と表される．(4.45) 式で，$kr_B = \sqrt{\pi}$, $\theta = \pi/4$ とした場合が正方格子の別の表現であり，$\beta_A = 1.18$ という値をとる．一方，$k^2 r_B^2 = \pi\sqrt{3}$, $\theta = \pi/3$ の場合が三角格子であり，$\beta_A = 1.15959$ という値をとり，これが秩序パラメタ 1 成分の GL モデル (3.126) では最も安定な格子構造であることが知られている．なお，シュワルツの不等式 $\langle AB \rangle \geq \langle A \rangle \langle B \rangle$ を利用すると，β_A はその定義により，必ず 1 以上であることがわかり，後述するハートリー近似での超伝導揺らぎの考察により，2 以下であることもわかる．

98 第4章 磁場下の超伝導—平均場近似

　上記の議論は，アブリコソフの原論文 [32] の本質的な内容を，部分的に補正を加えながら[3]，解説したものである．すなわち，ロンドン極限での結果と GL 理論の高磁場近似の結果に基づき，第二種超伝導体の $H_{c1}(T) < H < H_{c2}(T)$ における可能な秩序状態は，どの磁場域においても三角格子の渦状態となる，というのがその内容である．ただし，先述の通り，格子構造は対状態等に依存して異なる構造になることもあり，実際銅酸化物高温超伝導体（HTSC）のような d 波対状態の超伝導においては，ある程度磁場を増やすと四角格子が安定になることがわかっている [31]．むしろ抑えておきたいのは，上記の平均場近似において，$|\Delta|^2$ と格子構造の両方について独立に極小化する必要があったという点である．これは，平均場近似での渦格子を特徴づける長距離位相相関（コヒーレンス）と渦格子の長距離並進秩序（周期構造）が同時に形成されることは必ずしも必要とされないことを示唆しており，超伝導揺らぎを考慮に入れた磁場下の超伝導相図を理解するためのヒントになる．

4.4　渦格子の電磁応答—渦糸フロー

　以下では，ゼロ磁場下のマイスナー効果との対比で，渦糸格子状態における電磁応答を調べる．直観的には，理想的にきれいな超伝導体では渦格子全体が並行移動（スライド）できると期待するのが自然である．この観点に基づいて，以下では個々の渦が格子状態から微小変位することを考える．簡単のために，すべての渦糸は曲がらずに印加磁場に垂直に変位するものとしよう．

　まず，ν 番目の渦の 2 次元座標（磁場に垂直方向の座標）の格子状態での平衡値を $\boldsymbol{R}_\nu$ とする．渦が動いてもトポロジカル条件 (4.7) 式が満たされるように，渦の変位による位相の変化 $\delta\varphi$ が生じる．ν 番目の渦の変位ベクトル

$$\boldsymbol{s}_\nu = \boldsymbol{r}_\nu - \boldsymbol{R}_\nu = \int \frac{d^2\boldsymbol{k}}{(2\pi)^2} \boldsymbol{s}_{\boldsymbol{k}} \exp(i\boldsymbol{k}\cdot\boldsymbol{R}_\nu) \tag{4.46}$$

に関して最低次までで $\delta\varphi$ を表してみよう．平均場近似で表された格子状態が磁場に垂直方向に動くことだけをとりあえず考えることにする．この場合，渦の曲がりが無視できるので，(4.7) 式の右辺の $\mathrm{O}(\boldsymbol{s})$ 項は，ポアソンの和公式

---

[3] アブリコソフは正方格子を仮定したが，後に三角格子が実際の平衡解であると他で指摘された．それでも，平均場近似の本質的な内容はアブリコソフの元の論文で済んでいた．

(4.19) を使って

$$\frac{2\pi B_s}{\phi_0} \sum_{\boldsymbol{G}} \int \frac{d^2\boldsymbol{k}}{(2\pi)^2} (-i\boldsymbol{Q} \cdot \boldsymbol{s}_k) e^{i\boldsymbol{Q}\cdot\boldsymbol{r}} \qquad (4.47)$$

となる．ただし，$\boldsymbol{Q} = \boldsymbol{G} + \boldsymbol{k}$ で $\boldsymbol{G}$ は先述の渦格子の逆格子ベクトルである．従って，逆格子ベクトルの大きさ $|\boldsymbol{G}|$ に比べ長波長の位相変化に着目すれば，$\boldsymbol{\nabla}\delta\varphi(\boldsymbol{r}) = 2\pi(\boldsymbol{B}_s\times\boldsymbol{s}(\boldsymbol{r}))/\phi_0$ を得る．従って，得られる G_L の平衡状態からのずれは調和近似（ガウス近似）で

$$\begin{aligned}
\frac{\delta G_\mathrm{L}}{L_z} = \frac{1}{2} \int d^2\boldsymbol{r} \Bigg[&\frac{1}{4\pi} \left(\frac{1}{\lambda^2(T)} \left(\frac{\phi_0}{2\pi} \boldsymbol{\nabla}\chi_{\mathrm{ph}} + \boldsymbol{B}_s \times \boldsymbol{s} + \delta\boldsymbol{A} \right)^2 \right. \\
&\left. + (\mathrm{curl}\,\delta\boldsymbol{A})^2 \right) + C_{66}(\partial_i s_j)^2 \Bigg]
\end{aligned} \qquad (4.48)$$

となる[4]．ここで，ゲージ場の長波長の揺らぎ $\delta\boldsymbol{A}$ を導入した．本節の最初に述べた仮定に合わせて，$\delta\boldsymbol{A}$ は印加磁場に垂直とした．また，導出過程の説明は省略するが，最後の項は渦格子のシアー弾性エネルギーを表し，三角格子の弾性定数 C_{66} はロンドン極限で

$$C_{66} = \frac{\phi_0 B_s}{64\pi^2[\lambda(T)]^2} \qquad (4.49)$$

で与えられることが知られている．この項はゼロでない $\boldsymbol{G}$ の位相揺らぎのフーリエ成分，つまり短波長の位相変化から生じる．また，渦の変位に関わらない位相の揺らぎ χ_{ph} も含めたが，これは上式ではゲージ変換で消せるので，そのダイナミクスを考慮しない限り，無視してよい．上式がもたらす電磁場に関する自由エネルギーにおいて，一様な（波数ゼロの）$\boldsymbol{s}$ について統計和（汎関数積分）を行うと，波数ゼロの $\delta\boldsymbol{A}$ への依存性は積分により消えてしまうので，一様な電流密度の（(1.2) 式のような）$\mathrm{O}(\delta\boldsymbol{A})$ 項は存在しない．これは渦が一様に動ける状況では大局的なマイスナー効果が生じないことを意味する．つまり，1.1 節での説明に従って，印加磁場に垂直な電流に対する超流動密度 ρ_s はゼロであり，従って電気伝導度は無限大にならない．しかし，量子渦の存在自体は（局所的な）マイスナー効果の帰結であった．この段階で，超伝導

---

[4] 渦格子の低エネルギー励起に関する有効作用がこの形をとることは，他の方法からも確かめられている [33].

100   第4章　磁場下の超伝導—平均場近似

における渦の役割が非自明であることは想像できるであろう.

　上に述べた, 有限な電気伝導度である渦糸フロー伝導度, すなわち渦糸格子相では磁場に垂直方向の電磁応答はオームの法則に従うこと, の導出を以下で説明しよう. この方法の1つとして, ロンドンモデル内で渦の運動が散逸ダイナミクスに従うことを仮定した解析から始めよう. 渦の座標に相当する変位場 s が散逸項を伴う運動方程式

$$m_v \frac{d^2 s_\mu}{dt^2} = -\frac{\delta F_{\rm L}}{\delta s_\mu} - \frac{2\pi B_s}{\phi_0} \gamma_v \frac{ds_\mu}{dt} \qquad (4.50)$$

に従うとしよう. ここで, [エネルギー密度 × 時間] の次元を持つ散逸項の係数 γ_v があることを仮定した. 金属中の伝導電子によるオームの法則をドルーデ（Drude）の記法で表す場合と同様, この"古典論"に基づく手法では有限な γ_v 値の原因を理解するには他の議論に委ねる必要がある. その意味で, この方法は全くの現象論であることに注意してほしい. さらに, 上式では渦格子における渦の変位が一様で渦格子は一切歪まないことを仮定し, さらには渦の"質量" m_v も導入した. しかし, 散逸項があるので定常状態では (4.50) 式の左辺はゼロとおくことができる. 電流密度の定義 (2.17) を用いて, 長波長極限で

$$\frac{\delta(\delta F_{\rm L})}{\delta s_\mu} = B_s \epsilon_{\mu\nu} \frac{\delta(\delta F_{\rm L})}{\delta A_\nu} = -\frac{B_s}{c} (\boldsymbol{j} \times \hat{z})_\mu \qquad (4.51)$$

$(\mu, \nu = x, y)$ が成り立つことを使うと

$$\gamma_v \, \boldsymbol{v}_\phi \equiv \gamma_v \frac{d\boldsymbol{s}}{dt} = \frac{\phi_0}{2\pi c} \boldsymbol{j} \times \hat{z} \qquad (4.52)$$

となる. また, $\boldsymbol{s}, \delta\boldsymbol{A} \sim \exp(-i\omega t)$ とおいて, (4.48) 式にも見られるように, ω に関し最低次までで $\boldsymbol{s} + B_s^{-1}(\delta\boldsymbol{A} \times \hat{z}) = 0$ [34], あるいは時間微分した式

$$\boldsymbol{E} = -\frac{1}{c}\frac{\partial \boldsymbol{A}}{\partial t} = -\frac{1}{c} \boldsymbol{v}_\phi \times \boldsymbol{B}_s \qquad (4.53)$$

が成り立つことに注意すると, (4.52) 式はオームの法則 $\boldsymbol{j} = \sigma_v \boldsymbol{E}$ に書き換えられる. この

$$\sigma_v = \frac{2\pi c^2}{\phi_0 B_s} \gamma_v \qquad (4.54)$$

を渦糸フロー伝導度と呼ぶ. なお, 磁束密度が渦の数, 電場が加速度に相当

4.4 渦格子の電磁応答—渦糸フロー **101**

することから，上で得た関係式 (4.53) はボース流体における位相の滑りの式 (2.34) と全く同じ内容を示していることに注意してほしい．

本質的に同じ結果は，渦格子解が Δ の LLL モード φ_0 である高磁場側からの方法に基づいても得られる [35]．この場合，動的に振る舞う場の量は秩序パラメタ Δ で，時間依存ギンツブルク–ランダウ（TDGL）方程式

$$
\gamma^{(1)} \frac{\partial \Delta}{\partial t} = -\frac{\delta F_\Delta}{\delta \Delta^*}
$$

$$
= -N(0) \left[\varepsilon_0 + (\xi_{\mathrm{GL}}(0))^2 \left(-i\boldsymbol{\nabla} + \frac{2\pi}{\phi_0} (\boldsymbol{A}_0 + \delta\boldsymbol{A}) \right)^2 + b|\Delta|^2 \right] \Delta
\tag{4.55}
$$

で記述される．ここで，現象論的に秩序パラメタの散逸ダイナミクスを導入した．その定式化については，付録 I を参照してほしい．また，超伝導揺らぎによる伝導度の微視的な手法による導出過程を通して，この平均場近似の TDGL 方程式の正当化がなされることを後節で見ることになる．

以下，電場 $\boldsymbol{E} = E\hat{y}$ はゲージ場 $\delta\boldsymbol{A} = -cEt\hat{y}$ を加えた形で導入してもよいが，ゲージ変換 $\Delta \to \Delta \exp(i2eEyt/\hbar)$ を施して，時間微分項の置き換え $\partial/\partial t \to \partial/\partial t + i2eEy/\hbar$ により電場を含める．また，(4.53) で述べたように，電場 $E\hat{y}$ 中では $\boldsymbol{v}_\phi = c(E/B_s)\hat{x}$ で渦が動くこと，つまり (4.53) 式は既知であるとする．このとき，Δ は $x - cB_s^{-1}Et$ の関数としてよい．このとき，(2.7) 式を用いると，(4.55) 式は (4.25) と同じゲージで

$$
i\gamma^{(1)} \frac{cE}{\sqrt{2}\, B_s\, r_B} (\Pi_+ + \Pi_-)\Delta
$$

$$
= N(0) \left[\varepsilon_0 + \left(\frac{\xi_{\mathrm{GL}}(0)}{r_B} \right)^2 (\Pi_- \Pi_+ + \Pi_+ \Pi_-) + b|\Delta|^2 \right] \Delta
\tag{4.56}
$$

と書き直せることになる．次に，秩序パラメタを E についてテイラー展開して Δ を $\alpha_0[\varphi_0(\boldsymbol{r};0) + e_1\varphi_1(\boldsymbol{r};0) + \cdots]$ と表し，式 (4.56) を解くことを考えて，$O(E)$ の寄与のみに着目すると，(4.56) 式の左辺は $\varphi_0(\boldsymbol{r};0)$ に Π_+ が作用した形，つまり第 2 ランダウ準位（$n = 1$ LL）モード $\varphi_1(\boldsymbol{r};0)$ に比例することになる．ただし，

$$
\varphi_n = (n!)^{-1/2} \Pi_+^n \varphi_0
\tag{4.57}
$$

は φ_0 から生成された n 番目の励起状態（高次の LL）を表す．その比例係数 e_1 を見出すためには，(4.56) 式の左から φ_1^* を乗じて，空間平均をとって行列要素に関する式に直す．そのとき，因子 $\langle 1, 0 | 1, 0 \rangle_s$, $\langle 0, 0 | 1, 1 \rangle_s$ が GL 自由エネルギーの非線形項に現れる．ただし，

$$\langle n, p | m, q \rangle_s \equiv \langle \varphi_n^*(\boldsymbol{r}; 0) \, \varphi_p^*(\boldsymbol{r}; 0) \, \varphi_m(\boldsymbol{r}; 0) \, \varphi_q(\boldsymbol{r}; 0) \rangle_s \tag{4.58}$$

である．付録 J で説明されるように，一般に

$$\langle 1, 0 | 1, 0 \rangle_s = \frac{1}{2} \langle 0, 0 | 0, 0 \rangle_s = \frac{1}{2} \beta_{\mathrm{A}}, \tag{4.59}$$

が成り立つことが示せる．また，上で述べてきた平均場格子解のように正四角格子や正三角格子といった回転対称性のよい構造の場合，

$$\langle 0, 0 | 1, 1 \rangle_s = 0 \tag{4.60}$$

であることもわかる [36]．これらを代入した結果得られる e_1 を用いて，電流密度 $\boldsymbol{j}$ を計算して，渦糸フロー伝導度が

$$\sigma_v = \frac{\langle j_y \rangle_s}{E} = -E^{-1} c \, N(0) \, (\xi_{\mathrm{GL}}(0))^2 \, \frac{2\pi}{\phi_0} \left\langle \frac{-i}{\sqrt{2} r_B} \Delta^*(\Pi_+ - \Pi_-)\Delta + \mathrm{c.c.} \right\rangle_s$$

$$= \langle |\Delta_0|^2 \rangle_s \frac{2\pi c^2}{\phi_0 B_s} \gamma^{(1)} \tag{4.61}$$

という形で得られる．従って，(4.54) 式と比較して $\gamma_v = \langle |\Delta_0|^2 \rangle_s \gamma^{(1)}$ であれば，(4.54) 式と (4.61) 式の $\boldsymbol{E}$ の係数は本質的に同じ結果である．このことは，渦格子状態の一様変位（スライディング）は電場によって誘起された秩序パラメタの変化，つまり第 2 ランダウ準位モード $\Delta_1 = \alpha_0 \varphi_1(\boldsymbol{r}; 0)$ で表されることを示唆する．実際，GL 自由エネルギーの式において，基底状態である（電場ゼロの下での）渦格子解 $\Delta_0(\boldsymbol{r})$ のまわりの秩序パラメタの揺らぎ $\delta\Delta = c_1 \Delta_1$ と ゲージ場の揺らぎ $\delta\boldsymbol{A}$ があるとき，自由エネルギーへの調和近似での補正 δF_Δ を調べると，

$$c_1 = \frac{s_y + i s_x}{\sqrt{2} r_B} \tag{4.62}$$

とおくことにより，正確に

$$\frac{\delta F_\Delta}{V} = \frac{1}{8\pi\lambda^2}(\delta \boldsymbol{A} + \boldsymbol{B}_s \times \boldsymbol{s})^2 \tag{4.63}$$

となることが示せる（(4.48) 式と比較せよ）．これを導出する際にも，関係式 (4.59), (4.60) を用いている．(4.63) 式から，定常状態で (4.53) 式が成り立つことが保証される．同等なことだが，(2.18) 式に従って，対応する渦格子相では磁場に垂直方向の超流動密度はゼロになる．

実は，2 次元渦糸格子で期待されるエネルギー散逸による電気伝導現象は，上記の渦格子全体が一斉に動くフロー現象だけではない．電流密度が一様ではなく，電流密度の有限波数 $\boldsymbol{k}$ の成分に対する応答（つまりネットには電流が流れていない状況）を考えると実は，純粋に位相揺らぎのダイナミクスを反映して

$$\sigma_v(\boldsymbol{k} \neq 0) \simeq 2\langle|\Delta|^2\rangle_s \left(\frac{2\pi c}{\phi_0|\boldsymbol{k}|}\right)^2 \gamma^{(1)} \tag{4.64}$$

のように，長波長で増大する伝導度を得る [37]．この巨大な非局所伝導度は渦糸フローを伴わないため，マイスナー状態の対応する結果と同じであり，渦格子解のまわりの低エネルギー位相揺らぎのモードが渦格子フローを表す $n = 1$ LL（第 2 LL）モードと分離していることの結果である．後述するように，この低エネルギー位相揺らぎが (4.48) 式で述べたシアー弾性モードである．逆に，第 2 LL モードが圧縮弾性モード，つまり磁束密度変化を表すので，渦状態の構造変化に直接関係のないモードである．ただし，現実の渦糸状態においては，渦格子状態に相当する"超伝導"相（第 7 章で説明される渦糸グラス相）でこの大きな非局所伝導度を確認するのは容易でない．この場合の超伝導の原因が，系に含まれる不純物などの乱れによる渦のピニングに依るものだからである．この渦ピニングによる伝導度の増大が結局は支配的になる．従って，低電流下では渦のピニングによる"超伝導"相を破壊できず，上記の渦格子相における渦糸フロー伝導も確認できない．しかし，"超伝導"相より高温側に位置する渦液体状態では，渦糸フロー伝導に相当する現象が生じることを第 6 章で説明しよう．

ところで，磁場に垂直に電流を流せば電気抵抗を生じるので，平均場近似で表された渦糸格子相はそもそも超伝導相でないのか，という疑問が生じるで

あろう．電流を磁場方向に流した場合を上では考えなかったが，磁場に沿った方向には位相の勾配以外にゲージ場の揺らぎとカップルする変位場に相当する量（例えば，(4.63) 式を参照）は存在しないので，磁場と平行に印加された電流による電気伝導度はマイスナー相においてと同様に発散し，磁場に平行な方向の電気抵抗はゼロである．このように，平均場近似では，渦格子は異方的な超伝導相であると考えることができる．しかし，第 7 章で説明するように，上記の渦糸フローを含む平均場近似の渦格子での電磁応答は，少なくとも低電流下では，現実の系において見られることはない．

4.5 渦糸フロー Hall 効果

これまで，超伝導秩序パラメタが純粋に散逸ダイナミクスを示すと仮定してきた．これは，超伝導の形成に参加する伝導電子の k-空間での分布がフェルミ面のまわりで粒子–ホール対称性を持っているという単純なモデルにおいては正しい．この制限を外して，より一般的な電子モデルにおいて，TDGL 方程式は次のように一般化される：

$$(\gamma^{(1)} + i\gamma^{(2)})\frac{\partial}{\partial t}\Delta = -N(0)\left[\xi_{\mathrm{GL}}^2\left(-i\boldsymbol{\nabla} + \frac{2e}{\hbar c}\boldsymbol{A}\right)^2 + \varepsilon_0 + b|\Delta|^2\right]\Delta \quad (4.65)$$

つまり，粒子–ホール対称性からのずれがある場合，新たな時間微分項，$\gamma^{(2)}$ 項が加わる．一般に，電子–ホール対称性からのずれは小さいため，$|\gamma^{(2)}|$ は一般的に小さいが，有限の値をとると考えるべきである [38]．また，この係数はゲージ不変性から次のように得ることもできる [39]．そのためにまず，スカラー電磁ポテンシャル Φ がある場合は，$\partial/\partial t \to \partial/\partial t - i2e\Phi/\hbar$ という置き換えをするだけでよいことに注意する．簡単のために $\gamma^{(1)}$ 項がない場合を考えると，この新たな項は $N(0)\ln(T/T_{c0})$ に $2\gamma^{(2)}\delta\mu/\hbar$ が加わったものと見ることができる．ここで，Φ の効果を電子の化学ポテンシャルの変化 $\delta\mu = e\Phi$ と読み換えた．つまり，

$$\gamma^{(2)} = \frac{\hbar}{2}N(0)\frac{\partial}{\partial\mu}\ln\left(\frac{1}{T_{c0}}\right) \quad (4.66)$$

となる．

4.5 渦糸フロー Hall 効果 **105**

次に，この $\gamma^{(2)}$ 項の効果の典型例として，渦糸フローによる Hall 効果を見てみよう．この Hall 効果は，先述の荷電ボース系の場合で最も容易に見られる．この場合，上記の TDGL 方程式は GP 方程式 (2.9) 式に相当し，(2.9) において BEC の速度は $\boldsymbol{v}_s = (\hbar\boldsymbol{\nabla}\Phi - q\boldsymbol{A}/c)/m_B$ である．ところで，第 2 章にあるように，GP 方程式は完全流体の方程式系と等価である．今，ボース超流体の中に一定の渦度を持つ線状の物体，あるいは一様回転する円筒状の物体がある状況を考えよう．完全流体の理論によれば，定常状態でこの物体はその場所での流体の速度に乗って動く（ヘルムホルツの循環定理）．これを GP 方程式で記述される超流体中の量子渦の運動に適用すると，その速度 $\boldsymbol{v}_\phi$ は $\boldsymbol{v}_s$ に等しいことになる．一方で，渦の変位 $\boldsymbol{s}$ が与えるゲージ場の変化 $\delta\boldsymbol{A}$ は理論のゲージ不変性から

$$\delta\boldsymbol{A} = \boldsymbol{s} \times \boldsymbol{B}_s \tag{4.67}$$

なので（(4.63) 式参照），時間微分をとって (4.53) 式 $\boldsymbol{E} + c^{-1}\boldsymbol{v}_\phi \times \boldsymbol{B}_s = 0$ になる．従って，渦があるときの荷電ボース超流体は電場中では

$$\boldsymbol{v}_s = \frac{c}{B_s^2}\boldsymbol{E} \times \boldsymbol{B}_s \tag{4.68}$$

で表される一様流を持っており，書き直せば

$$\langle j_\mu \rangle_s = -c\left\langle \frac{\delta\mathcal{H}_{GP}}{\delta A_\mu} \right\rangle_s = \sigma_{\mathrm{H}}(\boldsymbol{E} \times \hat{z})_\mu \tag{4.69}$$

で，Hall 伝導度 σ_{H} は

$$\sigma_{\mathrm{H}} = \frac{q\,c}{B_s}|\Psi_B|^2 \tag{4.70}$$

で与えられる．つまり，σ_{H} は粒子の電荷 q の符号を持つ．

上記のボース系での σ_{H} の導出は，動的方程式の線形性のみを用いているので，TDGL の場合において時間微分項に γ_2 項が含まれていれば，散逸（γ_1）項の有無にかかわらず応用することができる．つまり，TDGL の場合，クーパー対が電子対である限り，

$$\mathrm{sgn}(\sigma_{\mathrm{H}}) = \mathrm{sgn}(e\gamma_2) = -\mathrm{sgn}(\frac{\partial}{\partial\mu}\ln(T_{c0})) \tag{4.71}$$

となる．また，先述の通常の（散逸項による）渦糸フロー伝導度の導出を一般

106 第 4 章 磁場下の超伝導—平均場近似

化された TDGL に拡張して，

$$\frac{\sigma_{\mathrm{H}}}{\sigma_v} = \frac{\gamma^{(2)}}{\gamma^{(1)}} \tag{4.72}$$

となることは容易に確認することができる．

4.6 半整数渦と分数磁束

これまでは，ボース超流動と超伝導における秩序パラメタの一価性から，これらの凝縮状態におけるトポロジカル励起である量子渦が持つ位相の特異性を表現するワインディング数 n_w は整数でないといけない，としてきたが，超伝導（あるいは，フェルミ超流動）の秩序パラメタが位相以外の自由度を伴う場合には n_w が 1 より小さい分数値を持つことも可能になる．その典型例が，p 波フェルミ超流動に以前から発現が期待され [40]，ごく最近発見された [41] 半整数渦（half-quantum vortex：HQV）である．

HQV がホモトピー群の分類 [40] を通して発現可能であるべき p 波対状態は，3.11 節の 2)のカイラル p 波，3)の polar 状態のように，そのスピン自由度 d_μ が軌道自由度と分離し，2 次元ベクトル場となった（等スピン対という）構造を有している．つまり，n_w は $\pm 1/2$ だが，一緒に d_μ も一周して 180 度回転するため，秩序パラメタ $A_{\mu,j}$ は一周して一価に保たれる，というのが HQV の構造である．さらに具体的に見るために以下では，実際に HQV が核磁気共鳴実験で発見された polar 状態における 1 つの HQV の対 [41] を考える．図 4.3 の 2 つの HQV はそれぞれ，座標 $\boldsymbol{a}_\pm = (\pm a,\, 0,\, 0)$ に渦芯が位置しており，ともに $n_w = 1/2$ を持つが，d_μ は左（右）の渦中心を一周する間に -180（$+180$）度回転する．HQV 一対を有する polar 状態の秩序パラメタは，(3.143) 式において

$$\Phi = \frac{1}{2}(\varphi_- + \varphi_+),$$

$$d_\mu = -\hat{x}\sin\left(\frac{\varphi_+ - \varphi_-}{2}\right) + \hat{y}\cos\left(\frac{\varphi_+ - \varphi_-}{2}\right) \tag{4.73}$$

を代入したものである．ただし，$\varphi_\pm = \tan^{-1}[y/(x \mp a)]$ である．従って，この対を遠くで見ると，d ベクトルが $+y$ 方向を向いた $n_w = 1$ の通常の渦が 1

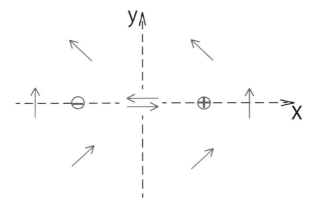

図 4.3 半整数渦対．矢印は d_μ ベクトルのテクスチャで，いずれの半整数渦も位相のワインディング数 n_w は 1/2 である．

個あるかのように見える．そして，第 3 章で導出した GL 自由エネルギーの p 波超流動に相当する表式を用いた計算では，HQV 対のエネルギーと $n_w = 1$ の単一の渦のエネルギーはほぼ同じになり，HQV の出現は容易ではないように見える[5]．しかし，超流動 ³He の場合，通常 GL 自由エネルギーの記述に含めない核スピン間の双極子相互作用の寄与を考慮すると，対を構成する HQV 間に弱い斥力が生じて，ある特徴的なサイズの HQV 対の発現が理論的に予言されることになる [40, 42]．なお，軌道とスピン自由度間のカップリングがある BW 状態で単独で HQV が見出される可能性はないが，³He の超流動相である B 相の低圧領域で安定な量子渦が図 4.3 の HQV 対をその芯の構造に有していることがわかっている [43]．

ところで，上で得られた一対の HQV を表す秩序パラメタは，カイラル基底 $\hat{e}_\pm = (\hat{x} \mp i\hat{y}_\mu)/\sqrt{2}$ を用いた

$$A_{\mu,z} = \frac{1}{\sqrt{2}}[\Delta_1(\hat{e}_+)_\mu + \Delta_2(\hat{e}_-)_\mu],$$
$$\Delta_1 = |\Delta|e^{i\varphi_+}, \quad \Delta_2 = -|\Delta|e^{i\varphi_-} \tag{4.74}$$

---

[5] 位相の勾配のエネルギーは n_w^2 に比例するので，位相勾配の寄与では HQV 対の方がエネルギー的に得であるが，この利得は HQV 対における d_μ ベクトルの弾性エネルギーの損と打ち消しあう．

という形に書き直せる。この式は、HQVのみからなる渦状態は、通常のワインディング数 +1 の渦の重ね合わせと表せる [44] ことを意味している。つまり、p 波対状態における半整数渦格子は、2 成分の複素スカラーの秩序パラメタ Δ_1 と Δ_2 からなる GL モデルの渦格子と同等である。

さて、秩序パラメタが 2 成分の複素スカラー場からなる超伝導の問題は、スピン三重項対状態の場合の超伝導転移に関する GL モデルとしてごく一般的に見られる。この後本節では、2 成分秩序パラメタで表される超伝導渦格子について、これまでの 1 成分の場合とは異なる点に焦点を当てて紹介する。2 成分の場合の簡単なモデルとして、次の GL モデルに基づいて説明していくことにする：

$$
F_{2\mathrm{compGL}} = N(0) \int d^3\boldsymbol{r} \left[\sum_{s=1,2} \left[\varepsilon_{0,s}|\Delta_s|^2 + \xi_s^2(0) \left| \left(-i\boldsymbol{\nabla} + \frac{2\pi}{\phi_0}\boldsymbol{A}(\boldsymbol{r}) \right) \Delta_s \right|^2 \right] \right.
$$

$$
\left. + \frac{b_1}{2}\left(\sum_s |\Delta_s|^2\right)^2 + \frac{b_2}{2}\left|\sum_s \Delta_s^2\right|^2 \right] + \frac{1}{8\pi} \int d^3\boldsymbol{r}\,(\mathrm{curl}\boldsymbol{A})^2. \tag{4.75}
$$

2 成分の秩序パラメタ Δ_1, Δ_2 の間の 2 次のカップリング項がないことに注意してほしい。$\boldsymbol{A}$ で変分して、マクスウェル方程式に現れる超伝導電流密度は $\boldsymbol{j} = \boldsymbol{j}_1 + \boldsymbol{j}_2$、ただし

$$
\boldsymbol{j}_s = -\frac{2\pi}{\phi_0} c N(0) \xi_s^2(0) \left[\Delta_s^* \left(-i\boldsymbol{\nabla} + \frac{2\pi}{\phi_0}\boldsymbol{A} \right) \Delta_s + \mathrm{c.c.} \right], \tag{4.76}
$$

($s = 1, 2$) である。秩序パラメタ Δ_s はそれぞれのゼロ点、つまり渦を持ち、それらを渦 s と呼ぶことにする。今、図 4.4(a) のように渦 1（白丸）と 渦 2（黒丸）の 1 つずつを含む領域を貫通する磁束を考える。ただし、十分磁場が低く、渦が希薄にのみ存在する状況を想定すれば、振幅 $|\Delta_s|$ は一定にしてよい。このとき、各渦は同じワインディング数 $n_w = -1$ を持つとして、4.2 節での磁束の量子化の議論をここで繰り返すことにより、(4.4) 式に相当する式は

$$
\Phi = \Phi_1 + \Phi_2,
$$

$$
\Phi_s = \phi_0 \frac{\xi_s^2 |\Delta_s|^2}{\xi_1^2 |\Delta_1|^2 + \xi_2^2 |\Delta_2|^2} \tag{4.77}
$$

4.6 半整数渦と分数磁束　*109*

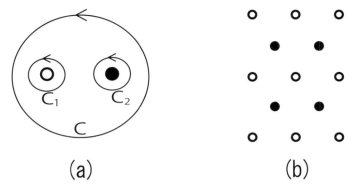

図 4.4 (a) 2 成分 GL モデルでの各成分の渦 1 つずつがそれぞれ，分数磁束を持つことを表す図（(4.77) 式参照）．(b) 2 成分 GL モデルでの渦格子の例．

になる．ここで，Φ_s は図 4.4(a) の経路 C_s で囲まれた領域を貫通する磁束である．明らかに，経路 C 内の領域を貫通する磁束 Φ は ϕ_0 である一方で，各渦が担う磁束 Φ_s は ϕ_0 の分数倍であることになる．つまり，各渦は上記の半整数渦ではなく，通常の整数渦ではあるが，それが担う磁束は分数磁束になっているのである．特に 2 成分の秩序パラメタが縮退した自由度で $\varepsilon_{0,1} = \varepsilon_{0,2}$，かつ $\xi_1(0) = \xi_2(0)$ であるときのみ，各渦は半整数磁束を担う．

次に，2 成分 GL モデルで表された渦格子が持ちうる特徴について説明する．簡単のために，$|b_2|$ は十分に小さく，b_2 項は無視できるとする．また，2 成分とも秩序化している（$|\Delta_1|$, $|\Delta_2|$ ともに正という）場合のみを考える．次節で述べるパウリ常磁性が無視できる限り，Δ_1 と Δ_2 はともに $\boldsymbol{A}$ の同じゲージでの LLL 状態としてよい．しかし，この場合 $|\Delta_1 \Delta_2|^2$ 項の係数は正なので，この項の寄与を最小にできるように，渦 1 と渦 2 が棲み分けるような渦格子が実現しやすい．その典型例を図 4.4(b) に示す．

ここで，4.2 節で用いたロンドン極限で渦格子を記述しようとすると，今仮定している $b_2 = 0$ の場合，渦 1 と渦 2 は互いに独立であることに気づくであろう．つまり，渦 1，渦 2 間の斥力[6]は振幅 $|\Delta_s|$ の空間変化を考慮した結果である．秩序パラメタ 1 成分の場合には，アブリコソフの原論文 [32] にあるよ

---

[6] $|\Delta_1^* \Delta_2|^2$ 項の係数が負であれば，渦 1，渦 2 間には引力が働き，2 成分の秩序パラメタは実空間で完全に重なるであろう．

うに，ロンドン極限でも LLL 近似での GL モデルの取り扱いでも同じ渦格子が平衡状態だと結論されていたが，今述べた例から窺えるように，多成分秩序パラメタで表される渦格子の場合には位相の自由度のみに着目する近似の適用領域はあまり存在しないように思える．

　この節を終える前に，別の問題意識を指摘しておこう．図 4.4(b) の渦格子は渦 1，渦 2 を区別せずに見れば正三角格子であるため，平衡状態として実現すべき構造に見える．実際，この構造が安定な格子解になるパラメタ領域は広く存在する．ところが各成分の渦の配置はアスペクト比が $1 : \sqrt{3}$ の長方形であるため，各成分の渦格子は 2 回対称性しかもたない．この 2 回対称性は，4.4 節で渦糸格子フロー応答の証明で使われた因子 $\langle 0,0|1,1\rangle_s$ に関する等式 (4.60) が成り立たない状況になっている．つまり，多成分の場合の渦糸格子（固体）が通常の渦糸フロー応答を示すか否かは明らかではないことを表している．この例からもわかるように，多成分秩序パラメタの場合の渦糸格子は従来の 1 成分の系の場合の自明な応用例では理解できない特徴を有していると示唆され，磁場下の超伝導に関する実験との関連で理論を今後整備すべき題材の 1 つであると思われる．

4.7　パウリ常磁性の渦糸固体への影響

　この節では，3.7 節において電子ハミルトニアンのパウリ常磁性項を無視した理由を説明することから始めよう．ゼーマン項を落とすための規準を得るためにまず，準粒子のスピン結合と軌道運動に関するエネルギースケールを比較する．前者のゼーマンエネルギーを，しばしば用いられるように $g\mu_{\mathrm{B}} H$（μ_{B} はボーア磁子，g は数因子）と表して，後者を (3.121) 式に従って，v_{F}/r_B と書こう．ここで，渦構造の変調の波数を渦間の平均間隔の逆数で置き換えた．これらを比較することによって，

$$H \ll \alpha_{\mathrm{M}}^{-2} \frac{\phi_0}{[\xi_{\mathrm{GL}}(0)]^2} \tag{4.78}$$

であれば，パウリ常磁性効果を無視したことは正当化できる．ここで，

$$\alpha_{\mathrm{M}} = \frac{\sqrt{2}g\mu_{\mathrm{B}}}{|\Delta(T=0)|} \cdot \frac{\phi_0}{2\pi[\xi_{\mathrm{GL}}(0)]^2} \tag{4.79}$$

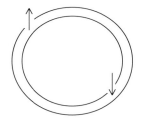

図 4.5 ゼーマンエネルギーによるフェルミ面のスピン分裂.

を真木パラメタ [45] と呼び,超伝導体における常磁性効果の指標となる.準粒子の有効質量の増大などのフェルミ液体効果などが無視できる従来のスピン一重項クーパー対からなる超伝導では,$\alpha_\mathrm{M} \sim \mathrm{O}(|\Delta(0)|/E_\mathrm{F})$ であることは容易に確かめられる.つまり,その場合,超伝導が見られる全磁場域で文句なしに (4.78) 式が満たされる.ところが,特に今世紀に入ってから研究対象となる物質が数多く出現している重い電子系超伝導体,鉄系超伝導体と呼ばれる物質群においては,有効質量の増大などにより真木パラメタが $\mathrm{O}(1)$ にせまる超伝導体も見られるようになってきたことから,パウリ常磁性の強い磁場下の超伝導への関心が高まっている.

最初に指摘されるべきパウリ常磁性の効果は,フェルミ面の分裂による空間的に不均一な対状態の出現であろう.図 4.5 に示すように,理想フェルミ気体の常磁性応答の場合と同様,上向き(下向き)スピン成分の電子の化学ポテンシャルが $-g\mu_\mathrm{B}H$($g\mu_\mathrm{B}H$)だけシフトするため,ゼロ磁場下で重心運動量がゼロのクーパー対凝縮を想定するのと同様に,スピン一重項クーパー対ではその重心運動量の大きさがゼロでない値 $2g\mu_\mathrm{B}H/v_\mathrm{F}$ の対凝縮を期待することになる.クーパー対の重心運動量が有限とは,秩序パラメタが平衡状態においても空間変化することを意味する.このような空間変調を持つ超伝導状態を,その先駆的な提案を行った研究者の名を冠し,Fulde-Ferrell-Larkin-Ovchinnikov(FFLO)状態という総称で呼ぶことが多い.もちろん,磁場下の第二種超伝導体では,渦と渦格子の形成という形で磁場がもたらす(軌道対破壊効果による)空間変調は必然的に生じるので,パウリ常磁性に起因する新たな(スピン対破壊効果による)空間変調には制限が加わることになり,フェルミ面シフトから期待される FFLO 状態がそのまま実現すると単純には期待

112 第 4 章 磁場下の超伝導—平均場近似

できない. 実際, FFLO 状態はそれほど容易に起こるものではない[7]. 具体的にいえば, ((3.126) 式では $\xi_{\mathrm{GL}}^2(0)$ と書かれているが,) パウリ常磁性効果も含んだ場合の GL 自由エネルギーのグラディエント項の係数が負に変化しなければ, 渦格子における FFLO 状態の発現はあり得ない.

渦格子へのスピン対破壊の影響の説明をさらに続けるために, FFLO 渦糸格子出現を期待する状況にフィットするミニマルな平均場 GL モデル

$$
\frac{F_{\Delta,\mathrm{ex}}(\boldsymbol{A} = \boldsymbol{A}_0)}{L} = N(0) \int d^3 \boldsymbol{r} \left[\xi_{\mathrm{GL}}^2(0) \Delta^*(a + a' \boldsymbol{\Pi}^2) \boldsymbol{\Pi}^2 \Delta \right.
$$
$$
\left. + \varepsilon_0 |\Delta|^2 + \frac{b}{2}|\Delta|^4 + \frac{b'}{2}|\Delta|^6 \right],
$$
$$
\boldsymbol{\Pi}^2 = \frac{1}{r_B^2}(\Pi_-\Pi_+ + \Pi_+\Pi_-) + \left(-i\frac{\partial}{\partial z} \right)^2 \tag{4.80}
$$

を導入する. 4 つの係数 a, a', b, b' は温度依存性に加えて, パウリ常磁性による磁場依存性を含んでいる. 上で述べたように, 係数 a が負にならなければ FFLO 状態の渦格子への反映自体起こり得ない. (3.126) 式と同様に, (4.80) 式も微視的な計算方法により導出できる. (4.80) 式をパウリ常磁性が無視できる場合の (3.126) 式に高次項が加わったものと解釈すると, 通常対象となる高温・低磁場領域で $a, b > 0$, かつ $a', b' < 0$ である. しかし, パウリ常磁性が強まるとともに十分温度を下げていくと係数 a だけでなく, 他の係数 a', b, b' もまた符号を変える傾向にある. その結果, $a < 0, a' > 0$ である温度領域が高磁場下で生じる. これら 2 つの係数の符号の反転は,

1) 秩序パラメタの振幅 $|\Delta|$ が印加磁場の方向に沿って周期的な空間変調を持つ渦糸格子 (図 4.6(a)),

2) 高次ランダウ準位に属する秩序パラメタ Δ における渦格子 (図 4.6(b)),

のいずれか, あるいはこれらを併せ持った渦格子が高磁場, かつ低温で出現する可能性を示している. 発現が期待される渦格子 2 つを図 4.6 に示す.

図 4.6(a) は, 磁場に垂直な面内での渦構造による空間変調と抵触することなく, パウリ常磁性に起因する空間変調が磁場に沿った方向に起きる場合であ

---

[7] 空間反転対称性のない物質では, $\boldsymbol{\Pi}_\pm$ に関して 1 次の項が新たに GL 自由エネルギーのグラディエント項に加わる. 渦格子とは別にこの場合に付加的に起こる空間変調は, 低磁場下でも起こる, いわば自明な空間変調で, 本文での FFLO 変調とは区別して議論されるべきものである.

4.7 パウリ常磁性の渦糸固体への影響   **113**

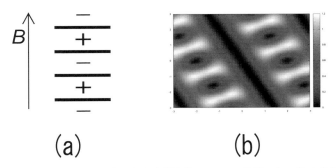

図 4.6 (a) 磁場方向に $|\Delta|$ の 1 次元的な変調を持つ FFLO 状態. 太い線で表された (x-y 面に平行な) 面上で $|\Delta| = 0$ であり, Δ の符号が $\pm$ で表されている. (b) 秩序パラメタ Δ が第 2 LL ($n = 1$ LL) の量子状態にある場合の磁場に垂直な面内での $|\Delta|(x, y)$. ゲージ不変な位相を見ることによって, $|\Delta|$ がほとんどつぶれた各ストライプは渦と反渦とが交互に並んだ構造になっていることがわかる.

るが, この空間的に不均一な構造は 2.6 節で紹介したボース超流動状態の平均場解への乱れの効果に関する取り扱いを適用すると, 乱れ (不純物効果) に対して極めて脆い状態であることがわかる [46]. それでも最近, 準 2 次元構造を有する鉄系超伝導体 FeSe の 2 次元面に垂直な磁場下においてこの構造が出現している可能性が指摘されている [47].

2) については, 4.3 節において渦格子の平均場解を決めるための第一段階として強調してあった内容に関わる状況である. (パウリ常磁性が無視できる) 低磁場側では, 渦格子は主として最低 LL で記述されるが, パウリ常磁性が効く高磁場側では第 2 LL (あるいは, $n = 1$ LL) で記述されるために異なる構造の渦格子 (図 4.6(b)) になり得る [48].

この渦格子を表す LL が変わると格子構造も変わる, という内容は次のように理解すればいい:渦格子の平均場解決定のために最後に行った格子構造の決定という作業は, GL 自由エネルギー (3.126) の $|\Delta|^4$ 項を通して行われた. この $|\Delta|^4$ 項は元々は空間的に局所的な接触相互作用の形をとっていたが, 最低 LL (LLL) の固有関数のみを用いて表すと相互作用の関数形はガウス型の空間的に非局所的なものに変貌する. 若干, 数学的な表現になるが, ランダウ準位を構成するすべての固有関数は完全系を構成するが, LLL のみに限ると完全系にはならない, というのが, この非局所的な関数形になる原因である. 実

は，このガウス型の非局所性により秩序パラメタ 1 成分の場合の三角格子（6回回転対称性のある渦格子）の安定性が保証されているともいえる．一方で，高次の LL が主役を演じると，$|\Delta|^4$ 項の非局所性も異なる形をとり，それが格子構造の違いに反映される．構造変化の重要な点として，4.3 節で述べたように LLL の渦構造では反渦の出現が決して許されなかったが，高次 LL が主体となった渦構造は反渦が含まれることによってその安定性が支えられていることがわかる．1) の磁場に沿った空間変調の場合と比べると，この反渦を含んだ構造は不純物効果に対しても鈍感で，秩序パラメタ状態のランダウ量子化（離散化）がはっきりしている限り，不純物効果に対してその安定性を維持できると期待される．

これまで，係数 a, a' の符号変化に起因する現象のみを取り上げたが，$|\Delta|^4$ 項の係数が負になるという特徴も同時に考慮しておくことが必要がある．相転移のランダウ理論の一般論に従って，$b < 0$ は平均場近似での転移が 1 次転移になることを表している．パウリ常磁性によって高磁場での平均場近似での超伝導転移が 1 次転移になることは，渦，つまり軌道対破壊効果が考慮されていない理論モデル内では古くから知られていた [49]．この 1 次転移により，平均場近似の超伝導転移線 $H_{c2}(T)$ 近くでも GL モデルの定量的妥当性を主張するための論拠である $|\Delta|$ が小さいという仮定がよい近似ではなくなるため，GL モデルで得られた平均場近似での相転移線の磁場–温度相図における位置の定量的な精度が悪くなる．それでも，後述する揺らぎを含めた結果得られる真の相図の理解を必要とする場合には，GL モデルに立脚した手法以外に系統的な理論手法は知られていないため，ここでは GL モデルに基づいた取り扱いに限定して説明した．

最後に，磁場中相図における強いパウリ常磁性効果が示唆された実例について簡単に触れる．今世紀に入ってから，高磁場超伝導における FFLO 状態という題材がクローズアップされている．その原因が，重い電子系物質 $CeCoIn_5$ の超伝導渦格子相の低温かつ高磁場領域で見られた様々な新奇現象で，その多くは強いパウリ常磁性を持つ渦糸格子に関する現象として説明された．そのうち主なものとして，

1) $H_{c2}(T)$ 上での不連続転移現象
2) 四角格子から三角格子への渦格子の磁場誘起リエントラント構造転移

3）FFLO 状態の発現の可能性

を挙げておく．1）については，CeCoIn$_5$ では状態密度 $N(0)$ が大きいことにより（後述する）超伝導揺らぎが弱いため，平均場近似での超伝導転移が起こっているように見えるが，第 6 章で説明するように，上で指摘した H_{c2}-1 次転移が実際には起こっていない [50] ことに注意すべきである．

2）は，d 波対関数の異方性がもたらした四角格子が，磁場の上昇とともに強まるパウリ常磁性により異方性が弱められて不安定化する現象で，(4.80) 式の各係数が符号反転する傾向と同様に，直観に反する傾向をもたらすパウリ常磁性効果固有の面白さが見られた現象である．

3）の問題が，高磁場下のこの物質に関して最も注目を浴びた現象であるが，約 10 年に及ぶ徹底的な研究と論争の後，結局明確な形で最終結論がなされていない問題である．2）の題材とともにその詳細と関連論文については，総合報告 [51] にて紹介されている．

第5章 ゼロ磁場下の超伝導揺らぎ

この章と次の章では，超伝導秩序パラメタの熱的揺らぎ，量子揺らぎの効果について話を進める．少なくとも，次章で磁場下の超伝導を考える際には，この揺らぎの効果が単なる補正にとどまらず，平均場近似での物理的描像を劇的に変えることになる．

5.1 マイスナー相における熱的位相揺らぎ

秩序パラメタ Δ を平均場解 $\Delta^{(0)}$ とそのまわりの揺らぎの寄与に分ける目的のために，ここでは $\Delta = (|\Delta^{(0)}|^2 + \delta\rho)^{1/2} \exp(\mathrm{i}\varphi)$ と表そう．$\delta\rho$ や φ に関して調和（ガウス）近似の範囲で GL 自由エネルギーへの補正項は

$$\delta F_\Delta = N(0)\left(\frac{2\pi\xi_{\mathrm{GL}}(0)}{\phi_0}|\Delta^{(0)}|\right)^2 \int d^3r((\mathbf{a}^T)^2 + (\mathbf{a}^L)^2) + \Phi(\delta\rho) \tag{5.1}$$

と表される．今，渦励起はないとして，(4.48) 式の表記に合わせて位相の揺らぎを χ_{ph} と表すと，$\boldsymbol{a}^T = \boldsymbol{A}^T$，$\boldsymbol{a}^L \equiv \boldsymbol{a} - \boldsymbol{a}^T = \boldsymbol{A}^L + \phi_0\boldsymbol{\nabla}\chi_{\mathrm{ph}}/(2\pi)$ である．位相に依存しない寄与 $\Phi(\delta\rho)$ は興味ないので，顕に表さなかった．その場合，$\mathbf{a}^T$ はゲージ場の横成分 $\mathbf{A}^T$，つまり磁場の揺らぎになるが，渦がなければ位相相関とは関係ないので以下無視しよう．一方，縦成分 $\mathbf{a}^L$ は ゲージ変換して $\phi_0\boldsymbol{\nabla}\tilde{\chi}_{\mathrm{ph}}/(2\pi)$ と表してもよい．従って，対応する超伝導秩序パラメタのゲージ不変な 2 体相関関数は

$$
\begin{aligned}
C_{\mathrm{ph}}(\boldsymbol{r} - \boldsymbol{r}') &= \left\langle |\Delta(\boldsymbol{r})| \exp\left[i\left(\chi_{\mathrm{ph}}(\boldsymbol{r}) - \chi_{\mathrm{ph}}(0) + \frac{2\pi}{\phi_0}\int_0^{\boldsymbol{r}} \boldsymbol{A}^L \cdot d\boldsymbol{l}\right)\right] |\Delta(0)| \right\rangle \\
&= \left\langle |\Delta(\boldsymbol{r})| \exp\left[i\int d\boldsymbol{l} \cdot \left(\boldsymbol{\nabla}\chi(\boldsymbol{r}) + \frac{2\pi}{\phi_0}\boldsymbol{A}^L\right)\right] |\Delta(0)| \right\rangle \\
&= \langle |\Delta(\boldsymbol{r})\,\Delta(0)| \exp(i[\tilde{\chi}_{\mathrm{ph}}(\boldsymbol{r}) - \tilde{\chi}_{\mathrm{ph}}(0)]) \rangle
\end{aligned}
\tag{5.2}
$$

と表される．このように，位相変数を読み替えれば超伝導における位相コヒーレンスの議論は電気的に中性なボース系のそれと同じになる．凝縮相内での振幅の揺らぎを考えるときにも同様である．

今まで述べたのは，位相の熱的揺らぎで，集団モードとしてのダイナミクスに言及する必要がなかった．有限温度で TDGL 方程式 (4.55) に基づいて位相揺らぎのダイナミクスを考える場合，エネルギー散逸を伴うため，位相揺らぎと密度揺らぎとのカップリングは重要でなくなる．ただし，絶対零度においては荷電ボース系と同様，このカップリングは重要であり，位相揺らぎはプラズマ振動になる．超伝導相内での集団モードを語るのに必要なダイナミクスに関する詳しい事情には，ここでは立ち入らないことにする．

2.1 節においても既に述べたが，$\boldsymbol{A}^L$ を位相の自由度に読み替えられるということから，位相の自由度について積分した後，応答量として得られるマイスナー電流には $\boldsymbol{A}^L$ は現れないので，(1.2) 式にあるように，マイスナー相での電流密度 $\boldsymbol{j}$ に現れるゲージ場はその横成分のみである．つまり，マイスナー効果と電磁応答の説明はゲージ変換に関して不変な形で行われる．

5.2　2 次元超伝導薄膜

前節で超伝導とボース超流動との類似性について触れたので，逆に両者の違いがどこに現れるのか，気になるところである．それが微妙に現れる例として，薄膜における超伝導「転移」についてここで触れておく．

膜厚 s がコヒーレンス長より十分薄い（ただし，フェルミ波数よりは厚い）超伝導薄膜を考えよう．そこでは，膜面に垂直方向の秩序パラメタの空間変化は多大なエネルギーコストにつながるため無視してよい．一方，電磁場は膜の外の（超伝導状態にはない）空間においても定義できるので，超伝導薄膜を記述するロンドンモデルは [14]

$$G_{2\mathrm{L}} = \frac{1}{8\pi} \int d^3\boldsymbol{r} \left[(\mathrm{curl}\,\delta\boldsymbol{A})^2 + \lambda^{-2}\, s\, \delta(z) \left(\boldsymbol{A} + \frac{\phi_0}{2\pi} \boldsymbol{\nabla}_\perp \varphi \right)^2 \right] \qquad (5.3)$$

と書くことができる. ただし, 添え字 $\perp$ は膜面内 (つまり, 2 次元) 成分を表す. フーリエ変換

$$\tilde{\boldsymbol{A}}(\boldsymbol{q}_\perp, q_z) = \int d^3\boldsymbol{r}\, e^{-i\boldsymbol{q}\cdot\boldsymbol{r}}\, \boldsymbol{A}(\boldsymbol{r}),$$

$$\tilde{\boldsymbol{A}}(\boldsymbol{q}_\perp) = \int d^2\boldsymbol{r}_\perp\, e^{-i\boldsymbol{q}_\perp\cdot\boldsymbol{r}_\perp}\, \boldsymbol{A}(\boldsymbol{r}_\perp, 0) = \int \frac{dq_z}{2\pi} \tilde{\boldsymbol{A}}(\boldsymbol{q}_\perp, q_z),$$

$$\tilde{\Phi}(\boldsymbol{q}_\perp) = \int d^2\boldsymbol{r}_\perp\, e^{-i\boldsymbol{q}_\perp\cdot\boldsymbol{r}_\perp}\, \frac{\phi_0}{2\pi} \boldsymbol{\nabla}_\perp \varphi(\boldsymbol{r}_\perp, 0) \qquad (5.4)$$

とロンドンゲージ $\mathrm{div}\,\boldsymbol{A} = 0$ を用いて, マクスウェル方程式 $\delta G_{2\mathrm{L}}/\delta\boldsymbol{A} = 0$ は

$$(q_\perp^2 + q_z^2)\tilde{\boldsymbol{A}}(\boldsymbol{q}_\perp, q_z) + \lambda^{-2}\, s\, [\tilde{\boldsymbol{A}}(\boldsymbol{q}_\perp) + \tilde{\Phi}(\boldsymbol{q}_\perp)] = 0 \qquad (5.5)$$

となり, $\tilde{\boldsymbol{A}}(\boldsymbol{q}_\perp) = -(1 + 2|\boldsymbol{q}_\perp|\lambda^2/s)^{-1}\tilde{\Phi}(\boldsymbol{q}_\perp)$ と解かれる. これを $G_{2\mathrm{L}}$ に戻して,

$$G_{2\mathrm{L}} = \frac{s\,\phi_0^2}{4\pi} \int \frac{d^2\boldsymbol{q}_\perp}{(2\pi)^2} \frac{1}{|\boldsymbol{q}_\perp|(2\lambda^2|\boldsymbol{q}_\perp| + s)} \sum_{\mu,\nu} e^{i\boldsymbol{q}_\perp\cdot(\boldsymbol{r}_\mu - \boldsymbol{r}_\nu)} \qquad (5.6)$$

となる. ここで, $\tilde{\Phi}(\boldsymbol{q}_\perp) = i\,\phi_0(\boldsymbol{q} \times \hat{z})q_\perp^{-2} \sum_\mu e^{i\boldsymbol{q}_\perp\cdot\boldsymbol{r}_\mu}$ を用いた. すると, 「十分長距離 ($\gg 2\lambda^2/s$)」では渦間の相互作用は $\ln|\boldsymbol{r}_\mu - \boldsymbol{r}_\nu|$ ではなく, $\sim 1/|\boldsymbol{r}_\mu - \boldsymbol{r}_\nu|$ となる. (2.43) のすぐ下で行ったように, 渦による自由エネルギーを内部エネルギー項とエントロピー項との間の比較により評価すると, 今の場合は有限温度では常にエントロピー項が勝って, 十分大きな渦対は解離した方が自由エネルギーを下げることになるとわかる. これは, 系のサイズが λ^2/s に比べて十分大きい場合, 超伝導相が 2 次元では存在しないことを意味する. しかし, 現実には上記の遮蔽長 $2\lambda^2(0)/s$ を超えないサイズの膜 (系) で実験が行われるのが一般的であり, その意味で $|\boldsymbol{q}_\perp| \gg s/(2\lambda^2)$ と仮定する, つまりゲージ場の揺らぎを無視する, のが現実の系に合わせた, より良い近似であるということになる. こうして, 電気的に中性なボース系と同様, KT 転移を通して 2 次元超伝導相が実現する, とみなすことができる.

120 第5章 ゼロ磁場下の超伝導揺らぎ

KT 転移の記述は 2.5 節で済んでいるので，ここでは 2 次元ボース超流動の記述に用いられた表式を超伝導に固有なパラメタで表し直すことから始める．ボース超流動における (2.37) 式は

$$
\begin{aligned}
\mathcal{H}_{\mathrm{L},v} &= \frac{s\phi_0^2}{32\pi^3(\lambda(T))^2}\int d^2\boldsymbol{r}(\boldsymbol{\nabla}\varphi_{\mathrm{B}})^2 \\
&= \frac{s\phi_0^2}{16\pi^2(\lambda(T))^2}\left[\sum_{a\neq b}(-n_a n_b)\ln\left(\frac{|\boldsymbol{R}_a-\boldsymbol{R}_b|}{a_c}\right)+\left(\sum_a n_a\right)^2\ln\left(\frac{R}{a_c}\right)\right]
\end{aligned}
$$

(5.7)

と書き換えられることになる．KT 転移に伴う電気抵抗の消失は後述することにして，ここでは 2 次元超伝導相に固有な I–V 特性を指摘しておこう．ゼロ磁場下の 2 次元超伝導体は，対を組まない自由渦の存在が無視できれば，無限に長い位相相関長を持った超伝導相にある．しかし，渦（渦対を含む）がある場合に電流，つまりクーパー対の流れがあると，第 2 章で示されたように，電流に対し横方向に渦は動く．$n_v>0$ の渦と $n_v<0$ の渦（反渦）は反対方向に動くので，電流とは垂直方向に "分極" した渦対が作られやすくなる．今，十分低温でこういった渦対がもたらす効果を $G_{2\mathrm{L}}$ に基づいて見てみよう．一様な電流密度 $\boldsymbol{j}$ の下では，自由エネルギーにも「速度 × 運動量」の形の付加項がつく．今の場合，"運動量" が $\boldsymbol{\nabla}\varphi$ に比例するのでその付加項は

$$
-\mathrm{const}\,\frac{\phi_0}{c}\int d^2\boldsymbol{r}\,\boldsymbol{j}\cdot\boldsymbol{\nabla}\varphi(\boldsymbol{r})
$$

(5.8)

の形で，無次元の数係数 const（>0）はここでは知る必要がない．"分極" した 1 つの渦対のサイズが R とすると，この式の積分は jR 程度である．従って，この渦対当たりのエネルギーは，

$$
E_{\mathrm{pair}}(j;R) = \frac{s\,\phi_0^2}{16\pi^2\lambda^2}\ln(R/\xi) - \mathrm{const}\,\phi_0\,jR
$$

(5.9)

で，R の関数として極大値 $R_m \sim s\phi_0/(\lambda^2 j)$ を持っている．第 1 項の因子が 1/8 でなく 1/16 であるのは，電流に対し垂直に横たわった渦対の 2 つの配置のうち，一方のみが解離しようとし，他方は消滅するので無視できるからである（図 5.1 参照）．その結果得られる渦対の核形成のエネルギー障壁 $E_{\mathrm{pair}}(j;R_m)$ を電流の関数として書くと

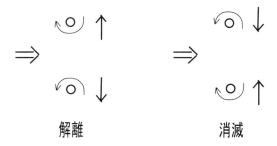

図 5.1 超伝導薄膜を上から見た 2 次元面において，左からの超流動流（二重線の矢印）により渦対が解離する，あるいは合体して消滅する過程を表す図．

$$E_{\text{opt}}(j) \simeq \frac{s\,\phi_0^2}{16\pi^2\lambda^2}\ln(j_c/j) \tag{5.10}$$

となる．一方，渦対の核生成率は $\exp(-E_{\text{opt}}(j)/T)$ に比例し，電気伝導度は通常，時間スケールに比例するので，電気抵抗率 ρ はこの核生成率に比例し，結局

$$\rho \sim \exp(-E_{\text{opt}}(j)/T) = (j/j_c)^{\delta-1} \tag{5.11}$$

$$\delta = 1 + \frac{s\,\phi_0^2}{16\pi^2\lambda^2 T} \tag{5.12}$$

となる．つまり，2 次元超伝導相では温度に依存する冪で表される I–V 特性を示すが，オーミックな抵抗 $\rho(j \to 0)$ はゼロである．具体的には，KT 転移温度 T_{KT} が (2.44) 式に対応する式[1]

$$2\frac{\lambda^2(T_{\text{KT}})}{s} = \Lambda_T(T_{\text{KT}}) \tag{5.13}$$

で与えられることから，上の式の冪 $\delta - 1$ は T_{KT} より低温側から高温側に移行するとき，2 から 0 に跳ぶことになる．ここで，

$$\Lambda_T(T) = \frac{\phi_0^2}{16\pi^2 k_{\text{B}} T} \simeq \frac{2}{(T\,(\text{K}))}(\text{cm}) \tag{5.14}$$

は熱揺らぎに伴い現れる特徴的長さである [52]．つまり，電気抵抗がゼロであるから超伝導，というよりもオーミックな電気抵抗がゼロという事実から超伝

---

[1] ギンツブルク数 (5.31) を用いれば，T_{KT} を決める式は $\varepsilon_0 + 2\text{Gi}_2(\beta) = 0$ となる．

122 第5章 ゼロ磁場下の超伝導揺らぎ

導相を定義するべきである．またここでは割愛するが，3次元系では渦対の役割が渦輪に取って代わられる．しかし，議論はほとんど同じで

$$\rho_{3d} \sim \exp(-j_c/j) \tag{5.15}$$

という式を得る [52]．従って，3次元系では非オーミックな有限な電気抵抗はさらに，観測しづらいであろう．

5.3 磁場揺らぎによる1次転移

ゼロ磁場下の3次元超伝導転移においても，ゲージ場の揺らぎの効果が無視できるかどうかについては，2次元の場合とは別の理由で，明らかでない．以下，この問題について簡潔に触れておこう．

以下では，超伝導揺らぎ（Δ の揺らぎ）は無視できるものとしよう．従って，$\Delta = |\Delta| \exp(i\chi_{\mathrm{ph}})$ と書いて，渦励起はないものとすると，GL自由エネルギーの微分項は

$$\left| \left(-i\boldsymbol{\nabla} + \frac{2\pi}{\phi_0}\boldsymbol{A} \right)\Delta \right|^2 = (\boldsymbol{\nabla}|\Delta|)^2 + |\Delta|^2(\boldsymbol{\nabla}\tilde{\chi}_{\mathrm{ph}})^2 + \left(\frac{2\pi}{\phi_0}\boldsymbol{A}^T \right)^2 |\Delta|^2 \tag{5.16}$$

のように書き換えられる．ここで，$\boldsymbol{A}^T$（$\boldsymbol{A}^L$）はゲージ場の横（縦）成分で，ゲージ変換 $2\pi\boldsymbol{A}^L/\phi_0 + \boldsymbol{\nabla}\chi_{\mathrm{ph}} \to \boldsymbol{\nabla}\tilde{\chi}_{\mathrm{ph}}$ を施した．(5.16) 式の初めの2項は超伝導揺らぎを表しているので，これらの項は無視する．つまり，分配関数を

$$Z_{\mathrm{HLM}} = \mathrm{Tr}_{\boldsymbol{A}^T} \exp(-\beta\mathcal{H}_{\mathrm{HLM}}),$$

$$\mathcal{H}_{\mathrm{HLM}} = N(0) \int d^3\boldsymbol{r} \left[\varepsilon_0|\Delta|^2 + \frac{b}{2}|\Delta|^4 \right] + \mathcal{H}(\boldsymbol{A}),$$

$$\mathcal{H}(\boldsymbol{A}) = \frac{1}{8\pi} \int d^3\boldsymbol{r}\, \boldsymbol{A}^T \left[\lambda_{|\Delta|}^{-2} + (-\nabla^2) \right] \boldsymbol{A}^T \tag{5.17}$$

ととる．ただし，(3.127) 式で定義した λ と形式的に同じ長さをここでは

$$\lambda_{|\Delta|}^{-2} = 8\pi N(0)\xi_{\mathrm{GL}}^2(0)|\Delta|^2 \left(\frac{2\pi}{\phi_0} \right)^2 \tag{5.18}$$

と表記した．そして，自由エネルギー F_{HLM} を見るために $\partial F_{\mathrm{HLM}}/\partial|\Delta|^2$ を調

5.3 磁場揺らぎによる1次転移

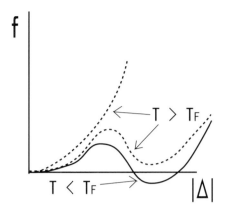

図 5.2 有効的な GL 自由エネルギー密度 f v.s. $|\Delta|$ の例. ゲージ場の揺らぎを積分した結果として表れる $-|\Delta|^3$ 項により, 1次転移につながる極小が現れる. 点線は転移温度 T_F より高温での f 曲線, 実線は T_{c0} より高温だが, T_F より低温での結果.

べると,

$$\frac{\delta}{\delta|\Delta|^2} F_{\rm HLM} = N(0)[\varepsilon_0 + b|\Delta|^2] - \frac{\delta}{\delta|\Delta|^2} \beta^{-1} \ln {\rm Tr}_{{\bf A}^T} \exp(-\beta \mathcal{H}({\bf A}))$$

$$= N(0)(\varepsilon_0 + b|\Delta|^2) + \beta^{-1} \frac{\partial \lambda_{|\Delta|}^{-2}}{\partial |\Delta|^2} \int \frac{d^3 {\bf q}}{(2\pi)^3} \frac{1}{q^2 + \lambda_{|\Delta|}^{-2}} \quad (5.19)$$

であり, $q = |{\bf q}|$ の切断を $2\pi/\xi_{\rm GL}(0)$ と選んで ${\bf q}$-積分を実行すると,

$$F_{\rm HLM} = \tilde{\varepsilon}_0 |\Delta|^2 - c|\Delta|^3 + \frac{b}{2}|\Delta|^4,$$

$$\tilde{\varepsilon}_0 = \varepsilon_0 + \frac{(\pi \beta \xi_{\rm GL}(0))^{-1}}{N(0)} \frac{\partial \lambda_{|\Delta|}^{-2}}{\partial |\Delta|^2},$$

$$c = \frac{\beta^{-1}}{6\pi N(0)} \left(\frac{\partial \lambda_{|\Delta|}^{-2}}{\partial |\Delta|^2} \right)^{3/2} \quad (5.20)$$

を得る. すなわち, $-|\Delta|^3$ 項が出現したため (図 5.2 参照), 平均場近似の転移温度 T_{c0} に比べ

$$\frac{\delta T_c}{T_{c0}} = \frac{c^2}{2b} = \frac{1}{18\kappa^2} \left(\frac{\xi_{\rm GL}(0)}{\Lambda_T} \right)^2 \quad (5.21)$$

124 第5章 ゼロ磁場下の超伝導揺らぎ

だけ高い温度 $T_F = T_{c0} + \delta T_c$ で，ゲージ場の熱揺らぎによって超伝導相への
1次転移が誘起されることが予言される [53]．しかし，この1次転移は極端に
弱く，それは上記 $\delta T_c/T_{c0}$ が定量的に評価が困難なほど小さい量であることか
らもわかる．例えば，$T = 10(\mathrm{K})$，$\xi_{\mathrm{GL}}(0) = 10(\mathrm{A})$ としても，(5.21) 式の右辺
は $\kappa^{-2} \times 10^{-13}$ 程度である．実際，超伝導臨界揺らぎを考慮することで，この
1次転移につながる描像は第二種超伝導体では現実には起こらないと信じられ
ている [54]．しかし，超伝導秩序とカップルした他の長波長の揺らぎの場が超
伝導転移の特性を変えるというこの節で紹介した知見は重要である．

5.4　GL 作用の微視的手法による導出

　この後，超伝導揺らぎの効果を論じるための準備として，ここでは GL 理論
の微視的手法による導出の手続きを，秩序パラメタ Δ が時間・空間的に一様
でない場合に拡張する．まず，Δ が時空間で一様の場合の (3.72) 式の導出過
程に戻ろう．ゴルコフの方法におけるギャップ方程式から明らかに，GL 自由
エネルギーの $\mathrm{O}(|\Delta|^2)$ 項は

$$\frac{F_\Delta}{V} = \Delta^* \left[\frac{1}{g} - T \sum_\varepsilon \int \frac{d^3\boldsymbol{p}}{(2\pi)^3} \mathcal{G}^{(N)}(\boldsymbol{p};\varepsilon)\, \mathcal{G}^{(N)}(-\boldsymbol{p};-\varepsilon) \right] \Delta + \mathrm{O}(|\Delta|^4) \quad (5.22)$$

と表され，平均場近似の GL 自由エネルギーの拡張である．理論の定式化とし
て，ボース系の作用 (2.15) に相当する GL 作用の導出も系統的に行うべき [55]
だが，ここでは技巧的な内容に紙数を費やすことは避けて (5.22) から GL 作
用の形を予測することにする．(5.22) 式は図 5.3(a) のダイアグラムで表現で
きる．秩序パラメタ Δ がクーパー対の重心の運動量 $\boldsymbol{q}$，松原振動数 ω（2.2 節
を参照）[2]にも依存し，

$$\Delta(\boldsymbol{r},\tau) = \sum_{\boldsymbol{q}} \Delta_{\boldsymbol{q}}(\tau) e^{i\boldsymbol{q}\cdot\boldsymbol{r}} = \sum_{\boldsymbol{q},\omega} \Delta_{\boldsymbol{q},\omega} e^{i(\boldsymbol{q}\cdot\boldsymbol{r} - \omega\tau)} \tag{5.23}$$

と表される場合，図 5.3 とボース系での対応する結果からの類推から，式
(5.22) の $\mathrm{O}(|\Delta|^2)$ 項は次のように，有効作用の 2 次の項として拡張されるは

---

[2] 2.2 節では ω_n と書いた量であるが，この後は連続変数であるかのように単に ω と表すことにす
る．

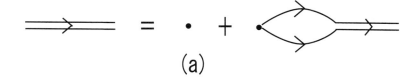

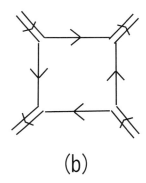

図 5.3 (a) 超伝導揺らぎ伝播関数（二重線）を表現するファインマンダイアグラム．フェルミオングリーン関数は単一の実線で表されている．ここでは黒点は，引力の強さ g を表す．(b) GL 作用の揺らぎ間の裸の相互作用を表すゴルコフボックス．

ずである：

$$\frac{\mathcal{S}_{\mathrm{GL}}^{(2)}}{V} = \sum_{\bm{q},\omega} \Delta_{\bm{q},\omega}^{*} \left(\frac{1}{g} - T\sum_{\varepsilon} \int d\xi N(\xi) \left\langle \mathcal{G}^{(N)}(\bm{p}+\bm{q};\varepsilon+\omega)\, \mathcal{G}^{(N)}(-\bm{p};-\varepsilon) \right\rangle_{\mathrm{ang}} \right) \Delta_{\bm{q},\omega}$$
(5.24)

ここで，$\langle\ \rangle_{\mathrm{ang}}$ はフェルミ面にわたる $\bm{p}$ 空間での角度平均を表す．状態密度は以下では $N(\xi) = N(0)(1 + \xi\, d\ln N(\mu)/d\mu|_{\mu=E_{\mathrm{F}}})$ ととろう．波数 $\bm{q}$ と振動数 ω は小さいとしてこれらについて展開することにすると，上式の括弧内は積分を実行した結果，

$$N(0)\left[\ln\frac{T}{T_{c0}}+\psi\left(\frac{1}{2}+\frac{|\omega|}{4\pi T}\right)-\psi\left(\frac{1}{2}\right)+\frac{7}{4D}\zeta(3)\left(\frac{\hbar v_{\rm F}}{2\pi T}\right)^2q^2+\frac{1}{2}\frac{d}{d\mu}\frac{1}{N(\mu)g}{\rm i}\omega\right]$$
$$(5.25)$$

と書けることがわかる．さらに，秩序パラメタを $(N(0))^{1/2}\Delta\to\Delta$ というようにスケール変換して，結局以下では，次の GL 作用 $\mathcal{S}_{\rm GL}$ と対応する分配関数 $Z={\rm Tr}\exp(-\mathcal{S}_{\rm GL}/\hbar)$ に基づいた解析を行うことになる：

$$\mathcal{S}_{\rm GL}=\int d^D\boldsymbol{r}\left[\hbar\beta\sum_\omega\gamma|\omega||\Delta_\omega(\boldsymbol{r})|^2+\int_0^{\hbar\beta}d\tau\left(\varepsilon_0|\Delta(\boldsymbol{r},\tau)|^2-\gamma'\Delta^*(\boldsymbol{r},\tau)\frac{\partial}{\partial\tau}\Delta(\boldsymbol{r},\tau)\right.\right.$$
$$\left.\left.+\xi_{\rm GL}^2(0)\left|\left(-{\rm i}\boldsymbol{\nabla}+\frac{2\pi}{\phi_0}\boldsymbol{A}\right)\Delta\right|^2+\frac{b}{2N(0)}|\Delta(\boldsymbol{r},\tau)|^4\right)\right].\qquad(5.26)$$

ただし，対応する自由エネルギーは

$$\mathcal{F}_{\rm GL}=-\beta^{-1}\ln{\rm Tr}\exp(-\mathcal{S}_{\rm GL})\qquad(5.27)$$

である．ここで，係数は

$$\gamma=\frac{\hbar}{4\pi T}\psi^{(1)}\left(\frac{1}{2}\right),$$
$$\xi_{\rm GL}^2(0)=\frac{7}{4D}\zeta(3)\left(\frac{\hbar v_{\rm F}}{2\pi T_{c0}}\right)^2,$$
$$\gamma'=-\frac{\hbar}{2}\frac{d\ln T_{c0}(\mu)}{d\mu}\bigg|_{\mu=E_{\rm F}}\qquad(5.28)$$

となることがわかり，対応する TDGL 方程式は

$$(\gamma+i\gamma')\frac{\partial}{\partial t}\Delta=-\left[\xi_{\rm GL}^2\left(-{\rm i}\boldsymbol{\nabla}+\frac{2e}{\hbar c}\boldsymbol{A}\right)^2+\varepsilon_0+\frac{b}{N(0)}|\Delta|^2\right]\Delta+\zeta(t)\quad(5.29)$$

となる．ここでの $\xi_{\rm GL}(0)$ は単に，(3.125) 式の D 次元への拡張なので同じ表記を用いた．ここで，$\psi^{(n)}(z)$ は digamma 関数 $\psi(z)=-\sum_{n=0}(n+z)^{-1}+$ const. の n 階微分を表し，$\psi^{(1)}(1/2)=\pi^2/2$ である[3]．時間微分の項に関し，

---

[3] これは，$\zeta(2)=\pi^2/6$ の定義から容易に得られる．

先の係数 $\gamma^{(n)}$ $(n=1,2)$ は $\gamma^{(1)} = N(0)\gamma$, $\gamma^{(2)} = N(0)\gamma'$ となる．有限温度では，"ランダム力" $\zeta(t)$ は 2 体相関

$$\overline{\zeta(t)\zeta^*(t')} = \frac{2\gamma T}{\hbar}\delta(t-t') \tag{5.30}$$

を満たすと仮定される．これが熱的超伝導揺らぎのダイナミクスの理論的定式化の 1 つの方法である．

有限温度での超伝導揺らぎでは多くの場合，量子超伝導揺らぎ $\Delta_{\omega \neq 0}$ は無視でき，熱的超伝導揺らぎの強さは (2.23) 式で定義した η_D に相当するギンツブルク数

$$\mathrm{Gi}_D(\beta) = \left(\frac{b\beta^{-1}}{2\pi N(0)(\xi_{\mathrm{GL}}(0))^2 L_c}\right)^{2/(4-D)} = \left(\frac{\lambda^2(0)}{\Lambda_T(T) L_c}\right)^{2/(4-D)} \tag{5.31}$$

で通常測られる．ここで，右辺括弧内の量は実際の系では 1 に比べて十分小さいので，上式の指数 $2/(4-D)$ は系の次元を 3 から 4 に形式的に近づけると臨界領域が 4 次元の極限では消失することを示唆する．この意味で通常，4 次元をゼロ磁場での上部臨界次元という．長さ L_c は 3 次元（$D=3$）では $\xi_{\mathrm{GL}}(0)$ を，2 次元（$D=2$）では膜厚 s を表す．Λ_T は (5.14) 式で定義された．

5.5　正常相における超伝導揺らぎ

第 3 章では，ゼロ磁場超伝導相（マイスナー相）を平均場近似でのみ表現したので，温度降下による超伝導転移での電気抵抗の消失は不連続に起こることを必然的に結論するものであった．しかし，実験で見られる電気抵抗の消失はゼロ磁場下では連続的に起こる．これを記述するには，秩序パラメタの臨界揺らぎによる正常相内での超伝導の前兆，つまり電気伝導度への超伝導揺らぎによる寄与を記述する理論が必要である．第 1 章で強調したように，ゼロ磁場下の電気抵抗の消失はマイスナー効果の結果である．超伝導揺らぎにより，正常相内で降温により転移点に近づくと，反磁性帯磁率 χ_{dia} と電気伝導度 σ とが同じように発散していく．これは，両者が独立ではないことを意味する．実験的には，電気抵抗の消失の方が超伝導のより基本的な特性であるように見える．これは，以下に見るように，電気伝導度への揺らぎの効果の方が定量的

128　第 5 章　ゼロ磁場下の超伝導揺らぎ

にずっと顕著で実験的に観測しやすいことが原因であると思われる.

正常相なので, 電磁エネルギー密度は磁束密度の 2 乗に比例する. 具体的に, 磁束密度の揺らぎ $\delta \boldsymbol{B} = \boldsymbol{\nabla} \times \delta \boldsymbol{A}$ がもたらす系の自由エネルギー変化を

$$\delta \mathcal{F}_{\mathrm{GL}} = -\frac{1}{2} \int d^D \boldsymbol{r} \chi_{\mathrm{dia}} \, \delta \boldsymbol{B}^2 = \frac{1}{2} \int \frac{d^D \boldsymbol{q}}{(2\pi)^D} (-\chi_{\mathrm{dia}})(q^2 \delta_{i,j} - q_i q_j) \delta A_i(-\boldsymbol{q}) \delta A_j(\boldsymbol{q}) \tag{5.32}$$

と書くと, 帯磁率 χ_{dia} は超流動応答関数 Υ_{ij} と

$$\Upsilon_{ij}(\boldsymbol{q}, \omega = 0) = \frac{1}{V} \frac{\delta^2 \mathcal{F}_{\mathrm{GL}}(\delta \boldsymbol{A}(\boldsymbol{q}, \omega = 0))}{\delta A_i(\boldsymbol{q}) \delta A_j(-\boldsymbol{q})} = -\chi_{\mathrm{dia}}(q^2 \delta_{i,j} - q_i q_j) \tag{5.33}$$

のように関係している. なお, 明示されていないが, (5.33) 式では $\delta \boldsymbol{A}$ について変分した後, $\delta \boldsymbol{A}$ をゼロにとるものとする.

また, 後の便宜上, 伝導度の定義も与えておこう. 松原振動数を用いた表示では, 電場のフーリエ成分 $\mathbf{E}(\Omega) = -c^{-1} \Omega \boldsymbol{A}(\Omega)$ なので, 電流密度のフーリエ成分の定義

$$\boldsymbol{j}_\Omega \equiv \boldsymbol{j}_{\boldsymbol{q}=0, \Omega} = -\frac{c}{V} \frac{\delta \mathcal{F}_{\mathrm{GL}}}{\delta \boldsymbol{A}(\boldsymbol{q}=0, -\Omega)} = -c^{-1} \Omega \, \sigma_{ij} A_j(\boldsymbol{q}=0, \Omega) \tag{5.34}$$

より,

$$\sigma_{ij} = \frac{c^2}{V\Omega} \cdot \left. \frac{\delta^2 \mathcal{F}_{\mathrm{GL}}(\delta \boldsymbol{A}(\boldsymbol{q}=0, \Omega))}{\delta A_i(\boldsymbol{q}=0, \Omega) \delta A_j(\boldsymbol{q}=0, -\Omega)} \right|_{\Omega \to +0} \equiv \frac{c^2}{\Omega} \Upsilon_{ij}(\boldsymbol{q}=0, \Omega) \tag{5.35}$$

となる. これは久保公式の結果の松原表示である.

まず, 反磁性帯磁率を量子揺らぎを無視できる有限温度で考えよう. (5.26) 式に従って, (5.33) は

$$\begin{aligned}
\Upsilon_{ij}(\boldsymbol{q}) = \frac{2}{V} \left(\frac{2\pi}{\phi_0} \xi_{\mathrm{GL}}(0) \right)^2 \sum_{\boldsymbol{k}} \bigg[& \langle |\Delta|^2 \rangle \delta_{i,j} \\
& - 2\beta (\xi_{\mathrm{GL}}(0))^2 \sum_{\boldsymbol{k}'} k_i k_j' \langle \Delta_{\boldsymbol{k}_-}^* \Delta_{\boldsymbol{k}_+} \Delta_{\boldsymbol{k}'_+}^* \Delta_{\boldsymbol{k}'_-} \rangle \bigg]
\end{aligned} \tag{5.36}$$

となる. ここで, $\boldsymbol{k}_\pm = \boldsymbol{k} \pm \boldsymbol{q}/2$ である. (5.26) 式の O $(\delta \boldsymbol{A}^2)$ 項から生じる (5.36) の第 1 項は平均場近似で超流動密度 $(4\pi\lambda^2)^{-1}$ を与える項である一方, 第 2 項は電流密度に関する 2 体相関関数 $-V^{-1} \langle j_{\boldsymbol{q}, i} j_{-\boldsymbol{q}, j} \rangle$ に他ならない ((2.45) 式を参照).

5.5 正常相における超伝導揺らぎ **129**

本節と次節では，真の臨界領域より高温側で適用できるガウス近似に限ることにし，揺らぎ伝播関数を

$$\mathcal{D}(\boldsymbol{q};\omega) = \beta\langle|\Delta|_{\boldsymbol{q},\omega}^2\rangle_0 = \frac{1}{\varepsilon_0 + q^2\xi_{\mathrm{GL}}^2(0) + \gamma|\omega| + i\gamma'\omega} \tag{5.37}$$

と表すことにすると，(5.36) 式は

$$\Upsilon_{ij}(\boldsymbol{q})$$
$$= 2\beta^{-1}\left(\frac{2\pi}{\phi_0}\xi_{\mathrm{GL}}(0)\right)^2 \int\frac{d^D\boldsymbol{k}}{(2\pi)^D}\left(\mathcal{D}(\boldsymbol{k};0)\,\delta_{i,j} - 2\xi_{\mathrm{GL}}^2(0)k_ik_j\mathcal{D}(\boldsymbol{k}_+;0)\mathcal{D}(\boldsymbol{k}_-;0)\right) \tag{5.38}$$

となる．なお，(5.37) 式で $\langle\cdots\rangle_0$ はガウス近似での統計平均を意味する．さらに，マイスナー相の平均場近似で用いた式 (3.110) と同様に

$$\int\frac{d^D\boldsymbol{k}}{(2\pi)^D}\mathcal{D}(\boldsymbol{k};0)\delta_{ij} = 2(\xi_{\mathrm{GL}}(0))^2\int\frac{d^D\boldsymbol{k}}{(2\pi)^D}k_ik_j\left(\mathcal{D}(\boldsymbol{k};0)\right)^2 \tag{5.39}$$

を用いて，D 次元での (5.38) 式を

$$\Upsilon_{ij}(\boldsymbol{q}) = 4\beta^{-1}\left(\frac{2\pi}{\phi_0}\xi_{\mathrm{GL}}^2(0)\right)^2 \int\frac{d^D\boldsymbol{k}}{(2\pi)^D}k_ik_j\left([\mathcal{D}(\boldsymbol{k};0)]^2 - \mathcal{D}(\boldsymbol{k}_+;0)\,\mathcal{D}(\boldsymbol{k}_-;0)\right) \tag{5.40}$$

と書き換える．さらに，$\boldsymbol{q}$ について 2 次まで展開して $\boldsymbol{k}$-積分を実行し，(5.33) 式と比較すれば，$D = 2, 3$ において次の結果に到達する：

$$\begin{aligned}-\chi_{\mathrm{dia}}^{(3)} &= \frac{1}{96\pi}\frac{\xi_{\mathrm{GL}}(T)}{\Lambda_T(T)},\\ -\chi_{\mathrm{dia}}^{(2)} &= \frac{1}{48\pi}\frac{\xi_{\mathrm{GL}}^2(T)}{\Lambda_T(T)s}.\end{aligned} \tag{5.41}$$

ここで，$\xi_{\mathrm{GL}}(T) = \xi_{\mathrm{GL}}(0)/\sqrt{\varepsilon_0}$，$s$ はコヒーレンス長より薄い膜厚である．ここで，$-\chi_{\mathrm{dia}}^{(3)}$ が O(1) となる温度域を評価してみると，$\varepsilon_0 \sim \mathrm{Gi}_3(0.1 \times \kappa^{-1})^4$ となり，マイスナー効果の揺らぎ前兆現象はガウス近似の範囲内では通常無視できることがわかる．

次に，電気伝導度に関する同様の考察を行うために，応答関数 $\Upsilon_{ij}(\boldsymbol{q} = 0, \Omega)$ を考える．(5.40) 式の導出と同様にして，

$$\Upsilon_{ij}(\boldsymbol{q} = 0, \Omega) = \frac{4}{\beta V}\left(\frac{2\pi}{\phi_0}\xi_{\mathrm{GL}}^2(0)\right)^2 \sum_{\boldsymbol{k},\omega} k_i k_j \mathcal{D}(\boldsymbol{k}; \omega)[\mathcal{D}(\boldsymbol{k}; \omega) - \mathcal{D}(\boldsymbol{k}; \omega + \Omega)]$$

(5.42)

を得る. 以下, 便宜上本節では, $\mathcal{D}(\boldsymbol{k}; \omega)$ を単に $\mathcal{D}(\omega)$ と書こう. ω 和 $\sum_\omega \mathcal{D}(\omega)\mathcal{D}(\omega + \Omega)$ を実行するのに使われる, いわゆる解析接続の方法については後述することにして, ここでは ω 和を $\omega \geq 0$, $\omega \leq -\Omega$, $-\Omega < \omega < 0$ に分けて直接実行してみよう. 簡単のために, 電子–ホール対称性が仮定できる ($\gamma' = 0$) と考える. $\Omega > 0$ の場合, 和 $\omega \leq -\Omega$ を書き換えて

$$\sum_\omega \mathcal{D}(\omega)\mathcal{D}(\omega + \Omega) = 2\sum_{\omega \geq 0} \mathcal{D}(\omega)\mathcal{D}(\omega + \Omega)$$
$$+ \frac{1}{2}\mathcal{D}(\Omega/2) \sum_{-\Omega < \omega < 0} [\mathcal{D}(\omega + \Omega) + \mathcal{D}(-\omega)] \qquad (5.43)$$

となる. 第3項の和を $\sum_{\omega < 0} - \sum_{\omega \leq -\Omega}$ と置き換え, 第2項の和は $\sum_{\omega > -\Omega} - \sum_{\omega \geq 0}$ と置き換えることにより最終的に, $\mathrm{O}(\Omega)$ までで

$$\sum_\omega \mathcal{D}(\omega)(\mathcal{D}(\omega) - \mathcal{D}(\omega + \Omega)) = \gamma|\Omega| \sum_\omega [\mathcal{D}(\omega)]^2\left(\mathcal{D}(\omega) - \frac{1}{2}\mathcal{D}(0)\right) \qquad (5.44)$$

となる.

有限な γ' を考慮した場合の表式は煩雑になるのでここでは割愛する. ただ, γ' 依存性の最低次の項は $\mathrm{O}[(\gamma'/\gamma)^2]$ であり, 本質的な役割を果たさない. $\mathrm{O}(\gamma'/\gamma)$ の項が現れないのは, ゼロ磁場下での時間反転対称性を有する系を扱っているからで, 等方的な超伝導体ではさらに $\sigma_{i,j} = \sigma_{\mathrm{AL}}\delta_{i,j}$ とより簡単に書くことができる. 時間反転対称性を持たない一様磁場 $\mathbf{H} \parallel \hat{z}$ 下の場合には, 後述するようにその $\mathrm{O}(\gamma'/\gamma)$ 項が渦糸 Hall 伝導度 $\sigma_{xy} = -\sigma_{yx}$ を与える ((4.72) 式参照).

(5.44) 式における $\omega \neq 0$ の寄与は量子超伝導揺らぎの伝導度への寄与を表す. 今, 有限温度で (5.44) 式において熱揺らぎの寄与 ($\omega = 0$ 成分) のみを残して $\boldsymbol{k}$-積分を実行すると, GL 作用から得られる伝導度への超伝導揺らぎの寄与 σ_{AL} (後述するアスラマゾフ–ラーキン (Aslamasov-Larkin:AL) 項) を次のように得る:

$$\sigma_{\mathrm{AL}}^{(3)} = \frac{1}{8R_Q \xi_{\mathrm{GL}}(0)} \frac{\gamma \beta^{-1}}{\hbar \sqrt{\varepsilon_0}},$$

$$\sigma_{\mathrm{AL}}^{(2)} = \frac{1}{4R_Q s} \frac{\gamma \beta^{-1}}{\hbar \varepsilon_0} \tag{5.45}$$

ここで,

$$R_Q = \frac{2\pi\hbar}{4e^2} = 6.45(\mathrm{k\Omega}) \tag{5.46}$$

は抵抗量子で普遍定数である.

今，反磁性帯磁率と同様に揺らぎの寄与が顕著になる温度域を評価してみよう．付録の (I.3) 式に従って，全電気伝導度は正常相における値 σ_N と超伝導揺らぎ成分 σ_{AL} の和で表されるので，この両成分が同程度になる温度を 2 次元薄膜の場合に評価すると

$$\varepsilon_0 \sim \frac{R_N}{R_Q} \frac{\gamma}{\hbar} T_c \tag{5.47}$$

となる．ちょうどこの右辺は，$\sigma_N = (R_N s)^{-1}$（s は前出の薄膜の厚さ）が後述の不純物散乱によるドルーデ伝導度（以下の (5.55) 式参照）の場合に超伝導合金の系の Gi_2 に一致する．すなわち，伝導度への揺らぎの寄与が顕著になる温度域が超伝導転移の熱力学的な臨界領域に相当するとみなせるため，反磁性応答よりも電気抵抗を通して相転移に伴う熱揺らぎの効果をより明確に見ることができると考えられている．一方，(5.47) 式は，正常相での電気抵抗 R_N が極端に小さい系では超伝導揺らぎが強くてもゼロ磁場下の電気抵抗データから超伝導揺らぎの効果を見出すことは難しいことを示唆している．

上記の結果は，あくまで ω-和を無視できた熱揺らぎのみを考えればいい場合に限る．以下に見るように，量子揺らぎを考慮すると興味深い結果に気づく．式 (5.44) において ω-和を考慮し，$T \to 0$ の極限で その ω-和が積分に置き換えられることを想定すると，$T = 0$ では式 (5.44)

$$\int_0^\infty d\omega \left[(\mathcal{D}(\omega))^3 - \frac{1}{2}(\mathcal{D}(\omega))^2 \mathcal{D}(0) \right] \tag{5.48}$$

はゼロになることに気づくであろう．つまり，$T \to 0$ 極限で揺らぎ伝導度の AL 項は消失する [56]．この事実に基づいた量子臨界現象については後の節で詳しく述べよう．

132 第5章 ゼロ磁場下の超伝導揺らぎ

5.6 揺らぎ伝導度の微視的手法による導出

上記の応答量の計算では，電荷を運ぶ担い手が（ボソンとみなせる）クーパー対であることを仮定していたが，GL 作用が電子状態を表現する微視的モデルから導出されることを考えると，上記のガウス揺らぎの GL 理論を現実の系を論じる際に適用するには注意が必要である．それを見るために，Δ の熱的ガウス揺らぎがもたらす自由エネルギー $F_\Delta^{(2)}$

$$F_\Delta^{(2)} = -\beta^{-1}\ln\prod_{\boldsymbol{k}}\int\frac{d\Delta_{\boldsymbol{k}}d\Delta_{\boldsymbol{k}}^*}{N}\exp\left(-\frac{S_{\mathrm{GL}}^{(2)}}{\hbar}\right)$$

$$= \mathrm{const.}\beta^{-1}\sum_{\boldsymbol{k}}\ln[N\,N(0)\beta\,(\varepsilon_0 + \xi_{\mathrm{GL}}^2(0)k^2)] \tag{5.49}$$

を考えよう．N は自由度の数で，const. は物質パラメタに依存するが，ε_0 に依らない正の数である．[ ] 内の $\varepsilon_0 + [\xi_{\mathrm{GL}}(0)]^2k^2$ は 2 つの電子のグリーン関数 $\mathcal{G}^{(N)}$ から生じる伝播関数 $\mathcal{D}$ の分母である（(5.24) 式を参照）．それで，この表式に十分に小さい磁場依存性が含まれているとすると，それは空間微分にゲージ場 $\delta\boldsymbol{A}$ が加わる（$-i\boldsymbol{\nabla} \to \boldsymbol{\Pi} \equiv -i\boldsymbol{\nabla} + 2\pi\delta\boldsymbol{A}/\phi_0$）という形で取り込まれているはずである．このとき，ゼロ磁場下の応答量 Υ_{ij} は式 (5.33) に従って，$\delta\boldsymbol{A}$ に関する変分が 2 回とられることで得られるので，図 5.4(b)，(c) に示された 4 つのタイプの図がガウス近似内で Υ_{ij} に一般に寄与することになる．先述の (5.38) 式の第 1 項は 図 5.4(b) に，その第 2 項が図 5.4(c) の最下図に相当する．図 5.(c) の上段図と中段図が揺らぎ伝導度の新しい項で，それぞれ DOS（状態密度）項，MT（Maki-Thompson）項と呼ばれ，正常相における電気伝導度 σ_N への超伝導揺らぎによる補正を与える．図 5.4(c) 最下図が超伝導揺らぎ（ボソン）が電気の担い手となった電磁応答であるのとは対照的である．

MT，DOS 項が伝導電子（フェルミオン）による伝導度への補正である以上，自由電子モデルの枠内でそれらを具体的に表す前にドルーデ伝導度の結果 σ_N の導出をしておこう．GL による揺らぎ伝導度の導出と同様に，それを電流密度の相関関数として表すと，

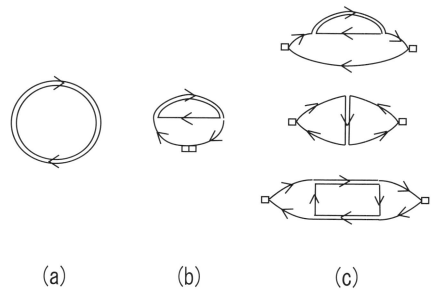

図 5.4 (a) ガウス近似での超伝導揺らぎから生じる自由エネルギーへの寄与. (b) 及び (c) は (a) のダイアグラムをゲージ場で 2 回変分して得られる 4 つの図. (b) の図は超伝導電流密度の反磁性項を表す. (c) の 3 つの図が本文で述べてある揺らぎ伝導度の DOS (上段), MT (中段), AL (下段) 項を表す. ゲージ場との相互作用バーテックスは □ 記号で表されている.

$$\sigma_{a,b}(i\Omega) = \frac{\beta}{V\Omega}[\langle \hat{j}_a(0)\hat{j}_b(0) - \hat{j}_a(\Omega)\hat{j}_b(-\Omega)\rangle],$$
$$= \frac{2}{\Omega V}\left(\frac{\hbar e}{m}\right)^2 \beta^{-1} \sum_\varepsilon \sum_{\boldsymbol{k},\boldsymbol{k}'} k_a k'_b$$
$$\times \overline{\mathcal{G}^{(N)}(\boldsymbol{k},\boldsymbol{k}';\varepsilon)\left(\mathcal{G}^{(N)}(\boldsymbol{k}',\boldsymbol{k};\varepsilon) - \mathcal{G}^{(N)}(\boldsymbol{k}',\boldsymbol{k};\varepsilon+\Omega)\right)} \quad (5.50)$$

ここで, ε はフェルミオン松原振動数, 不純物散乱 (乱れ) にわたる平均を (3.130) 式に従って表した. 再び, 交差ダイアグラム 図 3.4 は無視しよう[4]. 乱れに関する平均の結果, 上式には 2 種類の寄与が生まれる. その 1 つが有限な寿命で, 自己エネルギーの虚部で表される. 乱れ平均の後, グリーン関数

---

[4] ここでは考えないが, 2 次元でこの交差ダイアグラムの部分和は十分低温でアンダーソン局在 [21] を反映した抵抗の増大につながる.

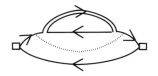

図 5.5 図 5.4(c) の上段のダイアグラムと部分的に打ち消しあうダイアグラム．この図の点線は，図 3.4 においてと同様で，不純物散乱の強さ $(2\pi N(0)\tau)^{-1}$ を運ぶ．

$\mathcal{G}^{(N)}(\boldsymbol{k},\boldsymbol{k}';\varepsilon)$ は $\delta_{\boldsymbol{k},\boldsymbol{k}'}(i\varepsilon - \xi_{\boldsymbol{k}} - \Sigma(\varepsilon))^{-1} \equiv \delta_{\boldsymbol{k},\boldsymbol{k}'}\mathcal{G}^{(N)}(\boldsymbol{k};\varepsilon)$ で置き換わり，

$$\Sigma(\varepsilon) = \int_{\boldsymbol{k}'}\overline{|u_{\boldsymbol{k}-\boldsymbol{k}'}|^2}\frac{1}{i\varepsilon - \xi_{\boldsymbol{k}} - \Sigma(\varepsilon)} \tag{5.51}$$

を満たす．Σ の実部はフェルミ面のシフトに押し込んで無視してよかろう．そのとき，上式の解は

$$\Sigma(\varepsilon) = -i\,\mathrm{sgn}(\varepsilon)\frac{1}{2\tau} \tag{5.52}$$

である．ここで，

$$\tau = \frac{1}{2\pi N(0)\overline{|u_{\boldsymbol{k}-\boldsymbol{k}'}|^2}} \tag{5.53}$$

は正常相での準粒子の寿命で，τ^{-1} が不純物散乱の強さを測る．このとき，正常相での乱れ平均後のグリーン関数は

$$\mathcal{G}^{(N)}(\boldsymbol{k};\varepsilon) = \frac{1}{i\tilde{\varepsilon} - \xi_{\boldsymbol{k}}},$$
$$\tilde{\varepsilon} = \mathrm{sgn}(\varepsilon)(|\varepsilon| + (2\tau)^{-1}) \tag{5.54}$$

となる．

(5.52) で，$\overline{|u_{\boldsymbol{k}-\boldsymbol{k}'}|^2}$ の波数依存性を無視した．この波数依存性を考慮すれば，電磁場との相互作用において不純物散乱による電子–ホール バーテックス補正が現れる．簡単のために，このバーテックス補正は無視することにして，グリーン関数の **k**-積分を実行し，ε-和を行えば，D 次元で

$$\sigma_N(i\Omega) = \frac{2}{\Omega\beta}\left(\frac{\hbar}{m}e\right)^2 \sum_\varepsilon \theta_{-\varepsilon(\varepsilon+\Omega)} \int_{\boldsymbol{k}} k_x^2 \, \mathcal{G}^{(N)}(\boldsymbol{k};\varepsilon)\mathcal{G}^{(N)}(\boldsymbol{k};\varepsilon+\Omega)$$

$$= \frac{k_F}{D\pi R_Q}\frac{E_F\tau}{\hbar(1+|\Omega|\tau)} \tag{5.55}$$

あるいは，実振動数 ω を使って書けば

$$\sigma_N(\omega) = \frac{2}{D}N(0)\frac{e^2 v_F^2}{1-i\omega\tau}\tau = \frac{n_e}{m}\frac{e^2\tau}{1-i\omega\tau} \tag{5.56}$$

となる．上で無視された電子–ホール バーテックス補正を考慮すると，上式の分子の τ は別の時間スケールに置き換わることがわかるが，$\sigma_N(i\Omega)$ の表式は定性的に同じ形のままである．なお，応答量へのバーテックス補正は一般に重要な役割を果たすことが多く，結果を知らなければこの補正を無視することは通常正当化されないことを強調しておく．

正常金属相における伝導度の表式において，(5.56) 式の（通常用いられる）第 2 の表現は誤解を招くことが多いことをここで強調しておく．第 2 の表現はフェルミ面内の全電子状態が σ_N の表式において関与するように見えるが，第 1 の表現の $N(0)$ 依存性からわかるように実際にはフェルミ面付近の特性のみで決まる．このように，オームの法則の導出にはフェルミ統計性が不可欠である．事実，ボース多体系で有限な伝導度を持つ正常金属相は通常実現しない（この章の末尾を参照せよ）．

揺らぎ伝導度を導出するのに，その dc 項に制限すれば，$\sigma_{fl} = \sigma_{\mathrm{AL}} + \sigma_{\mathrm{MT}} + \sigma_{\mathrm{DOS}}$ は電流密度の 2 体相関関数 Q の外部振動数に関して 1 次の項の係数として

$$Q(i\Omega) \equiv -\Upsilon_{xx}(i\Omega) = -|\Omega|\sigma_{fl} \tag{5.57}$$

のように得られる．そのため，以下では十分きれいな（乱れの効果が小さい）極限で，dc 極限の伝導度につながる寄与に限って，Q の各項ごとに見てみよう．

DOS, MT 項

図 5.4(c) 上段図が表す寄与は，

136 第5章 ゼロ磁場下の超伝導揺らぎ

$$Q_{\text{DOS}}^{(0)}(i\Omega) = 2\beta^{-1}\left(\frac{e}{m}\right)^2 \sum_{\varepsilon,\omega} \theta_{\varepsilon(\varepsilon-\omega)} \int_{\boldsymbol{p}} p_x^2 \left\langle \mathcal{G}^{(N)}(-\boldsymbol{p};-\varepsilon+\omega)[\mathcal{G}^{(N)}(\boldsymbol{p}-\boldsymbol{\Pi}^\dagger;\varepsilon+\Omega) \right.$$

$$\left. \times \mathcal{G}^{(N)}(\boldsymbol{p}-\boldsymbol{\Pi}^\dagger;\varepsilon)\,\Delta^*(\boldsymbol{r})\,]\mathcal{G}^{(N)}(\boldsymbol{p}-\boldsymbol{\Pi};\varepsilon)\,\Delta(\boldsymbol{r})\right\rangle_s \tag{5.58}$$

で表される．ここで，$\boldsymbol{\Pi} = -i\boldsymbol{\nabla} + 2\pi\boldsymbol{A}(\boldsymbol{r})/\phi_0$, and $\boldsymbol{\Pi}^\dagger = \boldsymbol{\Pi}^*$ はそれぞれ，Δ, Δ^* に作用するゲージ不変な微分演算子である．(5.58) 式は電子グリーン関数への超伝導揺らぎによる自己エネルギー補正で，(5.56) 式の第 1 の表現に現れる状態密度 $N(0)$ への補正に相当する．この理由で，この寄与を DOS 項という．超伝導揺らぎによる DOS への補正だから，以下に見るように伝導度を減らす寄与となる．

(5.58) 式で $\xi_{\boldsymbol{p}}$ 積分を実行すると，発散的な項は $\varepsilon(\varepsilon + \Omega) < 0$ の寄与のみから生じ，

$$Q_{\text{DOS}}^{(0)}(i\Omega) = \frac{4\pi N(0)e^2 v_F^2}{\beta(|\Omega| + \tau^{-1})} \sum_{\varepsilon,\omega} \theta_{-\varepsilon(\varepsilon+\Omega)} \left\langle \frac{\hat{p}_x^2}{2|\tilde{\varepsilon}| - i\boldsymbol{v}\cdot\boldsymbol{\Pi}} \left(\frac{1}{2|\tilde{\varepsilon}| - i\boldsymbol{v}\cdot\boldsymbol{\Pi}^\dagger}\right.\right.$$

$$\left.\left. + \frac{1}{|\Omega| + \tau^{-1} + i\boldsymbol{v}\cdot(\boldsymbol{\Pi}^\dagger - \boldsymbol{\Pi})}\right)\Delta^*\Delta \right\rangle_s. \tag{5.59}$$

という形をとる．2 次元系を考える場合，この表式をさらに細かく計算する必要はない．というのは，この表式と他のダイアグラムとの間に打ち消しあいがあるからである．実際，図 5.4(c) 中段の MT 項のダイアグラムを式に表し，その発散的な寄与の O(Ω) 項を見ると (5.59) 式の第 2 項と完全に相殺する．さらに，DOS ダイアグラムに 1 本の不純物線による装飾のある図 5.5 の O(Ω) 項がきれいな極限 $\tau^{-1} \to 0$ で (5.59) 式の第 1 項と完全に相殺する．(5.59) 式と競合し，図 5.5 のような τ^{-1} について高次となる寄与は，少なくともスピン一重項の超伝導揺らぎの場合には存在しない．他に $\tau^{-1} \to 0$ の極限で同程度の寄与は後述の AL 項以外にないことから，きれいな極限での電気伝導度への超伝導揺らぎの寄与は，以下に述べる AL 項のみで与えられると結論される．しかしこの結論は，きれいな極限での 2 次元，しかもパウリ常磁性の寄与がない場合に限った話である [10, 57, 58]．実際，銅酸化物（HTSC）系に関連して強調されたように，準 2 次元的な 3 次元系で 印加磁場も電流も 2 次元面に垂直な状況では，DOS 項の伝導度への負の寄与は決して無視できない [10]．

AL 項

図 5.4(c) の最下段の項は GL 理論内で既に導出したものであるが，過去の結果を微視的取り扱いによりここで確認しておこう．AL 項の Q への寄与は，

$$Q_{\mathrm{AL}} = e^2(\hbar\beta)^{-1} \sum_\omega \int_{\boldsymbol{q}} B_x(\boldsymbol{q},\omega;\Omega)\, \mathcal{D}(\boldsymbol{q};\omega)\, \mathcal{D}(\boldsymbol{q};\omega-\Omega)\, B_x(\boldsymbol{q},\omega;\Omega) \quad (5.60)$$

と表される．$\mathbf{B}$ は電流バーテックス（磁束密度と混同しないよう注意）で，以下，$\omega, \Omega \to 0$ の極限でこれを考える．$\boldsymbol{q}$ に関して最低次までで

$$B_i(\boldsymbol{q},0;0) = (\beta N(0))^{-1} \sum_{\varepsilon,\sigma} \int_{\boldsymbol{p}} (v_{\boldsymbol{p}})_i [\mathcal{G}^{(N)}(\boldsymbol{p};\varepsilon)]^2\, \mathcal{G}^{(N)}(-\boldsymbol{p}+\boldsymbol{q};-\varepsilon)$$

$$\simeq 4\xi_{\mathrm{GL}}^2(0) q_i \quad (5.61)$$

となる．

また，コンシステントに超伝導揺らぎのプロパゲーターは

$$\mathcal{D}(\boldsymbol{q};\omega) = \frac{1}{\gamma|\omega| + \ln(T/T_{c0}) + \xi_{\mathrm{GL}}^2(0)q^2} \quad (5.62)$$

で，$\mathcal{D}$ のグラディエント項の係数と電流バーテックス (5.61) との関係は，ゲージ不変性によって保証されたものであり，それを見通すためにも GL の枠内での解析が有用であったことが理解できるであろう．従って，この後は

$$Q_{\mathrm{AL}} = \frac{(4e)^2 \xi_{\mathrm{GL}}^4(0)}{\hbar} \int_{\boldsymbol{q}} q_x^2 \beta^{-1} \sum_\omega \mathcal{D}(\boldsymbol{q};\omega)\mathcal{D}(\boldsymbol{q};\omega-\Omega) \quad (5.63)$$

なので，以前の (5.42) 式と同じ形である．この後の伝導度導出法として，ここでは解析接続の手法を用いてその導出過程を説明しよう．

まず，それには公式

$$\coth\left(\frac{\beta}{2}x\right) = 2\beta^{-1} \sum_\omega \frac{1}{x-i\omega} \quad (5.64)$$

（$\omega = 2\pi(\hbar\beta)^{-1} \times$ integer はボース松原振動数）を使う．(5.64) 式は，(3.70) 式を用いて複素積分により容易に証明できる．(5.63) 中の ω-和は複素変数 z-平面での積分に以下のように書き換えられる：

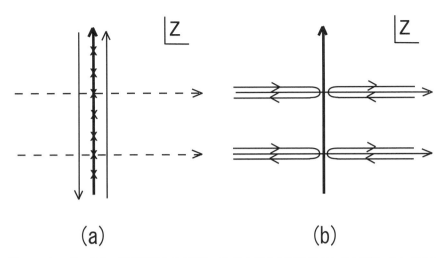

図 **5.6** AL 項の表式の振動数和を書き直して生じた積分の複素平面上での経路. (a) が元の経路だが，変形した経路 (b) で行うのが便利である.

$$\beta^{-1}\sum_{\omega}\mathcal{D}(\boldsymbol{q};\omega)\,\mathcal{D}(\boldsymbol{q};\omega-\Omega) = \frac{1}{4\pi i}\int_{\mathrm{C}}dz\coth\left(\frac{\beta z}{2}\right)\mathcal{D}(\boldsymbol{q};-iz)\mathcal{D}(\boldsymbol{q};-iz-\Omega). \tag{5.65}$$

ここで，積分は図 5.6(a) にあるように虚軸 $\mathrm{Re}z = 0$ 上にある $\coth(\beta z/2)$ の極を反時計まわりに回る軌道 C にわたるもの，あるいは，(b) 図にあるように $\mathrm{Re}z = 0$ を避ける横軸 $\mathrm{Im}z = 0, \Omega$ に沿ったものとして行えばよい．そして，Ω が $2\pi/\beta$ の整数倍であることから $\coth[\beta(z-i\Omega)/2] = \coth(\beta z/2)$ が成り立つことに注意して積分区間を変形して，上式は

$$\frac{1}{4\pi i}\int_{-\infty}^{\infty}d\varepsilon\coth\left(\frac{\beta\varepsilon}{2}\right)[(D^{\mathrm{R}}(\boldsymbol{q};\varepsilon) - D^{\mathrm{A}}(\boldsymbol{q};\varepsilon))D^{\mathrm{A}}(\boldsymbol{q};\varepsilon-i\Omega) \\ + D^{\mathrm{R}}(\boldsymbol{q};\varepsilon+i\Omega)(D^{\mathrm{R}}(\boldsymbol{q};\varepsilon) - D^{\mathrm{A}}(\boldsymbol{q};\varepsilon))] \tag{5.66}$$

と書き直せる．ただし，$D^{\mathrm{R}}(\boldsymbol{q};\varepsilon) = [D^{\mathrm{A}}(\boldsymbol{q};\varepsilon)]^{*} = (-i\gamma\varepsilon + \ln(T/T_{c0}) + \xi_{\mathrm{GL}}^{2}(0)q^{2})^{-1}$ である．上式において，被積分関数の形から $\mathrm{Re}z = 0$ 近傍の寄

与はないので，積分は実軸上の区間 $[-\infty, +\infty]$ で書いてよいことが使われた．上式の $\mathrm{O}(\Omega)$ 項を取り出すことにより，

$$\sigma_{\mathrm{AL}} = \frac{4\beta e^2 \xi_{\mathrm{GL}}^4(0)}{\pi\hbar} \int d\varepsilon \frac{1}{\sinh^2(\beta\varepsilon/2)} \int_{\boldsymbol{q}} q_x^2 \left[\mathrm{Im}D^{\mathrm{R}}(\boldsymbol{q};\varepsilon)\right]^2 \tag{5.67}$$

となる．ここで，仮に転移点が絶対零度にある状況，つまり超伝導相への量子臨界点があるとしよう．上の式から，$\beta\varepsilon \to \varepsilon$ と置き換えて，十分低い温度 $T = \beta^{-1}$ で積分を検討すれば，積分が収束する限りその結果は $\mathrm{O}(T^2)$ に比例して低温極限でゼロに帰着する．これが5.5節の最後で述べた量子極限 $(T \to 0)$ で $\sigma_{\mathrm{AL}} = 0$ となる結果に相当する．逆に，臨界点が有限温度 T_{c0} にあるとき，その近く $(\ln(T/T_{c0}) \ll 1)$ では小さい ε 領域が主要項になるのは明白なので，$\sinh(\beta\varepsilon/2) \to \beta\varepsilon/2$ と置き換えて

$$\sigma_{\mathrm{AL}} = \frac{8\gamma e^2 \xi_{\mathrm{GL}}^4(0)}{\hbar D\beta} \int_{\boldsymbol{q}} \frac{q^2}{(\ln(T/T_{c0}) + \xi_{\mathrm{GL}}^2(0)q^2)^3} \tag{5.68}$$

となる．例えば，2次元で $\boldsymbol{q}$-積分を実行すれば，(5.68) が (5.45) 式に帰着することを容易に確認できる．

5.7　臨界揺らぎに関するコメント

前節で仮定していたガウス揺らぎは，3次元マイスナー相への2次相転移点に近づくとともに，揺らぎ間の相互作用（モード結合，ともしばしば呼ばれる）により繰り込まれた揺らぎに変貌する．揺らぎの繰り込みは普遍的な臨界現象につながり，その理論的な解析には繰り込み群の方法を用いるのが標準的である．この本では磁場下の超伝導揺らぎ現象を説明する理論の紹介を主眼に置いているため，繰り込み群と等価な内容を与え，相転移を起こさない低次元揺らぎの記述にも適用できるパルケダイアグラム法に基づいた臨界指数の導出を付録 H で紹介するにとどめる．

一方，揺らぎの繰り込みは物質パラメタに依存する（つまり，普遍的でない）転移温度のシフト（$T_{c0} \to T_c$）も引き起こす．この転移点のシフトに主眼を置いた近似が 2.5 節で紹介したハートリー近似である．超伝導の GL モデル (3.126) において，2.5 節で行ったのと同じ解析により，3次元超伝導転移に伴う秩序パラメタ揺らぎの相関長 $\xi(T)$ はパラメタ ε_0 の繰り込みの式

140　第5章　ゼロ磁場下の超伝導揺らぎ

$$r = \left(\frac{\xi_{\mathrm{GL}}(0)}{\xi(T)} \right)^2 = \varepsilon_0 + b \int_{\boldsymbol{k}} \langle |\Delta|^2 \rangle \tag{5.69}$$

を解けばよい．ここで，係数 r は繰り込まれたプロパゲータ $\langle |\Delta_{\boldsymbol{k},\omega=0}|^2 \rangle =$ $[\beta(r + (\xi_{\mathrm{GL}}(0)\boldsymbol{k})^2)]^{-1}$ を与える「化学ポテンシャル」に相当する．結果は，

$$\sqrt{r} = \frac{4\tilde{\varepsilon}_0}{\sqrt{\mathrm{Gi}_3(\beta)}(1 + \sqrt{1 + 16\tilde{\varepsilon}_0/\mathrm{Gi}_3(\beta)})}, \tag{5.70}$$

となる．ここで，

$$\tilde{\varepsilon}_0 = \varepsilon_0 + \frac{\tilde{k}_c}{\pi} \sqrt{\mathrm{Gi}_3(\beta)}. \tag{5.71}$$

であり，r，つまり $\tilde{\varepsilon}_0$ がゼロになる温度 $T_c(B = 0)$ が，平均場 BCS 理論での転移温度 T_{c0} から下方にシフトしたことを意味する式

$$T_c(0) \simeq T_{c0} \left(1 - \frac{\tilde{k}_c}{\pi} \sqrt{\mathrm{Gi}_3(\beta_{c0})} \right) \tag{5.72}$$

によって表される．ここで，$\beta_{c0} = 1/(k_{\mathrm{B}}T_{c0})$，$\tilde{k}_c$ は O(1) の無次元定数である．(5.70) 式から，十分 $T_c(0)$ 近くを除いた $\tilde{\varepsilon}_0 > \mathrm{Gi}_3(\beta_{c0})$ が満たされる温度域においては，ハートリー近似は転移温度のシフト $T_{c0} - T_c(0)$ があることを除けばガウス近似と変わらない．逆に，$T_c(0)$ のごく近傍では，$r \propto \tilde{\varepsilon}_0^2$ なので 2.6 節で述べた通り，相関長の臨界指数が 1 となる．

　超伝導薄膜という 2 次元系では秩序化が弱いため，揺らぎの効果がより顕著に見えるはずなので，ガウス近似からのずれも重要になる．実際，上記のハートリー近似は 2 次元系では (5.69) 式の右辺第 2 項の $\boldsymbol{k}$ 積分が $r \to 0$ で $\ln r^{-1}$ のように対数発散の形をとり，r は決してゼロにならない．これは，2 次元理想ボース気体で BEC，つまり巨視的位相コヒーレンスが化学ポテンシャルがゼロになれないために，有限温度では発現しないことを説明する議論（第 1 章の末尾を見よ）と同じ内容で，KT 転移の理論が提出される以前にはこの内容に基づいて 2 次元超伝導相は可能でないとする考え方もあった．また現在では，KT 転移は GL モデルに対する摂動論的方法に基づいた臨界揺らぎの理論からは見出せないと考えられているようである．

　最後に，3 次元ゼロ磁場超伝導転移に固有な臨界現象の注意点について触れ

ておく. ボース系の話の中で述べた通り, 超伝導転移 (あるいは, 荷電ボース系の超流動転移) 点に高温側から近づくにつれて, 反磁性帯磁率は (2.53) 式に従ったスケーリング則で発散し, 徐々に磁束を排除していく. そして, 転移点の低温側でこれに対応する関係式が, 超流動密度のスケール則 (2.71) であるが, この量と磁場侵入長 $\lambda(T)$ との間の関係から, このスケール則は

$$\lambda(T) \sim [\xi_<(T)]^{(D-2)/2} \tag{5.73}$$

となり, ガウス近似での結果と違い, 2つの長さは異なるスケーリング挙動を示す. 従って, GL パラメタは $\xi_<$ の臨界指数を ν と書くと

$$\kappa \sim (T_c - T)^{\nu(4-D)/2} \tag{5.74}$$

となり, 第二種超伝導体でも臨界点近傍では第一種超伝導体として振る舞うという驚くべき予想につながる. しかし, 以上の結果は分配関数 (統計和) に寄与するゲージ場の揺らぎを持たないボース超流動転移の場合と同様, 臨界現象が XY スピンモデルのユニバーサリティクラスを前提にした場合である. ここに, ゲージ場の揺らぎを統計和に含ませると, 十分臨界点 (転移点) 近傍では相転移のユニバーサリティクラスが変わり, むしろ期待通りのスケーリング

$$\lambda \sim \xi_< \tag{5.75}$$

が得られることがわかり, 第二種超伝導体は第二種のままであることになる [54]. ただし, この臨界現象の交差は, (平均場近似での) GL パラメタが十分大きく超伝導揺らぎの強い系であればあるほど, より臨界点近傍で起こる傾向にあるため, 実験的に検証するのは容易ではない.

5.8 KT 転移近くでの超伝導揺らぎ応答量

ここで, ゼロ磁場下の2次元超伝導薄膜における揺らぎ伝導度への KT 転移の影響について触れておく. 5.5 節においてガウス近似で導出された応答量に関する臨界現象は T_{c0} より高温で正しい近似で, T_{c0} より低温で起きる KT 転移近くでは適用できない. 先述のように, KT 転移の高温側では十分に大きなサイズの渦対励起が自由渦2つに変貌し, 2次元クーロン相互作用する荷

142   第5章　ゼロ磁場下の超伝導揺らぎ

電粒子系の金属相にあるため，渦間の長距離相互作用は遮蔽されている（2.4 節を見よ）．便宜上，この遮蔽はデバイ–ヒュッケル近似の利用により記述され，自由渦間の平均距離が位相コヒーレンスが壊れる距離 $\xi_{\mathrm{ph}}(T)$ を特徴づけるサイズとなる（(2.47) 式を見よ）．こうして，連続場として表現される自由渦励起が，超伝導秩序パラメタの振幅 $|\Delta|$ の揺らぎに相当することから，ξ_{ph} は昇温とともにガウス近似での超伝導秩序パラメタの揺らぎに関する相関長 $\xi_{\mathrm{GL}}(0)\sqrt{T_{c0}/(T - T_{c0})}$ にクロスオーバーすると期待される．このような背景に基づいて，高温と KT 転移近傍両方にわたって記述できる相関長に関する次の内挿式が提案された[5][59]：

$$\xi_{\mathrm{KT}}(T) = \frac{\xi_{\mathrm{GL}}(0)}{\sqrt{b_c \tau_c}} \sinh\left[\left(\frac{b_c \tau_c}{\tau}\right)^{1/2}\right]. \tag{5.76}$$

ここで，b_c は O(1) の無次元の正の定数で，$\tau = (T - T_{\mathrm{KT}})/T_{c0}$，$\tau_c = (T_{c0} - T_{\mathrm{KT}})/T_{c0}$ で，十分高温ではガウス近似の相関長 $\xi_{\mathrm{GL}}(0)\sqrt{T_{c0}/(T - T_{c0})}$ に帰着し，T_{KT} 近傍では $\xi_{\mathrm{ph}}(T) = (\xi_{\mathrm{GL}}(0)/2\sqrt{b_c \tau_c}) \exp(\sqrt{b_c \tau_c/\tau})$ に近づく．この相関長 $\xi_{\mathrm{KT}}(T)$ を 5.5 節における $\xi_{\mathrm{GL}}(T)$ の代わりに用いれば，実験データの KT 転移近傍まで使える反磁性帯磁率や伝導度の AL 項に対する式に拡張できる．そうすると，(5.41) 式の $\chi_{\mathrm{dia}}^{(2)}$，(5.45) 式の $\sigma_{\mathrm{AL}}^{(2)}$ はそれぞれ次のように書き換えられる：

$$-\chi_{\mathrm{dia}}^{(\mathrm{KT})} = \frac{[\xi_{\mathrm{GL}}(0)]^2}{12\pi s \Lambda_T(T)} \frac{1}{8 b_c \mathrm{Gi}_2(T_{c0})} \left(\sinh\left[\left(\frac{b_c \tau_c}{\tau}\right)^{1/2}\right]\right)^2,$$

$$R_Q s \sigma_{\mathrm{AL}}^{(\mathrm{KT})} = \frac{\gamma k_{\mathrm{B}} T}{\hbar} \frac{1}{8 b_c \mathrm{Gi}_2(T_{c0})} \left(\sinh\left[\left(\frac{b_c \tau_c}{\tau}\right)^{1/2}\right]\right)^2. \tag{5.77}$$

ただし，KT 転移点 T_{KT} は (5.13) 式により決定される．

5.9　量子臨界揺らぎ

冷却することにより実現した超伝導マイスナー相は，温度以外のいくつかのパラメタを制御することで壊すことができ，絶対零度の基底状態としても実現

---

[5]　文献 [59] では，超伝導体がダーティー極限にある場合に限定して伝導度などの内挿公式を与えてある．ここでは，それを一般化した形で公式を書き直しておく．

5.9 量子臨界揺らぎ

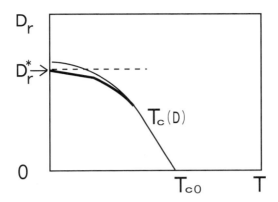

図 5.7 乱れを含んだ 2 次元異方的超伝導体の相図へ量子揺らぎが及ぼす影響. 横軸は温度, 縦軸は乱れの強さ D_r である. 平均場近似の転移を KT 転移に変える熱揺らぎはここでは考慮されていない. 転移線は低温では量子揺らぎによる補正を含む太い実線で表され, 高温では平均場近似の転移線 (細線) に近づくとみなせる.

しない状況を作ることができる. 例えば, 磁場により超伝導体が渦糸相に入った場合, 既に 4.4 節で見たように, 磁場に垂直な電流応答はもはや金属的であり, この意味で超伝導性は失われる. また, 最も単純な s 波超伝導などとは異なり, 条件 $\langle w_{\bm{k}} \rangle_{\hat{\bm{k}}} = 0$ を満たす非 s 波の対状態を有する多くの超伝導体では, 系に含まれる不純物濃度を多少変えるだけで, 超伝導を容易に壊すことができる.

5.6 節で不純物散乱によるオームの法則を導出したのと同じ前提で, 上記の一般の非 s 波対状態の場合の平均場近似の転移温度 $T_c(D_r)$ は, 具体的には

$$\begin{aligned}\varepsilon_0|_{\mathrm{ns}} &= \ln\left(\frac{T}{T_{c0}}\right) + \frac{2\pi\beta^{-1}}{\hbar}\sum_{\varepsilon}\left(\frac{1}{2|\varepsilon|} - \frac{1}{2|\varepsilon| + \tau^{-1}}\right) \\ &= \ln\left(\frac{T}{T_{c0}}\right) + \psi\left(\frac{1}{2} + \frac{\hbar\beta}{4\pi\tau}\right) - \psi\left(\frac{1}{2}\right)\end{aligned} \quad (5.78)$$

がゼロとなる温度として得られ, 十分低温で $\varepsilon_0|_{\mathrm{ns}} \simeq -1 + 1.78/(\pi\tau T_{c0}) + 2(\pi\tau T)^2/3$ となる. 図 5.7 における細い実線が, 転移温度 $T_c(D_r)$ の乱れの強さ

$$D_r \equiv \frac{\hbar}{\tau k_{\mathrm{B}} T_{c0}} \quad (5.79)$$

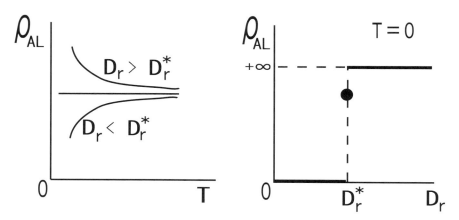

図 5.8 臨界線 $D_r = D_r^*$ のまわりの量子臨界領域における揺らぎ抵抗曲線 $\rho_{\mathrm{AL}}(T) = 1/\sigma_{\mathrm{AL}}(T)$ の乱れ依存性と絶対零度 ($T = 0$) での対応する図. 臨界線上では, ρ_{AL} は黒丸で表された一定値を低温でとる.

への依存性を表している. ただし, $T_c(D_r = 0) = T_{c0}$ である. ここで対象にしたい非 s 波対状態が, 銅酸化物系の $d_{x^2-y^2}$ 波のように, 1 成分のスカラー秩序パラメタで表される場合, その GL 作用は

$$\mathcal{S}_{\mathrm{QGL}} = \int d^D \boldsymbol{r} \left[\sum_\omega (\Delta_\omega(\boldsymbol{r}))^* (\varepsilon_0|_{\mathrm{ns}}(T) + \gamma |\omega| + \xi_{\mathrm{GL}}^2(0)(-i\boldsymbol{\nabla})^2) \Delta_\omega(\boldsymbol{r}) \right.$$
$$\left. + \frac{b}{2N(0)\beta} \sum_{\omega_1,\omega_2,\omega_3,\omega_4} \delta_{\omega_1+\omega_2,\omega_3+\omega_4} \Delta_{\omega_1}^* \Delta_{\omega_2}^* \Delta_{\omega_3} \Delta_{\omega_4} \right] \quad (5.80)$$

の形をとり, その係数 γ, $\xi_{\mathrm{GL}}(0)$, b は, 2 次項の係数 $\varepsilon_0|_{\mathrm{ns}}$ が低温で有限な極限値を持ち, 量子臨界点につながったのと同様に, それぞれが低温極限で温度に依らない有限値に帰着する.

この後, 超伝導量子臨界点近傍で起きる固有な現象として, 電気伝導度の AL 項 σ_{xx} を上記 GL 作用 (5.80) に基づいて低温極限で調べてみよう. 5.5 節で既に指摘したように, $\varepsilon_0|_{\mathrm{ns}}(T=0) > 0$ であれば, 揺らぎ伝導度の AL 項 $\sigma_{\mathrm{AL}}^{(D)}(T)$ は低温極限でゼロになる. つまり, 超伝導秩序パラメタが散逸ダイナミクスに従うにもかかわらず, 超伝導揺らぎは絶対零度で絶縁体的に振る舞い, D_r の減少に伴って (図 5.8 の左図参照) 相関長 $\xi_{\mathrm{GL}}(0)/\sqrt{\varepsilon_0|_{\mathrm{ns}}(T=0)}$ が

増大する傾向は伝導度に反映されない．逆に，$\varepsilon_0|_{\mathrm{ns}}(T=0) < 0$ であれば，温度を下げていくとある温度で超伝導相に入るので，ある温度を境に $\sigma_{\mathrm{AL}}^{(D)}$ は発散する．従って図 5.8 の右図のように絶対零度での伝導度は超伝導相と正常相との間の連続転移で不連続に変化する．

では，量子臨界点ではどうなるか．まず，ガウス近似での揺らぎ伝導度を，乱れの大きさ D_r を量子臨界点に相当する値 D_r^*，すなわち $\varepsilon_0|_{\mathrm{ns}}(T=0) = 0$ となる値，に固定して，有限温度において調べてみることにする．この場合 $\varepsilon_0|_{\mathrm{ns}}(T) = 2(\pi\tau T)^2/3 \propto T^2$ で，(5.67) における $\ln(T/T_{\mathrm{c}0})$ をこれで置き換えると，(5.67) 式中の $\sinh(x)$ を x で近似して低温での主要項は得られることがわかる．つまり，熱揺らぎの寄与が主役を演じるので，量子臨界点 $D_r = D_r^*$ での伝導度の結果は (5.45) 式で ε_0 を $\varepsilon_0|_{\mathrm{ns}}(T)$ で置き換えて，3 次元で

$$\sigma_{\mathrm{AL}}^{(3)}(T \to 0) \to \frac{\sqrt{6}}{8\pi R_Q \xi_{\mathrm{GL}}(0)} \tag{5.81}$$

という物質パラメタ $\xi_{\mathrm{GL}}(0)$ に依る定数に近づく．一方，2 次元では $\sigma_{\mathrm{AL}}^{(2)}(T \to 0)$ $\to T^{-1}$ となる．以上がガウス揺らぎの範囲での結果である．

しかし，十分低温になって，以下で述べる揺らぎ間相互作用（モードカップリング）から生じる効果が無視できなくなると，上記のガウス近似の結果は適用できない．熱揺らぎの場合と同様，相互作用の臨界現象への効果を考えるには，まずハートリー近似から始めるのが基礎となる．このハートリー近似を今，$\varepsilon_0|_{\mathrm{ns}}(T) \simeq 2(\pi\tau T)^2/3$ が成り立つ量子臨界領域で行う．つまり，繰り込まれた伝播関数

$$\mathcal{D}^{(r)}(\boldsymbol{q};\omega) = \frac{1}{\varepsilon_r + \gamma|\omega| + q^2 \xi_{\mathrm{GL}}^2(0)} \tag{5.82}$$

が，自己無撞着な関係式

$$\varepsilon_r = \frac{2}{3}(\pi\tau T)^2 + 2b[\xi_{\mathrm{GL}}(0)]^{-D}\beta^{-1}V^{-1} \sum_{\omega,\boldsymbol{q}} \frac{1}{\varepsilon_r + q^2 + \gamma|\omega|} \tag{5.83}$$

を通して決められるとする．揺らぎの効果のより顕著な 2 次元系に話を限ると，上記の式の自己無撞着な解の低温の振る舞いは

$$\varepsilon_{\mathrm{R}}(T) \simeq \varepsilon_0^*(T=0)|_{\mathrm{ns}} + c_2 T + \mathrm{O}(T^2),$$

$$\varepsilon_0^*(T=0)|_{\mathrm{ns}} = \varepsilon_0(T=0)|_{\mathrm{ns}} + b[\xi_{\mathrm{GL}}(0)]^{-2} \int \frac{dy}{2\pi} \int \frac{d^2\mathbf{q}}{(2\pi)^2} \frac{y}{y^2 + (c_2\gamma^{-1} + q^2)^2},$$

$$c_2 = \frac{b}{[\xi_{\mathrm{GL}}(0)]^2} \int \frac{dy}{2\pi} \int \frac{d^2\boldsymbol{q}}{(2\pi)^2} \frac{y}{y^2 + (c_2\gamma^{-1} + q^2)^2} \left(\coth\left(\frac{y}{2}\right) - 1 \right)$$

(5.84)

となり，低温での揺らぎ伝播関数の"質量" ε_{R} の温度依存性が (5.83) 式の右辺第 1 項の T^2 依存性から T に比例する依存性へと変わる．この結果として，$T_c(D_r)$-曲線が図 5.7 の太い実線に変更される．そして，$\varepsilon_0^*(T=0)|_{\mathrm{ns}} = 0$ で決められるこの新たな量子臨界点 $D_r = D_r^*$ に乱れの強さを固定して冷却すると，2 次元の規格化された伝導度 $R_Q \sigma_{\mathrm{AL}}^{(2)}$ が，物質パラメタ $b[\xi_{\mathrm{GL}}(0)]^{-2}$，$c_2/\gamma$ には依るが，温度には依らない定数になることがわかる．つまり，量子臨界点に相当する乱れの値で 2 次元超伝導揺らぎは金属的に振る舞うことがわかる．これらの事情は図 5.8 に要約される．

有限温度の量子臨界領域において超伝導揺らぎがもたらす伝導度に関する以上の結果は，AL 項が一般的に

$$\sigma_{\mathrm{AL}} \sim \beta^{-1}[\xi(T)]^{z+2-D}$$

(5.85)

の形をとることから予想できる．ここで，z は動的臨界指数で今の場合，(5.80) 式の第 1 行から，$z = 2$ である．ガウス近似では，$\xi \sim (\varepsilon_0|_{\mathrm{ns}})^{-1/2} \sim \beta$ で，確かに $D = 3$ で温度に依らない．さらに，2 次元ハートリー近似では $\xi \sim (\varepsilon_{\mathrm{R}})^{-1/2} \sim \beta^{1/2}$ であることを使えば，確かに $D = 2$ で温度に依らない．これらはともに，上記の具体的な計算結果といずれも合致する．

当初，上記の 2 次元超伝導量子臨界点での金属性は，荷電ボース多体系の絶対零度での交流伝導度 $\sigma_{\mathrm{AL}}(T=0, \omega \to 0)$ が物質パラメタに依らない普遍定数になるという指摘 [60] を受けて，注目された．しかし，実験で測られるのは直流伝導度の低温極限 $\sigma_{\mathrm{AL}}(T \to 0, \omega = 0)$ で，量子臨界点上では両者が異なることには注意が必要である．

第6章　磁場下の超伝導—クリーン極限

6.1　平均場近似描像の改訂—理論研究の経緯

　前節のゼロ磁場下の超伝導揺らぎの理論的記述は，2次元のKT転移の場合を除けば，ガウス揺らぎの近似の枠内で基本的なことは終わっており，モード結合（揺らぎ間の相互作用）に起因する臨界現象は補正と考えればよかった．磁場下においても，第4章で説明した通り，渦格子という超伝導相への転移がアブリコソフの平均場理論では，渦間の間隔が渦芯のサイズ程度となる[1] $H_{c2}(T)$ 上で起こるものと考え，これを踏まえてゼロ磁場の場合と同様に，超伝導揺らぎは H_{c2} 線のまわりでの補正と考えればよい，というのが伝統的な解釈であった．この伝統的な解釈が誤りであることが認められるようになったのは，銅酸化物高温超伝導の研究の最中であった．それから30年以上経た現段階で，それにまつわる理論研究について経緯をきちんと記しておく必要があろう．

　超伝導の基礎理論がつくられた1960年代を経た後の'70年代には，磁場中での超伝導揺らぎの（6.5節で述べる）「次元低下」，つまり3次元系では1次元的な超伝導揺らぎを示すという事実に基づいて，臨界揺らぎ領域のブロードニングが生じることが指摘はされていたが，当時の原論文には H_{c2} で転移が起きるという記述がはっきり記されている [61, 62]．その後，KT転移の超伝導薄膜への応用が盛んに行われた時期 [59] を経て，磁場下での超伝導転移を摂動論的繰り込み群に基づいた方法で論じる論文が現れた [63] が，当時あま

---

[1] (4.33) 式にあるように，$r_B = \xi_{\mathrm{GL}}(T) = \xi_{\mathrm{GL}}(0)/\sqrt{-\varepsilon_0}$ のときである．

148 第 6 章 磁場下の超伝導—クリーン極限

り注目されなかったようである．そこでは，超伝導揺らぎの下部臨界次元が 4
で，従って（実際には理論の適用外にある）3 次元では安定な固定点がないた
め連続転移は実現せず，その代わりに 4.3 節で議論されたような揺らぎが誘起
する 1 次転移が起きると主張され，この 1 次転移が渦格子融解に相当するこ
とが予想された．しかし，超伝導転移がこの 1 次転移で完結するのかはこの
方法では明らかにできなかった．

　ここで，磁場に沿った方向に位相コヒーレンスがあり，その方向の電流に対
する電気抵抗 $\rho_{\parallel}$ がゼロであることから，平均場理論では H_{c2} 直下で形成され
る渦格子は超伝導相といえるという，第 4 章で説明された内容を思い起こし
てほしい．銅酸化物超伝導物質における磁場下での輸送現象や熱力学量のデー
タが明らかになる中で，電気抵抗 $\rho_{\parallel}$ が H_{c2} 線より下の低磁場・低温側までゼ
ロにならないことを示唆する実験事実 [64] が関心を集め，これが H_{c2} 線は超
伝導転移線ではないこと[2]を表している，という見地から [62] の方法を輸送現
象に拡張した理論 [65, 66] が提出された．ロンドン極限に付録 F で説明する
duality 変換を適用した理論 [67] においても，H_{c2} は相転移線ではないことが
独立に指摘された．それでも，その後磁場方向の位相コヒーレンス，つまり超
伝導秩序化と，渦格子融解とが同一の転移であるのかを問う理論的な論争 [68]
が 6, 7 年の間，続いた．第 4 章で平均場渦格子解を決定する際に，$|\Delta|$ に関し
最小化する操作と格子構造についてエネルギー最小化をする操作が分離して
いることを強調したが，この分離は上で紹介した論争と無関係ではないであろ
う．しかし結局，渦格子融解転移が同時に磁場方向の位相コヒーレンスの消失
を担っており，これがクリーン極限の系での唯一の相転移である，というのが
現在では確立した解釈になっている．次節以降では，標準的な理解の仕方であ
ると筆者が納得している方針で，クリーン極限の磁場下の超伝導相図の真の姿
について説明していく [71]．

---

[2] 国内の一般雑誌，書籍では，この事実は文献 [69] で最初に解説された．また，超伝導の専門書では
ないが，文献 [70] においても簡潔に触れられている．

6.2　格子相での熱的揺らぎ

　前章の冒頭で，電気的に中性な超流動の場合と同様，(5.2) 式により位相コヒーレンスへの熱的揺らぎの影響を見ることができることを指摘した．磁場下の超伝導相である渦格子では，渦が秩序パラメタの振幅のゼロ点であり同時に位相の特異点であるから，低エネルギーの揺らぎを純粋にゲージ不変な位相のみの揺らぎとみなせるわけではない．それでも十分長波長では近似的に位相の揺らぎとみなせるモードが存在する．それを見るために，渦格子状態での秩序パラメタの低エネルギー揺らぎを調べよう．実は，式 (4.41) で与えた渦格子解は，数学的には最低 LL（LLL）内の磁気的ブロッホ関数 $\varphi_0(\boldsymbol{r};\boldsymbol{r}_0)$ の 1 つにすぎない．従って，揺らいでいる渦状態の秩序パラメタ Δ は，$\varphi_0(\boldsymbol{r};\boldsymbol{r}_0)$ に属する様々な基底関数を使って表されるはずである．そこで，秩序パラメタを

$$
\begin{aligned}
\Delta &= \alpha_0 \varphi_0(\boldsymbol{r};0) + \delta\Delta \\
&= \alpha_0 \varphi_0(\boldsymbol{r};0) + \alpha_0 [\, a_+(z)\varphi_0(\boldsymbol{r};\boldsymbol{r}_0) + a_-(z)\varphi_0(\boldsymbol{r};-\boldsymbol{r}_0)\,] \quad (6.1)
\end{aligned}
$$

と表す．ただし，$\boldsymbol{r}_0 = (x_0, y_0)$ はある渦格子単位胞内の 2 次元ベクトルで，$\hbar \boldsymbol{k}_\perp = \hbar(\boldsymbol{r}_0 \times \hat{z})/r_B^2 = \hbar(k_x, k_y)$ がブロッホ状態の擬運動量 に相当する．また，(4.41) 式と同一ゲージの基底であるために，$\varphi_0(\boldsymbol{r};\boldsymbol{r}_0) = \exp(ik_x x)\varphi_0(\boldsymbol{r} + \boldsymbol{r}_0;0)$ という関係式が満たされる [72]．各ランダウ準位の縮退度が BS/ϕ_0 であるから[3]，一般的にはこの数の分だけ縮退した LLL 内の基底が存在する，ということに注意しよう．上の式で，$\boldsymbol{r}_0$ に関する和，言い換えれば揺らぎの波数に関する和は省略したが，$\delta\Delta$ に関してガウス（調和）近似内であれば，GL 作用を表すのにこれで混乱は起こらない．GL 作用の $\delta\Delta$ に関する 2 次の項を（形式的には BCS 理論や希薄ボース粒子系において準粒子モードに関するボゴリューボフ変換を行うのと同じ）対角化を行うことによって，$a_+^* = \pm a_-$ で表される 2 つの固有モードに分かれることがわかる．プラス符号は，主として振幅揺らぎを表すモードを表す．以下で関心があるのは，マイナス符号のモードで，主として位相揺らぎを表すモードを表し，十分に $|\boldsymbol{r}_0|$ が小さいとギャップレスの固有エネルギーを与えるので，様々な物理量の巨視的振る

---

[3] 本章以降では，第 4 章での磁束密度の空間平均 B_s を単に B と書く．

150 第6章 磁場下の超伝導—クリーン極限

舞いに影響する.

以下, このマイナス符号のモードのみに着目しよう. 簡単のために, 磁場方向の秩序パラメタの変調 (つまり, 渦糸の曲がり) は無視して, 対角化を行うとその固有エネルギーは

$$\delta E_-(\boldsymbol{r}_0) = \frac{b\,\alpha_0^4}{2}\big[\,2\langle|\varphi_0(\boldsymbol{r};0)|^2|\varphi_0(\boldsymbol{r};\boldsymbol{r}_0)|^2\rangle_s - \langle|\varphi_0(\boldsymbol{r};0)|^4\rangle_s$$

$$-\mathrm{Re}\langle(\varphi_0(\boldsymbol{r};0))^2\varphi_0^*(\boldsymbol{r};\boldsymbol{r}_0)\,\varphi_0^*(\boldsymbol{r};-\boldsymbol{r}_0))\rangle_s\,\big]|a_-|^2 \tag{6.2}$$

となり, 関係式

$$(\varphi_0(\boldsymbol{r};0))^*\varphi_0(\boldsymbol{r};\boldsymbol{r}_0) = \sum_{\boldsymbol{G}} F_{\boldsymbol{G}}\exp\bigg(i\frac{r_B^2}{2}k_x k_y + i(\boldsymbol{G}+\boldsymbol{k}_\perp)\cdot\boldsymbol{r}$$

$$-\frac{r_B^2}{2}(\boldsymbol{G}\cdot\boldsymbol{k}+i(\boldsymbol{G}\times\boldsymbol{k})_z) - \frac{\boldsymbol{k}_\perp^2 r_B^2}{4}\bigg) \tag{6.3}$$

を用いて調べることができる. ここで, $F_{\boldsymbol{G}}$ は渦格子解 φ_0 の絶対値の2乗のフーリエ係数で, (6.3) 式はその左辺が, あるブロッホ関数 $\Psi_{\boldsymbol{k}}(\boldsymbol{r})$ の性質 $\Psi_{\boldsymbol{k}}(\boldsymbol{r}+\boldsymbol{a}) = e^{i\boldsymbol{k}\cdot\boldsymbol{a}}\Psi_{\boldsymbol{k}}(\boldsymbol{r})$ と等価な性質を持っていることに着目して, フーリエ変換を用いることにより示すことができる. その結果, $|\boldsymbol{r}_0|/r_B = |\boldsymbol{k}_\perp|r_B$ が小さい極限でマイナス符号のモードの固有値 ((6.2) 式の [ ] 内) は $|\boldsymbol{k}_\perp|^2$ ではなく $|\boldsymbol{k}_\perp|^4$ に比例するということがわかる [73]. この結果は, LLL 内の秩序パラメタモードに限定したことによるのではなく, あらゆるランダウ準位モードを考慮しても成り立つ事実であることが証明できる [75]. しかも, この項はゲージ場の揺らぎ $\delta\boldsymbol{A}$ の有無にかかわりなく存在する. この一見意外な波数依存性は, 実は自然な物理的意味を持つ. それを見るために, $\delta\boldsymbol{A}$ を簡単のために無視して, このモードの振幅 a_- を $i\chi_{\mathrm{ph}}(\boldsymbol{k})\exp(ik_z z)$ と書こう. このとき, 今述べた分散関係は, GL 作用の位相揺らぎの項が長波長で

$$\delta G_{\mathrm{GL}} = \frac{1}{2}\int_{\boldsymbol{k}}\bigg(\frac{\phi_0^2}{16\pi^3\lambda^2(T)}k_z^2 + C_{66}r_B^4 k_\perp^4\bigg)|\chi_{\mathrm{ph}}(\boldsymbol{k})|^2 \tag{6.4}$$

という形であることを意味する. ただし, 第2項の係数はこの GL 近似では

$$C_{66} = \frac{0.476\,(2\kappa^2-1)}{8\pi((2\kappa^2-1)\beta_{\mathrm{A}}+1)^2}(H_{c2}(T)-B)^2 \tag{6.5}$$

という形をとる. また, この第2項は, GL 自由エネルギー汎関数の $|\Delta|$ に関し4次項から生じるため, $\alpha_0^4 \propto (H_{c2}-B)^2$ に比例する.

この表式 (6.4) は，以前に与えた一般化されたロンドン作用 (4.48) と同等であることに気づくであろう．事実，$\delta\boldsymbol{A} = 0$ とした (4.48) 式に対し，その分配関数において $\boldsymbol{s}$ の横成分である $\boldsymbol{s}^T$ について積分してみると，得られる χ_{ph} に関する項は (6.4) 式と同じ形になる．つまり，上記の $k_\perp^4$ 項は渦格子のシアー弾性エネルギー $\sim (\partial_i s_j^T)^2$ を表し，$\hat{z} \times \boldsymbol{\nabla}\chi_{\mathrm{ph}}$ が $\boldsymbol{s}^T/r_B^2$ に相当する．従って，通常の位相揺らぎエネルギーの $k_\perp^2$ 項がないのは，渦格子が自発的に生じる（つまり，渦格子の重心はどこにあってもよい）ために $\boldsymbol{s}^T$ の微分ではなく，$\boldsymbol{s}^T$ 自身の 2 乗項は存在できないことを表現している．一方，$\boldsymbol{s}$ の縦成分 $\boldsymbol{s}^L$ に関する項はゲージ場の揺らぎ $\delta\boldsymbol{A}$ がなければ単に $(\boldsymbol{s}^L)^2$ 項となる（(4.63) 式を参照せよ）．これは，磁束密度の変化が一切なければ，渦間の相互作用は（電荷のないボース多体系を回転して得られる渦格子の場合と同様に）無限レンジであるため，渦格子（固体）は非圧縮固体になることを表現している．理論の用語を使うと，渦格子を LLL 内で作った場合，非圧縮極限の渦格子の圧縮モードに相当する揺らぎは必然的に有限のエネルギーギャップを要するため，よりエネルギーの高い第 2（$N = 1$）LL モードで表現されることになる．そして，この第 2 LL モードが励起して電磁場と結合することで渦糸フロー，つまり渦のスライディングとつながっているのは 4.4 節で触れた通りである．

6.3　渦格子の弾性と位相コヒーレンスの破壊

前節で説明した低エネルギーモードの $k_\perp^4$ という分散関係は，同時にゲージ不変な位相 $\tilde{\chi}_{\mathrm{ph}}$ に関する長距離相関という超伝導・超流動秩序の指標に疑問を投げかけることになる．それを以下では見てみよう．

(5.2) 式に与えられたゲージ不変な位相相関関数を，渦格子相におけるガウス揺らぎの自由エネルギー (4.48) 式 に基づいて調べてみよう．まず，(4.48) に関する分配関数 $Z = \mathrm{Tr}\,\exp(-\beta\delta G_{\mathrm{L}})$ において，ゲージ場 $\delta\boldsymbol{A}$ に関する積分を行う．言い換えれば，マクスウェル方程式

$$\lambda^2 \mathrm{curl}\,\mathrm{curl}\,\delta\boldsymbol{A} = -\frac{\phi_0}{2\pi}(\boldsymbol{\nabla}\chi_{\mathrm{ph}} + \boldsymbol{B} \times \boldsymbol{s}) - \delta\boldsymbol{A} \tag{6.6}$$

の解を (4.48) に代入する．その結果，有効作用は渦格子の弾性エネルギー

$$\delta G_{\mathrm{L}} = \frac{1}{2} \int \frac{d^3\boldsymbol{q}}{(2\pi)^3} \left(C_{44}(\boldsymbol{q}) q_z^2 |\boldsymbol{s}_{\boldsymbol{q}}|^2 + \boldsymbol{q}_\perp^2 [C_{11}(\boldsymbol{q}) |\boldsymbol{s}_{\boldsymbol{q}}^L|^2 + C_{66} |\boldsymbol{s}_{\boldsymbol{q}}^T|^2] \right),$$

$$C_{44}(\boldsymbol{q}) = C_{11}(\boldsymbol{q}) = \frac{B^2}{4\pi} \frac{1}{1 + \lambda^2 q^2} \tag{6.7}$$

に書き直される．磁場に沿った渦糸の曲げ（tilt）弾性定数 C_{44} や圧縮弾性定数 C_{11} は渦間の遮蔽された長距離相互作用を反映した波数依存性を有する．もし，磁束密度の揺らぎを無視できて渦格子が非圧縮固体とみなされるのであれば，渦間の遮蔽のない長距離相互作用（(2.37) 式を参照）を反映して 2 つの弾性定数は q^{-2} に比例する．それを以下で述べる位相揺らぎで書き直せば，(6.7) は (6.4) に帰着する．

一方 (6.6) 式において，その横成分は磁束密度と渦の変位場の縦成分 $\mathbf{s}^L$ とのカップリングを与えるが，その縦成分は変位場の横成分 $\boldsymbol{s}^T$ が 5.1 節で定義したゲージ不変な位相揺らぎ $\tilde{\chi}_{\mathrm{ph}}(\boldsymbol{q})$ と

$$\tilde{\chi}_{\mathrm{ph}}(\boldsymbol{q}) = \mathrm{i} \frac{2\pi}{\phi_0} B \frac{(\boldsymbol{q} \times \boldsymbol{s}_{\boldsymbol{q}}^T)_z}{q^2} \tag{6.8}$$

という形で同一視されることを意味している．従って，相関関数 (5.2) は (6.7) と (6.8) を用いて計算すればよい．(5.2) 式において指数の肩に現れる積分を処理するには，付録の（E.4）の等式を使ってパラメタ積分を導入して波数依存性を指数の肩に載せて，波数積分を先に済ませるのが最も簡単である．一般的な結果は複雑であるが，$C_{66} \ll C_{44}(0)$ を仮定すると簡単化されて，

$$D_{\mathrm{ph}}(\boldsymbol{r}_\perp; 0) = \exp\left(-\frac{|\boldsymbol{r}_\perp|}{l_\perp} \right),$$

$$D_{\mathrm{ph}}(0; z) = \exp\left(-\frac{|z|}{l_\parallel} \right),$$

$$l_\perp \simeq 4\Lambda_T(T) \left(\frac{C_{66}}{C_{44}(0)} \right)^{1/2},$$

$$l_\parallel \simeq 8\Lambda_T(T) \left[\ln\left(\frac{C_{44}(0)}{C_{66}} \right) \right]^{-1} \tag{6.9}$$

となり，ゲージ不変位相の長距離相関は 3 次元渦糸格子相では存在しないことがわかる [76]．しかし，この結果は渦糸格子自体が熱揺らぎによって吹き飛んでしまうことを意味するわけではない．上で見たように，平均場近似解のま

わりの秩序パラメタのガウス揺らぎは渦格子の弾性エネルギーに相当し，δG_{L} の形から渦の位置に関する長距離相関は確かに存在する．

ところが (6.9) 式は，C_{66} が繰り込まれてゼロになっている渦液体状態では位相相関距離は微視的なサイズになることを表しているので，渦液体状態はもはや磁場に沿った方向にさえ超伝導位相コヒーレンスを持たない．つまり，渦液体状態は超伝導相ではないので，$H_{c2}(T)$ は超伝導転移線ではあり得ないことを明白に表している．

一方で，本節で示した渦格子相で位相相関長が有限という結果が現実の系においてどう反映されるのかを指摘するのは容易ではない．後述するように，不純物などに起因する多少の乱れの効果がある現実の超伝導体では，クリーン極限での渦格子は存在せず，現実の系で渦格子相と呼んでいるゼロ電気抵抗を示す磁場下の「超伝導相」はある種の超伝導グラス相となっているため，上記の位相相関よりももっと基本的な時空間相関を乱れの効果が生み出している，と考えられる．実際，低温相が時間方向に乱れがもたらす長距離相関を持ったグラス相になっていることの証拠として，現実の系における低電流下の低温相では，印加磁場に垂直な方向に流した電流による電気抵抗もゼロであって，十分低電流下では，その低温相において有限な渦糸フロー抵抗は見られないのである（図 6.1(b), (c) を参照）．

6.4　渦格子融解転移線

これまでと同様，本節においても議論を簡単にするために，系の乱れの効果は十分弱く，無視できると仮定しよう．前節の内容から，相転移に関わる相関は位相相関ではなく，渦間の位置相関であり，渦状態が固体（格子）相から温度を上げて液体相に変化する渦格子融解が，きれいな極限にある超伝導体が磁場下にあるときの真の超伝導転移であることが明らかになった．

渦格子融解転移については，古典系の固体–液体転移が通常示す結果，モンテカルロシミュレーションの結果（次節を参照），そして銅酸化物高温超伝導体における実験事実などから，この転移はどの磁場領域においても 3 次元系では弱い 1 次転移であると考えられている．現状では相転移を記述する解析的な理論手法で確立したものはないが，3 次元転移温度・磁場だけはいわゆる

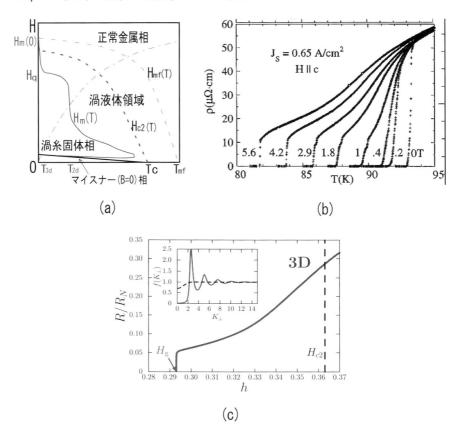

図 6.1 (a) 十分乱れの効果が少なく，異方性が極めて大きい系を想定して描かれた準 2 次元超伝導体の磁場 v.s. 温度相図．$H_{\mathrm{mf}}(T)$（細い点線）は平均場近似での上部臨界磁場，太い点線は高次 LL 揺らぎにより下方にシフトした（実験データに反映されるべき）$H_{c2}(T)$ 線，鎖線は揺らぎが量子的から熱的なものに変わる交差線，H_q は融解線に量子揺らぎが効き始める磁場で，融解現象は $T < T_{3d}$ で 3 次元転移として起こる．(b) 最適ドーピングレベルのイットリウム系銅酸化物超伝導体の良質サンプルが示す磁場下の電気抵抗データの例 [77]．(c) 十分弱い乱れの効果を仮定して理論的に得られた 3 次元での電気抵抗曲線の例（7.4 節を参照）[74]．(c) のインセットの図は，磁場が H_{c2}（黒の点線），H_g（赤の実線）のそれぞれでの構造因子 $f(\boldsymbol{k})$ の振る舞いを表している．

リンデマン評価法

$$\langle \boldsymbol{s}^2 \rangle = c_L^2 \frac{\phi_0}{B} \qquad (6.10)$$

からの結果が近似的に正しい磁場・温度依存性を与えていると考えられている．ここで，右辺の ϕ_0/B は渦間の平均距離の 2 乗であり，定数 c_L（通常，0.1 程度の値をとる）は実験との比較から決める以外にない．ロンドン極限では (4.49) を用いて，磁場を遮蔽する効果を無視して（つまり，$\delta \boldsymbol{A} = 0$ として）得られる 3 次元での転移温度 $T_m(B)$ は $\lambda^2(T_m)/\Lambda_T(T_m) = 0.4 r_B$ という形をとる．この関係式を書き換えれば，

$$\frac{T_{c0} - T_m(B)}{T_{c0}} \simeq 2.5 \left(\frac{\lambda^2(0)}{\xi_{\mathrm{GL}}(0)\,\Lambda_T(T_m)} \right) \left(\frac{B}{H_{c2}(0)} \right)^{1/2} \qquad (6.11)$$

となる．一方，渦格子解を LLL 内で表現できる高磁場域で (6.11) 式に相当する式は，(6.4) と (6.5) 式を用いて

$$\frac{T_{c2}(B) - T_m(B)}{T_{c0}} \simeq 3.5 \left(\frac{\lambda^2(0)}{\xi_{\mathrm{GL}}(0)\,\Lambda_T(T_m)} \frac{B}{H_{c2}(0)} \right)^{2/3} \qquad (6.12)$$

となる．ここで，$T_{c2}(B)$ は $H_{c2}(T)$ を温度で読み替えたもので，低磁場では $T_{c2} = T_{c0}(H_{c2}(0) - B)/H_{c2}(0)$ で与えられる．このように，融解転移線は磁場–温度相図において通常，直線，ないしは上に凸の関数形となる $H_{c2}(T)$ 線とは異なり，下に凸の曲線となる（図 6.2(a) を参照）．上記で仮定したように，系の乱れの効果が弱い系では，今述べた乱れのない系での渦格子融解転移が実験的に見出されてしかるべきであるが，多くの第二種超伝導体では熱揺らぎの効果が弱く，そのため $H_{c2}(T)$ 線と融解線との差異を観測するのは容易ではない．揺らぎの効果の強い銅酸化物高温超伝導体（HTSC）の研究を通して，この磁場下の真の相図が 6.1 節で述べたように意識され，確認するという実験的努力がなされたのである．

2020 年代に入って，$H_{c2}(0)$ と同程度の磁場領域で銅酸化物系と同様な，あるいはそれ以上に強い揺らぎの効果が，鉄系超伝導体 FeSe とその関係物質において見出されている [47, 78, 79]．高磁場下の FeSe は広い渦液体領域を有し，電気抵抗が消失する線である不可逆磁場 $H_{\mathrm{irr}}(T)$ は (6.12) 式が示すスケー

リング挙動 $T_{c2}-T \sim (TB)^{2/3}$ とは全く異なる，磁場–温度相図において上に凸の曲線となった．良質なサンプルの $H_{irr}(T)$ 線は（次章で再度説明するが）クリーンな極限での渦格子融解転移線に相当すると信じられているため，FeSeが持つ強いパウリ常磁性が渦格子融解線を劇的に変えていると思われる．パウリ常磁性対破壊効果を含む渦格子融解線の理論式は，モデル (4.80) のタイプの GL モデルを具体的に導出して，そこから得られる渦格子の弾性エネルギーにリンデマン基準法を適用して得ることができる [80]．その結果が，図 6.2 に示される．比較のために，パウリ常磁性のないときの（下に凸の）融解線も示されている．パウリ常磁性効果と熱揺らぎ効果がともに強い状況では中間温度域から低温までの広い範囲で，文献 [78] での結果と同意するような上に凸の曲線を示すのがわかる．十分低温になると，融解線が H_{c2} 線に接近する傾向が見てとれるが，これは平均場近似での H_{c2} 転移が 1 次転移であることの反映である [50] が，6.3 節の議論からこの平均場近似での 1 次転移が実際に起こるとは考えられない．この点を念頭において，最近の準 2 次元構造を持つFeSe における実験事実を見てみると興味深いことがわかる．層に垂直な磁場下でこの物質が低温かつ高磁場域において，図 4.6(a) にスケッチされた変調超伝導相を有していることが報告された [47] が，そこで $H_{c2}(T)$ 線上での 1 次転移の様相が全く見られないため，平均場近似での理論結果と一見矛盾があるようにみえる．しかし，この系が磁場印加した状況では極めて強い超伝導揺らぎを示す系であることを考慮に入れると，図 6.2(c) に例示したように，平均場近似での 1 次転移の様相が 1 次元的な熱的超伝導揺らぎにより有限温度ではかき消されていることになり，整合性のある形で実験事実の全貌が理解できる [80]．また，層に平行な磁場下の FeSe という，パウリ常磁性効果がさらに強く表れると考えられる状況では，上記の上に凸の不可逆線がさらに明瞭に見られており，その低温かつ高磁場域の隅に新奇超伝導渦糸相が出現していることが実験的に示唆されている [78]．詳細は省略するが，この新奇相は図 4.6(b) に示した第 2 ランダウ準位渦格子であるという可能性が指摘されている [58].

6.5　磁場下の熱的超伝導揺らぎ

前節後半の融解転移に関連する重要な知見は，実質的な磁場下の超伝導転移

6.5 磁場下の熱的超伝導揺らぎ　157

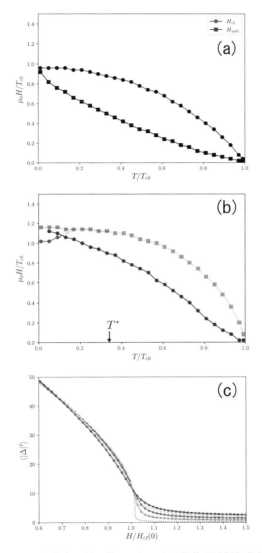

図 6.2　(a) パウリ常磁性を考慮せずに得られた 3 次元渦格子融解転移線．(b) 強いパウリ常磁性を有する場合の融解転移線の例．パウリ常磁性の大きさ以外は，図 (a) においてと同じである．(c) パウリ常磁性と熱的超伝導揺らぎがともに強い系での $\langle |\Delta|^2 \rangle$ v.s. H の温度依存性．量子超伝導揺らぎは無視しているので，熱揺らぎも十分に弱い状況である最低温での曲線（黒い点線）は平均場近似での不連続変化に近い振る舞いを示す [80]．

158 第6章 磁場下の超伝導—クリーン極限

である3次元渦格子融解転移が1次転移であるという点である．従って，ゼロ磁場2次元系でのKT転移のすぐ高温側での状況（(2.47)式を参照）とは異なり，渦間の位置相関を表す相関長が極端に長くなる磁場・温度領域，つまり融解転移に伴う臨界領域，を渦液体領域内において想定する必要はないであろう．しかも，渦液体領域ではC_{66}が繰り込まれてゼロになっており，(6.9)式から位相相関長は微視的なサイズに縮み，おそらく渦間の平均間隔程度という状況である．従って，本節と次節で解説する繰り込まれた超伝導揺らぎの理論[62, 65, 66]は，冷却，あるいは磁場の減少により渦液体が渦固体に凍結する間際の渦液体領域においても適用できると期待できる．

5.6節で示されたように，クリーンな系を想定する限り，電気伝導度への3次元超伝導揺らぎの寄与にはAL項のみを考えれば十分であるため，熱力学量と同様に伝導度もGLモデルから出発して求めれば十分であろう．それでも，$H_{c2}(T)$-線より低磁場側に現れる渦液体領域の現象を説明するには，本章の初めに触れたとおり，超伝導揺らぎの理論をガウス近似を越えて揺らぎ間の相互作用（モード結合）でフルに繰り込まれる形に拡張する必要がある．この手続きの手始めとして，5.7節で触れたハートリー近似を磁場中の状況に適用する所から始める．

出発点はGL作用である．ここでは簡単のために，(5.26)式における量子揺らぎ（$\omega \neq 0$成分）の寄与は落として，熱揺らぎ（$\omega = 0$）の寄与にのみ注目し，パウリ常磁性は無視できるとする．長さを$\xi_{\mathrm{GL}}(0)$でスケールして，$\sqrt{\beta\,[\xi_{\mathrm{GL}}(0)]^D}\Delta \to \Delta$と規格化し直すと，(5.26)式は等方的な3次元（$D = 3$）系では

$$\frac{\mathcal{S}_{\mathrm{GL}}|_{\mathrm{th}}}{\hbar} \equiv \beta\mathcal{H}_{\mathrm{GL}} = \int d^3\boldsymbol{r}\,\Big[\varepsilon_0|\Delta|^2 + |(-i\boldsymbol{\nabla} + h\,x\,\hat{y})\Delta|^2$$
$$+\pi\sqrt{\mathrm{Gi}_3(\beta)}(\rho^\Delta(\boldsymbol{r}))^2\Big], \tag{6.13}$$

ただし，$\rho^\Delta = |\Delta|^2$である．ここで，6.3節でゼロ磁場下の状況で考察した電磁場の揺らぎ$\delta\boldsymbol{A}$を落としてある．ゼロ磁場相転移の場合と比べて，有限な印加磁場の下にある状況では$\delta\boldsymbol{A}$の効果は相対的に弱いと仮定するのは問題はない．ただし，H_{c1}線付近を考える際はこの限りではない．

以下，ランダウ準位（LL）の固有関数$u_{n,p}(\boldsymbol{r})$と磁場方向の平面波という完

全系で秩序パラメタ $\Delta(\boldsymbol{r})$ を展開する:

$$\Delta(\boldsymbol{r}) = \frac{1}{\sqrt{L_z}} \sum_{n,p,q} \varphi_{n,K} e^{iqz} u_{n,p}(x,y). \tag{6.14}$$

ここで便宜上, 波数のセット (p,q) をまとめて K と表す記法を導入した. この Δ の表式を (6.13) 式に代入して座標積分を実行して (6.13) 式を書き直す. ここで, L_z は $\xi_{\mathrm{GL}}(0)$ でスケールされた z 方向の系のサイズ, q は磁場方向の「自由粒子」としての波数, p は各 LL 内の縮退をカウントするパラメタで, そのとりうる数は (4.5) 式で与えられた磁場誘起渦の数 $N_v = BS/\phi_0$ に他ならない. ここで, S は系の面積である. ただ, 多くの LL を考慮するのは大変であり, $H_{c2}(T)$ 線の決定や渦格子解の形成でそうであったように, パウリ常磁性が無視できる限り最低ランダウ準位 LLL のモードが主要な役割を果たす. そこで, 得られた (6.13) 式を LLL の揺らぎ $\varphi_{0,K} \equiv \varphi_K$ に限って書き直すと

$$\beta\mathcal{H}_{\mathrm{GL}}|_{\mathrm{LLL}} = \sum_{p,q} (\varepsilon_0 + h + q^2)|\varphi_K|^2 + \frac{g_3(h,\beta)}{2L_z N_v} \sum_{\boldsymbol{k}} |\rho_{\boldsymbol{k}}^{\Delta}|^2 \tag{6.15}$$

となる.

$$h = \frac{2\pi}{\phi_0} [\xi_{\mathrm{GL}}(0)]^2 B,$$

$$\varepsilon_0 + h \simeq \frac{T - T_{c2}(B)}{T_{c0}},$$

$$g_3(h,\beta) = h\sqrt{\mathrm{Gi}_3(\beta)},$$

$$\rho_{\boldsymbol{k}}^{\Delta} = \sum_{p,q} \exp\left(-\frac{\boldsymbol{k}_{\perp}^2}{4h} + \mathrm{i}\frac{k_x}{h}p\right) \varphi_{K_-}^* \varphi_{K_+} \tag{6.16}$$

である. ここで, $K_{\pm} = (p \pm k_y/2, q \pm k_z/2)$ とまとめて書いた. 対応する秩序パラメタは LLL 内で表されるので, (4.35) 式に関連して説明したように反渦は含まず, 磁場誘起渦のみを伴っている.

　ここで, 高次 LL モードを無視したことの意味に触れておこう. まず, 4.3 節で触れたように, LLL 解では表現できない熱的揺らぎとして生じる (2 次元系でいえば) 渦対, つまり反渦を含む励起が高次 LL モードによって表現されることから, LLL 近似は極端に強い揺らぎの効果を表現したい場合には不十

分であろう.

　高次 LL の揺らぎが無視できる温度, 磁場領域は次の考察で評価できる：LLL 揺らぎの繰り込みを摂動論的に実行することにより [62, 65], 3 次元での熱的揺らぎのエネルギースケールが $(g_3(h, \beta))^{2/3}$ であることがわかる. 実際, (6.12) 式の右辺にも現れているように, このエネルギースケールは LLL 揺らぎによる渦格子融解線をも決めていた. これが LL 間のギャップ $2h$ より十分小さく, $h \gg (g_3)^{2/3}$ であることが, LLL 近似が適用できるための条件と考えればいいであろう. 同様に, 2 次元系での対応する条件は $h \gg (\mathrm{Gi}_2(\beta)h)^{1/2}$ となる. 要約すれば, D 次元系において, LLL が適用できる高磁場領域は高次 LL モードが無視できない領域と交差磁場

$$B \sim \mathrm{Gi}_D(\beta) H_{c2}(0) \tag{6.17}$$

で隔てられていると考えてよい. 銅酸化物高温超伝導物質の場合, その渦格子融解や渦液体領域の研究の多くが数テスラ以下の磁場域で行われており, それが交差磁場 $H_{c2}(0)\mathrm{Gi}_3$ かそれ以下の磁場域に相当していたため, その渦状態への熱揺らぎの効果を位相のみのモデルを用いて議論するアプローチが用いられることが多かった [71, 87].

　また, エネルギーの高い高次 LL は, ゼロ磁場下で ε_0 を $\tilde{\varepsilon}_0$ にシフトする寄与, すなわち平均場近似での転移線 $H_{c2}(T)$ を下方にシフトする効果をつかさどるはずである. 従って, LLL 近似は揺らぎによる $H_{c2}(T)$ 線のシフトを無視する近似に相当する. また, $\rho_{\vec{k}}^{\hat{a}}$ が運ぶ $|\vec{k}_\perp|$ が大きい揺らぎ, 言い換えれば渦状態の短距離での構造の記述にとっても, ここで無視した高次 LL が重要になってくる. それでも, パウリ常磁性が無視できる範囲内であれば, 渦状態のグローバルな相図を理解する目的には LLL 近似は十分, かつ有益な取り扱いといえる.

　次に, LLL 揺らぎの性質を具体的に述べていく. まず, (6.15) 式において $\varphi^* \varphi$ 項の係数が q のみによることは重大である. 磁場に垂直方向のゲージ共変微分項は LLL の "ゼロ点振動" エネルギー h のみにつながり, 縮退パラメタ p はもちろん固有エネルギーには表れない. つまり, 通常の 2 次転移において転移温度に接近するとともに増大する超伝導揺らぎの相関長に相当する特徴的な長さは, 磁場に垂直方向には存在しないのである. 超伝導揺らぎが磁場

6.5 磁場下の熱的超伝導揺らぎ　**161**

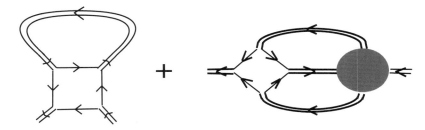

図 6.3 揺らぎ伝播関数の自己エネルギー部分．ここで，内線（二重線）は最もエネルギーの低い LLL モードの "繰り込まれた" 伝播関数を表す．

により LL に量子化されたことは，H_{c2} 線近くでの超伝導揺らぎの次元性が 2 だけ低下すること，3 次元系なら 1 次元的揺らぎとなること [61, 62]，を意味し，従って磁場により超伝導揺らぎの特性が質的に変更されたことを意味する．この超伝導揺らぎの磁場による「次元低下」により，平均場近似で得られた $H_{c2}(T)$ 線での超伝導転移は 2 次元系だけでなく 3 次元系においても，実際には存在せず，その低磁場側に正常相と連続的につながる渦液体領域をもたらしている．これは，前節の渦格子における位相長距離相関の欠如に基づく知見 [76] とまさにコンシステントである．

上述の内容は，無秩序相側からの理論手法を念頭にすると，次のように述べてもよかろう：超伝導揺らぎに基づいた見方では，下部臨界次元が 2 ではなく，4 であり，そのため 3 次元系の相図を調べるのに上部臨界次元近くで通常適用される繰り込み群計算を直接適用することはできないが，付録 H で紹介するパルケダイアグラムの方法は適用できると考えられる．そして，上記の次元低下の結果，熱的な超伝導揺らぎにとっての臨界点は低温極限にあり，その意味で渦液体領域は臨界領域での現象であり，渦格子融解転移は 5.3 節で述べたような揺らぎが誘起する 1 次転移の一種である [63] ということができよう．

相図を理論的に調査する目的で，付録 H で紹介する方法を直接実行するのは大変であるが，クロスオーバー線 $H_{c2}(T)$ の低温側の渦液体領域における低次元的な超伝導揺らぎを見るという目的では，5.7 節で触れたハートリー近似を用いるのが便利である．図 6.3 のダイアグラムは，φ_K で表された 1 "粒子" 状態への "粒子" 間相互作用による繰り込みの効果を表しているが，ハートリー近似では単に図 6.3 の左のダイアグラムだけを考慮する．具体的に，LLL

162 第6章 磁場下の超伝導—クリーン極限

の揺らぎは1次元的な相関関数

$$\langle \varphi_K \varphi_{K'}^* \rangle = \delta_{p,p'} \delta_{q,q'} \frac{1}{\mu_R + q^2} \tag{6.18}$$

の形をとる．μ_R は，秩序パラメタの振幅の大きさと磁場に沿った方向の超伝導位相相関長のサイズを同時に測る役割を持っており，自己無撞着に

$$\mu_R = \varepsilon_0 + h + \frac{2\pi}{h} g_3 \langle |\Delta|^2 \rangle$$
$$= \varepsilon_0 + h + \frac{g_3(\beta)}{2\sqrt{\mu_R}} \tag{6.19}$$

を満たすことがわかる．これは解析的には解けないが，μ_R が低温側においても常に正のままであることは明らかであろう．従って，磁場に沿った方向にさえ，超伝導位相相関が冷却とともに成長はするが，発散的に増大する兆候は認められない．以前には，磁場方向の相関長についてはロンドンモデルを拡張した描像により，上記とは全く異なる意見も出されていた [68] が，この GL モデルに基づいた結論が現在では正しいと認められているようである．

ハートリー近似の妥当性を見るには，2次元での LLL 揺らぎの "質量" パラメタ μ_{0R} が満たす性質をより一般的にあわせて見ておくと便利である．2次元の場合，$\mu_R = [\langle |\varphi_K|^2 \rangle]^{-1}$ は単に秩序パラメタの振幅の大きさを測るパラメタであるが，3次元の (6.19) 式の代わりに次の繰り込みの式

$$\mu_R = \varepsilon_0 + h + \Sigma_{\mathrm{H},0} + \Sigma',$$
$$x_2 = \Sigma_{\mathrm{H},0}/\mu_R = \frac{h \mathrm{Gi}_2(\beta)}{\mu_R^2},$$
$$\Sigma' = \mu_R \frac{x_2}{N_v} \sum_{\boldsymbol{k}} e^{-\frac{k^2}{2h}} f(\boldsymbol{k}),$$
$$f(\boldsymbol{k}) = 1 - 2x_2 P(\boldsymbol{k}) \tag{6.20}$$

を満たす．ここで，$P(\boldsymbol{k})$ は繰り込まれた4点バーテックス関数である．詳細については，付録 H のパルケ近似を参照してほしい．この $f(\boldsymbol{k})$ を用いて，第4章で導入したアブリコソフ因子が

$$\beta_A = 1 + \frac{1}{N_v} \sum_{\boldsymbol{k}} e^{-\boldsymbol{k}^2/2h} f(\boldsymbol{k}) \tag{6.21}$$

と表されるので,$f(\boldsymbol{k})$ は渦液体での渦の位置相関を表している.一方,$\Sigma' = \mu_R x_2 (\beta_A - 1)$ を無視するハートリー近似では,(6.20) 式は容易に

$$\mu_R = \frac{2h\mathrm{Gi}_2}{-(\varepsilon_0 + h) + \sqrt{(\varepsilon_0 + h)^2 + 4h\mathrm{Gi}_2}} \tag{6.22}$$

と解くことができる.

　系の次元 D が 2, 3 のときは上で見たように,超伝導揺らぎは H_{c2} 線を相転移線とした平均場近似での描像を根本的に変えてしまう.これは,仮想的な $D = 4$ の場合においても正しい.また,仮想的な $4 < D < 6$ 次元の理論モデルについては,繰り込み群の解析により平均場近似の 2 次転移のわずか高温側で 5.3 節に紹介したような揺らぎが誘起する 1 次転移で渦格子相に達するという推測がなされている [63].後節で紹介するように,超伝導秩序パラメタが散逸ダイナミクスを有する 3 次元系での渦格子への磁場誘起量子相転移はこの $D = 5$ の場合に相当するため,上記の仮想的高次元での理論結果はそこで有用になる.

　次に,実際の 3 次元系での渦格子形成の超伝導揺らぎによる記述に話を進めよう.前節の低温側の渦格子相における弾性揺らぎに基づいた考察から,3 次元での渦格子(固体)の形成という描像が熱揺らぎを含めることで根本から覆ることはない.そして,期待される渦液体–固体転移を特徴づける秩序パラメタは超伝導秩序パラメタではなく,むしろ密度 $\rho_{\boldsymbol{k}}^\Delta$ ($\boldsymbol{k} \neq 0$) である.対応する相関関数は

$$D_{\mathrm{tr}}(\boldsymbol{r}) = \langle \rho^\Delta(\boldsymbol{r}) \rho^\Delta(0) \rangle \tag{6.23}$$

である.これは平均場近似において GL 自由エネルギーの 4 次項を通して (4.30) 式から安定な格子構造が決定されたことと符合する.この相関は渦格子相においては弾性論に従って,渦の座標の変位場 $\boldsymbol{s}$ の 2 体相関に帰着する.一方,この量 (6.23) のフーリエ変換が $f(\boldsymbol{k})$ になっていること,つまり $f(\boldsymbol{k})$ が構造因子にあたることもわかる.従って,(6.20) 式の Σ' は渦固体の形成(凍結)の "質量" μ_{0R} の繰り込みへの寄与を表しているが,それは μ_{0R} を劇

164 第6章 磁場下の超伝導—クリーン極限

的に変える寄与ではないこと，つまりその意味でハートリー近似がもっともらしい近似になっていることがわかる．ところが，次章で見るように，$f(\boldsymbol{k})$ は乱れを含む系の電気抵抗に劇的な変化を与えることになる．

次に，クリーン極限の系の渦液体領域における磁場に垂直な電流下での電気伝導度 $\sigma_{ij}^{(s)}$（$i, j = x$ あるいは y）の振る舞いを，揺らぎ伝導度の久保公式 (5.35) に基づいて説明する．磁場が十分強いとしてこの $\sigma_{ij}^{(s)}$ を得るには，ゼロ磁場下の (5.35) 式に現れる運動量バーテックス（(5.42) 式の k_i, k_j）をそれぞれ r_B^{-1} で置き換え，k_x と k_y に関する和を LL 準位内の縮退度を表す波数 p についての和で置き換えればよいことがわかる．具体的には，

$$R_Q(\sigma_{xx}^{(s)} + i\sigma_{xy}^{(s)}) = \frac{4\,h^2}{\beta\,\Omega} \sum_\omega L_z^{-1} \sum_{k_z} \mathcal{D}(k_z;\omega)(\mathcal{D}_1(k_z;\omega) - \mathcal{D}_1(k_z;\omega + \Omega))|_{\Omega \to +0}$$

(6.24)

と書かれる．ここで，$\mathcal{D}_n(k_z;\omega) = (\gamma|\omega| + i\gamma'\omega + \mu_{n,R} + k_z^2)^{-1}$（$n \geq 1$）は高次 LL の繰り込まれた超伝導揺らぎ伝播関数，LLL の対応する伝播関数 $\mathcal{D}_0$ はこの後簡単のために $\mathcal{D}$ と表す．また，$\mu_{0,R} \equiv \mu_R$ であり，波数 p がとりうる数が (4.5) 式の N_v であることを使った．また，(6.19), (6.20) 式においてと同じハートリー近似では，n-th LL の"質量" $\varepsilon_0 + (2n+1)h$ が最も低エネルギーの LLL 揺らぎによって繰り込まれたときの値 $\mu_{n,R}$ は単に $\mu_R + 2nh$ となること [66] を，以下では説明せずに用いることにする．

熱揺らぎによる寄与のみに着目すれば，(5.44) 式で行われた解析を繰り返し，$H_{c2}(T)$ 線より低磁場・低温域では (6.24) 式は (6.19)，あるいは (6.20) 式を用いて単に

$$R_Q\xi_{\mathrm{GL}}(0)\sigma_{xx}^{(s)} = \frac{\gamma}{2\hbar\beta\sqrt{\mu_R}} \simeq \frac{\gamma k_{\mathrm{B}}T}{\hbar\sqrt{\mathrm{Gi}_3(\beta)}} \frac{H_{c2}(T) - B}{B},$$

$$\frac{\sigma_{xy}^{(s)}}{\sigma_{xx}^{(s)}} = \frac{\gamma'}{\gamma}$$

(6.25)

となる．ただし，$\sigma_{xx}^{(s)}$ 式の第 2 の等号を得る際に，(6.19)，あるいは (6.20) 式に基づいて $H_{c2}(T)$ 以下で正しい μ_R の近似式を用いた．(6.25) の上の式は，(3.57) 式を使って書き直した (4.61) 式と同じ形をしており，その下の式は平均場近似での結果 (4.72) とほぼ同じである．つまり，磁場に垂直な電流によ

6.5 磁場下の熱的超伝導揺らぎ **165**

る超伝導揺らぎ伝導度は $H_{c2}(T)$ より低温側まで冷却された渦液体領域内においては，渦糸フロー伝導度の結果に連続的に近づくことになる．厳密には，渦格子融解という 1 次転移の結果，超伝導秩序パラメタの大きさ $\langle|\Delta_0|^2\rangle$ の，従って $\sigma_{xx}^{(s)}$ のわずかな不連続変化が融解転移で起きるものの，渦格子相においても $\sigma_{xx}^{(s)}$ と $\sigma_{xy}^{(s)}$ は渦液体奥深くでの値とほぼ同じ有限値となる．しかし，これは渦格子をピン止めする系の乱れや不均一性などが全くない場合の理想的な状況での話である．次章で紹介するように，現実の系に含まれるわずかな乱れが渦格子相でのこの描像を劇的に変えてしまう．そこで明らかになるように，現実の系にみられる磁場下の超伝導相を理解するには渦のピン止め効果を考慮することが不可欠になる．

4.4 節で，平均場近似の渦格子相では磁場方向の電流に対する電気抵抗はゼロであり，6.3 節で渦液体では位相相関距離が有限であることから磁場方向の電流に対する電気抵抗率 $\rho_{zz} = 1/\sigma_{zz}$ も正の値をとることを述べた．ここで，上記の磁場に垂直な電流下での伝導度 $\sigma_{xx}^{(s)}$ の式と同様な形で，磁場方向の電流に対する伝導度の超伝導成分，つまり揺らぎ伝導度の AL 項 $\sigma_{zz}^{(s)}$ の式を与えておこう．ハートリー近似とコンシステントな形で，(6.24) 式に相当する σ_{zz} の超伝導成分 $\sigma_{zz}^{(s)}$ を表す式は [66]，

$$R_Q \sigma_{zz}^{(s)} = \frac{4\,h}{\beta\,\Omega} \sum_\omega L_z^{-1} \sum_{k_z} k_z^2 \xi_0^2\, \mathcal{D}(k_z;\omega)\big(\,\mathcal{D}(k_z;\omega) - \mathcal{D}(k_z;\omega+\Omega)\,\big)|_{\Omega\to+0}$$

(6.26)

となる．そして，$H_{c2}(T)$ 線より低温側で渦液体領域深くにおいて成り立つ $\sigma_{xx}^{(s)}$ の近似式 (6.25) に相当して，

$$\sigma_{zz}^{(s)} = \frac{\gamma}{8R_Q\xi_0\hbar\beta}\,\frac{h}{\mu_{0,R}^{3/2}} \simeq \sigma_{xx}^{(s)}\left[\frac{r_B\,\Lambda_T(T)}{[\lambda(T)]^2}\left(1 - \frac{B}{H_{c2}(T)}\right)\right]^2$$

(6.27)

となる．この最後の $\sigma_{zz}^{(s)}$ と $\sigma_{xx}^{(s)}$ を結びつける式は，ロンドン近似に基づいた方法でも導出されている [81][4]．また，この伝導度は LLL 揺らぎに特徴的なスケーリング則

---

[4] この文献のように準 2 次元系の面間方向を z 方向とするときは，コヒーレンス長の異方性 $\Gamma (> 1)$ の逆 2 乗，Γ^{-2}，を (6.26) 式と (6.27) 式に乗じる必要がある．

166 第 6 章 磁場下の超伝導—クリーン極限

$$\sigma_{zz}^{(s)} \propto \frac{(T_{c2}(B) - T)^3}{T^2 B^2} \tag{6.28}$$

に従うことにも着目してほしい．実際，同じスケーリング則が渦格子融解線の公式 (6.12) にも表れている．

　この節を終える前に，渦状態のイメージを明瞭にするために，超伝導薄膜を表す 2 次元 GL ハミルトニアンから得られる融解転移に関する古典モンテカルロシミュレーションの結果を示しておく [82]．最低 LL のみを考慮する場合，対応する 2 次元 GL モデルは (6.15) 式において，$q, k_z \to 0$，$L_z \to s$（膜の厚さ），$g_3 \to g_2 = \mathrm{Gi}_2(\beta) h$，という置き換えにより与えられる．GL モデルは連続空間でグラディエント展開した形をしているため，できるだけ多くの高次 LL を取り入れようとすると技術的な困難が生じる．ここでは，例として LL インデックス n が 6 以下の 7 個の LL をフルに取り入れた計算結果 [82] を示す（図 6.4 参照）．先述のように，高次 LL を含めた結果，高温側で反渦の出現が見られる．スナップショットで見ると，渦や反渦どうしのオーバーラップが昇温とともに顕著になり，ゼロ磁場超伝導揺らぎの描像に近づくことが推察される．また，逆に温度を下げると渦格子への 1 次転移が見出される．ただし，高次 LL を考慮するとこの 1 次転移での内部エネルギーの跳びは非常に小さくなり，転移温度は劇的に下げられることがわかる．しかし，この 1 次転移がパラメタ値などを変えることによって 2 つの連続転移 [7] に分離するというシナリオ（付録 G の末尾を参照）に帰着する，といった相図が実現するのかは理論的には確認できていない．

6.6　低温・高磁場下での超伝導揺らぎ

　前節では，低温かつ高磁場域で固有な超伝導揺らぎ現象に触れなかった．そういった現象の中で多くの系で見られるのが，量子揺らぎの効果である．一般に，有限温度での超伝導揺らぎは熱的揺らぎと量子揺らぎの両方を含んでおり，それぞれ松原振動数 ω がゼロ，ノンゼロの成分に相当する（5.4 節の $\mathcal{S}_{\mathrm{GL}}$ を参照）が，有限温度での 2 次転移（あるいは，もっと一般的に連続転移）の近傍では最もエネルギーの低い $\omega = 0$ の熱揺らぎがその臨界現象を決める．ところが，一様磁場下での冷却による超伝導秩序化においては，次章で

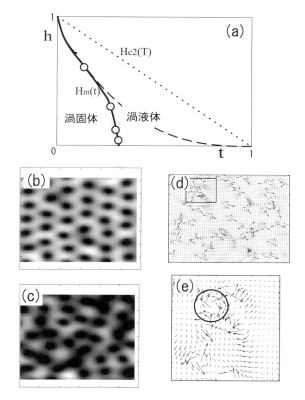

図 6.4 2 次元 GL モデルにおける古典モンテカルロシミュレーションの $h = 0.1$ でのデータと得られた磁場・温度相図 (a) [82]. (a) 図において, $h = H/H_{c2}(0)$, $t = T/T_{c0}$ である. (b), (c) はそれぞれ, $t = 0.3$ (融解点直上) と $t = 0.5$ での実空間 2 次元面での $|\Delta|$ のスナップショット. (d) は $t = 0.6$ でのゲージ不変位相勾配 $\nabla\varphi + 2\pi \bm{A}/\phi_0$ の空間分布で, 図の左上部分にゲージ不変位相勾配が時計まわりに回っている反渦の存在が確認される. (e) は反渦部分の拡大図. この計算では, $t < 0.6$ で反渦, つまり熱的渦対励起の存在が確認されなかった.

説明される系の乱れによる渦糸グラス転移以外には2次転移は起こり得ないと期待されるため, 渦液体領域での現象において量子揺らぎの寄与が無視できるという根拠はない. 事実, 秩序パラメタの量子揺らぎ成分がもたらす固有な輸送現象は見られている.

量子揺らぎの効果は作用 $\mathcal{S}_{\mathrm{GL}}$ を求めることで評価できる. 具体的には, 対

象とする系が乱れた系か，クリーン極限にあるか，で状況が大きく異なることに注意する必要がある．クリーン極限の場合，低温かつ $H_{c2}(T)$ 線近くでパウリ常磁性効果に起因する現象が起こる可能性に注意する必要がある．しばらくの間，3.11 節で用いられた不純物散乱を含む電子モデルに基づいて得られる，乱れた系を対象とした場合に書き換えられた $\mathcal{S}_{\mathrm{GL}}$[84] に基づいて議論を進める．

説明を簡単にするために，ここでは s 波の超伝導物質の薄膜，つまり 2 次元系に限ることとする．秩序パラメタ Δ が LLL に属するとすれば，この作用を構成する項の係数は次のようになる：

$$b = \frac{-1}{(4\pi k_{\mathrm{B}}T)^2} \psi^{(2)} \left(\frac{1}{2} + x(B,T) \right),$$

$$\gamma = \frac{\hbar}{4\pi k_{\mathrm{B}}T} \psi^{(1)} \left(\frac{1}{2} + x(B,T) \right),$$

$$x(B,T) = \frac{\hbar v_{\mathrm{F}}^2 \tau}{4 k_{\mathrm{B}}T} \frac{B}{\phi_0}. \tag{6.29}$$

上記の 2 つの係数は 3.11 節で説明したアンダーソンの定理を反映して，$B \to 0$ の極限では不純物散乱（乱れ）の強度である τ^{-1} に一切依存しないことに注意しよう．一方，磁場中（$B \neq 0$）では上記 2 つの係数は乱れの強さに依存するが，常に正の値をとる．$T \to 0$ 極限においても $b > 0$ であることから，4.6 節で触れた内容とは対照的に，乱れた系では $H_{c2}(T)$ 上の平均場近似での超伝導転移が 1 次転移になることはない．また，説明は略すが，FFLO 状態や高次 LL 状態が出現する状況も期待できない．FFLO 状態や高次 LL 渦糸格子は十分クリーンな系でなければ実現が期待できない．

まず，磁場–温度相図の中で量子超伝導揺らぎが重要となる領域を決める方法を紹介しよう．高磁場では，上で述べたように，高次 LL 揺らぎが生じることはないので，LLL における量子揺らぎのみを考える．その場合，(5.26) 式において，ダイナミカル項 $\gamma|\omega|$ と，異なる LL の熱揺らぎの間のエネルギー幅 $2h$ とが類似な形で現れていることに着目すると，LLL 近似適用の際に高次 LL が無視できる条件を求めたのと同様に，LLL に属する秩序パラメタの揺らぎにおいて量子揺らぎが重要になり始める温度，磁場領域が，2 次元系の場合，$(\mathrm{Gi}_2 h)^{1/2}$ と $\gamma k_{\mathrm{B}}T/\hbar$ との比較により評価できると考えてよかろう．つま

り，D 次元系に拡張して，

$$T \sim \frac{\hbar}{\gamma k_{\mathrm{B}}} \mathrm{Gi}_D(\beta_c) \left[\frac{\hbar}{\gamma k_{\mathrm{B}} T_{c0}} \frac{B}{H_{c2}(0)} \right]^{2/(4-D)} \tag{6.30}$$

が，磁場–温度相図において量子揺らぎが支配する領域と熱的揺らぎの領域との間の交差線（図 6.1(a) の鎖線）を表す式となる．ここで，$\beta_c = 1/(k_{\mathrm{B}} T_{c0})$ である．一般的な傾向として，磁場の増大とともに渦が増えるので，超伝導は弱くなり，そのため量子揺らぎ効果は高磁場になるほどより広い温度で無視できなくなる．上の式は，確かにその傾向を表している．ただし，この交差線は渦液体領域においてのみ意味を持つ特徴的な線であることを注意しておく．

次に，渦格子融解線への量子揺らぎの効果について簡潔に触れよう．一般に，量子揺らぎを無視する限り，熱的揺らぎの効果は $T \to 0$ 極限で消失するので，量子揺らぎを無視して得られた渦格子融解転移線は $T \to 0$ 極限で平均場近似での $H_{c2}(0)$ に帰着する（図 6.4(a) を参照）．従って，量子揺らぎにより低温極限での融解転移磁場 $H_m(T)$ は一般に減少する．しかし，$T \to 0$ で帰着する値 $H_m(0)$ の詳細は 2 次元（超伝導薄膜）か，3 次元（バルクの超伝導体）かによって大きく異なる．実際，作用 (5.26) において，第 5 章の最後に触れたように動的臨界指数 z が 2 であることから，$T \to 0$ 極限での D 次元系の量子超伝導揺らぎは，$T \to 0$ 極限では，$D+2$ 次元系での LLL 内の熱的超伝導揺らぎと等価である．従って，$T = 0$ のバルクの超伝導体（$D=3$）では文献 [63] で行われた繰り込み群の結果が適用でき，1 次転移で渦格子相に凍結転移すると予言される．その $H_m(0)$ は図 6.1(a) にあるように，$H_{\mathrm{mf}}(0)$（平均場近似での $H_{c2}(0)$ 線である細い点線の $T = 0$ での値）と $H_{c2}(0)$（図 6.1(a) の太い点線の $T = 0$ での値）の間の値をとるはずである．一方，$T = 0$ の 2 次元系（超伝導薄膜）では渦格子融解磁場は上記の $H_{c2}(0)$ より下にあると予言される．図 6.5(a) には相図 6.1(a) と関係した電気抵抗曲線の計算例が示されている．なお，その説明には乱れの効果の理解が必要となるため，第 7 章で行われよう．

第 4 章で平均場近似について説明する中で，パウリ常磁性の役割についてコメントした．この節を終える前に，対象を (6.29) 式がもはや適用できないクリーン極限の物質に限定し，これまで無視してきた磁場下の超伝導揺らぎ

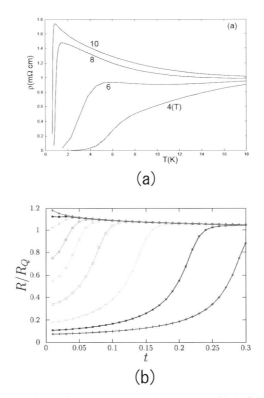

図 6.5 パウリ常磁性が無視できるが，量子揺らぎの強い第二種超伝導体での計算で得られた磁場中電気抵抗曲線．(a) 準2次元系で量子揺らぎが強い状況での電気抵抗曲線の例 [84]．(b) 2次元での電気抵抗の温度変化の磁場依存性 [83] で，渦のピニング効果につながる系の乱れは考慮されていない．下の3つの曲線以外は図 6.1(a) の H_q より高磁場での曲線に相当する．強い量子揺らぎを反映して，抵抗が正常金属相での値から明確に減少し始める温度はどの磁場においても，$T_{c2}(H)$ よりははるか低温に位置する．このように，量子揺らぎが強い系では抵抗曲線から $H_{c2}(T)$ の値を正しく評価するのは困難である．

へのパウリ常磁性効果について最後に目を向けておきたい．第4章で説明したように，平均場近似におけるパウリ常磁性効果の際立った2つの結果が，H_{c2}-転移が1次転移となること，FFLO状態という新たな空間変調が渦糸格子へ与える影響である．上記の通り，超伝導揺らぎにより平均場近似における $H_{c2}(T)$ 上の2次転移は単なるクロスオーバーになる．この，揺らぎにより平均場理論での相図が変更を受ける，という内容は，渦格子が融ければ正常金属

6.6 低温・高磁場下での超伝導揺らぎ

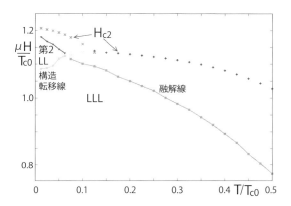

図 6.6 パウリ常磁性と熱的超伝導揺らぎがともに強い系の磁場・温度相図の典型例.ただし,低温・高磁場域のみを描いている.

相なので(6.3 節を参照),平均場近似における 2 次転移という H_{c2}-転移がパウリ常磁性効果により不連続転移に変わった状況(4.7 節参照)においても変わらない [50].実際,図 6.2(c) に示すように,パウリ常磁性が強く,かつ揺らぎの強い系では平均場近似での H_{c2}-1 次転移の名残は見えなくなる.

そして,パウリ常磁性が誘起する FFLO 超伝導(渦糸)相が起こる可能性についても,揺らぎの強い系では同様の注意が必要である.実際,図 4.6 に示された FFLO 渦糸相は通常,高磁場・低温域に限られるので,揺らぎの効果とパウリ常磁性効果とがともに強い超伝導体では揺らぎが誘起した渦液体領域(つまり,正常金属相)の中にこれらの空間変調相の平均場近似における出現磁場領域が含まれることも起こりうる.その場合,FFLO 超伝導相が実際に発現しうる磁場領域が狭められることになる [50].

図 4.6 に示した変調相の前兆である超伝導揺らぎに伴う現象にも特徴がある.実際,図 4.6(b) の第 2 ($n=1$) LL 状態における秩序パラメタの揺らぎから生じる電気伝導度の DOS 項,MT 項の和はパウリ常磁性効果により十分に相殺されずに,伝導度への負の寄与をもたらす.この超伝導揺らぎによる負の磁気抵抗現象(磁場の減少に伴う抵抗の増大)は,図 6.7 にあるように面に平行磁場下の準 2 次元鉄系超伝導体 FeSe で実際観測された.この負の磁気抵抗の観測が理由となって,そこで発現した高磁場・低温超伝導相を第 2 LL 渦固体と解釈するに至っている [58].

172 第 6 章 磁場下の超伝導—クリーン極限

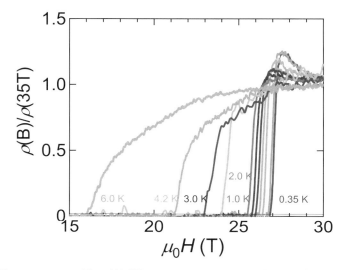

図 6.7 鉄セレン FeSe の層に平行磁場下におけるいくつかの温度での電気抵抗 v.s. 磁場曲線 [78]. 横軸は磁場で, 降温とともに抵抗曲線のブロードニングは熱揺らぎの減退を反映して失われていくが, 量子揺らぎの増強を反映して抵抗が上昇する振る舞いが見える.

これに関連して, 量子揺らぎの効果へのパウリ常磁性の影響にも言及しておく. 量子超伝導揺らぎの強さは GL 作用 (5.26) の散逸係数の逆数 $1/\gamma$ によって測られると見てよい. クリーン極限でパウリ常磁性が無視できない状況では, 低温極限において, (6.29) 式の γ は LL に依存した散逸係数

$$\gamma_n = \sqrt{\pi}\frac{r_B}{v_F}\exp\left(-4\left(\frac{r_B\mu_B B}{v_F}\right)^2\right)\left[1+\delta_{n,1}\left(8\left(\frac{r_B\mu_B B}{v_F}\right)^2-1\right)\right] \quad (6.31)$$

によって置き換えられる [58]. ここで, $n = (0, 1)$ は LL インデックスである. つまり, 低温でパウリ常磁性が強まるとともに量子揺らぎは増強されると期待される. 図 6.7 には上記の負の磁気抵抗現象に加えて, 絶対零度に近づくとともに電気抵抗が上昇しているのが見える. これは, 第 5 章でも説明した揺らぎ伝導度の AL 項が, 上記のパウリ常磁性による量子揺らぎの増強により, 減少していることを示したものと思われる.

第7章 磁場下の超伝導—乱れの効果

7.1 乱れによる渦格子秩序の破壊

第2章，3章で説明したように，乱れが誘起する超伝導秩序パラメタの空間不均一性を無視できると暗に仮定する場合，超伝導相の記述に実質的な変更は起こらなかった．3.10 節で紹介したように，ゼロ磁場下の超伝導の場合，乱れが誘起する秩序パラメタの不均一性を考慮する必要が生じるのは，乱れが十分強い状況であった．ところが，超伝導秩序パラメタが空間的に一様でない渦糸状態が実現する磁場下の状況では，十分に弱い系の乱れの効果も定性的に無視できなくなる．これを見るために，乱れが誘起する T_c の不均一性による渦格子の変位にどのような変化をもたらすのかを GL 作用においてランダウ準位表示で調べてみよう．

対象となるのは，第2章においてと同様，

$$\delta\mathcal{H}_{\mathrm{GL}} = -\int d^D r\, U(r)|\Delta(r)|^2 \tag{7.1}$$

という振幅の自由度に影響する乱れである．ここで，ポテンシャル $U(r)$ は T_{c0} のランダムな空間変化と見ることができる．明らかにゼロ磁場下では，乱れの効果は Δ の振幅が小さい転移点近くでのみ問題となるが，磁場下では先述の通り，振幅と位相は厳密には分離できないために事情が異なる．これを具体的に見るために，再び秩序パラメタを $\Delta = \Delta_0 + \delta\Delta$ と表す．ただし，$\Delta_0 = \alpha_0 \varphi_0(r; 0)$ である．これまでの説明から，(6.1) 式で与えられた LLL 内のマイナスモード（$a_+ = -a^*$）と $n = 1$ LL モード（(4.62) 式参照）が LLL 内で作られた渦格子状態の弾性揺らぎを表すので，乱れから生じる寄与 $\delta\Delta$ を

174   第7章　磁場下の超伝導—乱れの効果

$$\delta\Delta = \alpha_0[i(\chi_{\mathrm{ph}}(\boldsymbol{k})\,\varphi_0(\boldsymbol{r};\boldsymbol{r}_0) + \chi_{\mathrm{ph}}(-\boldsymbol{k})\,\varphi_0(\boldsymbol{r};-\boldsymbol{r}_0)) + c_1\varphi_1(\boldsymbol{r};0)] \tag{7.2}$$

と表す．$|\Delta|^2$ を $\delta\Delta$ が小さいとして $|\Delta_0|^2 + 2\mathrm{Re}\,\delta\Delta^*\Delta_0$ と表し，上式を代入すると $\delta\mathcal{H}_{\mathrm{GL}}$ は (4.24), (4.25), (4.62), (6.3), (6.8) 式を用いて，

$$\delta\mathcal{H}_{\mathrm{GL}} = -\int d^D\boldsymbol{r}\ \boldsymbol{s}(\boldsymbol{r}) \cdot \boldsymbol{f}_r(\boldsymbol{r})$$

$$\boldsymbol{f}_r(\boldsymbol{r}) = U(\boldsymbol{r})\,\boldsymbol{\nabla}|\Delta_0(\boldsymbol{r})|^2 \tag{7.3}$$

となる．このように，ゼロ磁場の超伝導転移ではその臨界領域でのみ重要と考えられた転移温度 T_{c0} の不均一性が，磁場下の渦糸状態ではその超伝導秩序パラメタ Δ の渦格子構造という空間変調（不均一性）とカップルして，（乱れがないときの）秩序相にさえ劇的な変化をもたらすランダム場 $\boldsymbol{f}_r$ に変貌する．これは，FFLO 状態がその空間変調のために乱れに対して脆いという 4.7 節で紹介した内容と密接に関係した結果である．

　冒頭で，この乱れが秩序相にさえ定性的な変化をもたらすと述べた具体的な内容は次の通りである．以下で用いる方法は，(2.75) 式につながる 2.6 節で行った解析と実質的に同じで，渦格子の低エネルギーの変形（弾性モード）にそのまま適用したものである．簡単のために熱揺らぎを無視する近似内で，渦糸状態の位置相関，すなわち変位場 $\boldsymbol{s}$ の 2 体相関 $\overline{(s_i(\boldsymbol{r}) - s_i(0))(s_j(\boldsymbol{r}) - s_j(0))}$ を調べる．ここで，$\overline{A}$ は A のランダム平均で，ランダムポテンシャル U のアンサンブル

$$\overline{U} = 0,$$

$$\overline{U(\boldsymbol{r})\,U(0)} = \Delta_{ds}\delta^{(D)}(\boldsymbol{r}) \tag{7.4}$$

を仮定する．熱揺らぎを無視するので，$\boldsymbol{s}$ は十分長波長で鞍点解の条件 $\delta(\mathcal{H}_{\mathrm{GL}} + \delta\mathcal{H}_{\mathrm{GL}})/\delta\boldsymbol{s}_{-\boldsymbol{k}} = 0$，すなわち

$$(C_{44}(0)q_z^2 + C_{66}q_\perp^2)\boldsymbol{s}_{\boldsymbol{k}} = \boldsymbol{f}_{\boldsymbol{k}} \tag{7.5}$$

を満たす．これを適用して，

$$\overline{(\boldsymbol{s}(\boldsymbol{r}) - \boldsymbol{s}(0)) \cdot (\boldsymbol{s}(\boldsymbol{r}) - \boldsymbol{s}(0))} \propto \int_{\boldsymbol{k}} \frac{\Delta_{ds}}{(C_{44}(0)k_z^2 + C_{66}k_\perp^2)^2}(1 - e^{i\boldsymbol{k}\cdot\boldsymbol{r}}) \propto |\boldsymbol{r}| \quad (7.6)$$

となり，乱れにより渦格子の並進長距離秩序は破壊され，短距離秩序しか有しないという結論が得られる [85]．また，6.2 節のように，位相コヒーレンスの有無は渦格子で定義した変位場 $\boldsymbol{s}$ の相関で決まるので，並進長距離相関を失ったこの状態は位相の長距離相関も持てないため，磁場に平行な電流下での電気抵抗はゼロになれないと結論しがちである．つまり，上記のランダム場に帰着させた近似では，現実の磁場下の第二種超伝導体の低温相は，何も対称性の破れを伴わないという意味で，超伝導相ではないと主張することになる．しかし，図 6.1(b) に示した通り，揺らぎの効果の強い銅酸化物高温超伝導体の良質のサンプルにおける抵抗データは，磁場に垂直な電気抵抗が 1 次転移を境に低温側でゼロに帰着し，確かに何らかの超伝導相に入っていることがわかる（詳細は省くが，この低温相では 交流（ac）測定で定義されたマイスナー効果が実現している．直流マイスナー効果は，既に説明した通り，磁束の侵入した渦状態では存在しない）．

　この磁場下で起こる何らかの超伝導相の正体はグラス相である．超伝導グラス相を具体的に説明するには，本節での上記の簡潔な内容を越えた取り扱いが必要となる．まず次節では，渦格子を基礎にして提案されたグラス相について簡潔に紹介する．

7.2　ブラッググラス

　7.1 節での結論により，渦糸状態において電気抵抗がゼロとなる何らかの超伝導相の出現が期待される．しかも銅酸化物系では，このような相への相転移が低磁場域に出現していたことから，この相に関する理論的な探索を位相のみの自由度を扱うロンドンモデルに基づいたアプローチ内で行うのが主流であった．本節では，ロンドンモデルに立脚して得られる弾性エネルギーとピニングエネルギーを用いて得られるグラス相 [86, 87] に関して簡潔に解説を行う．

　位相のみのモデルでは形式的に振幅 $|\Delta|$ を一定とするため，(7.1) 式のモデルでは不十分である．以下では，

176 第 7 章 磁場下の超伝導—乱れの効果

$$\delta\mathcal{H}'_{\mathrm{GL}} = \xi_{\mathrm{GL}}^2(0) \int d^D \boldsymbol{r}\, w(\boldsymbol{r})[\boldsymbol{\nabla} \times \boldsymbol{j}(\boldsymbol{r})]_z \tag{7.7}$$

を，(7.1) 式への付加項として考慮に入れよう．実際，位相のみの近似で (7.7) は 4.2 節での表記に従って

$$\delta\mathcal{H}'_{\mathrm{GL}} = \frac{c\phi_0}{4\pi\kappa^2 L_z} \left(\frac{H_{c2}(T) - B}{H_{c2}(0)} \right) \int d^3\boldsymbol{r}\, w(\boldsymbol{r}) n_\phi(\boldsymbol{r}) \tag{7.8}$$

の形をとる．ここで，n_ϕ は (2.30) で導入された渦密度であり，磁場誘起渦のみと仮定してワインディング数 n_a はすべて共通の整数値としてよい．渦格子の転位（ディスロケーション）がないような十分弱い乱れの場合，渦格子の $n_\phi(\boldsymbol{r})$ の周期性は保持されているとして，(4.19) 式を用いると近似的に

$$n_\phi(\boldsymbol{r}) \simeq \sum_{\boldsymbol{G} \neq 0} e^{i\boldsymbol{G}\cdot(\boldsymbol{r}-\boldsymbol{s}(\boldsymbol{r}))} \tag{7.9}$$

と置き換えられる．ここで，n_ϕ の（渦液体でも存在する）長波長の空間変化は無視した．前節では，(7.9) 式を変位 $\boldsymbol{s}$ の最低次までとる近似で話を進めたが，この周期性をフルに考慮すると，基底状態に関する違った可能性が見えてくる．それをみるために，弾性エネルギーが 1 項のみからなる次のモデルを次元解析で考えよう：

$$\mathcal{H}_{oc} = \frac{C}{2} \int d^D\boldsymbol{r}(\partial_i s_j)^2 + \int d^D\boldsymbol{r}\, V(\boldsymbol{r})\cos[\boldsymbol{G}_0 \cdot (\boldsymbol{r} - \boldsymbol{s}(\boldsymbol{r}))] \tag{7.10}$$

系のサイズに匹敵するスケール L を導入すると，弾性エネルギーのスケール依存性は D 次元の場合，$E_{\mathrm{el}} \simeq C\boldsymbol{G}_0^{-2}L^{D-2}\overline{s^2}(L)$ となる．一方，ピニングから生じるエネルギー E_{pin} はランダムポテンシャル $V(\boldsymbol{r})$ に関する相関距離は十分短いとすれば，

$$E_{\mathrm{pin}} \sim -\sqrt{\int d^D\boldsymbol{r}\,\overline{\exp(\mathrm{i}\boldsymbol{G}_0 \cdot \boldsymbol{s})}} \sim -L^{D/2}\exp\left(-\frac{\boldsymbol{G}_0^2}{2}\overline{\boldsymbol{s}^2}(L)\right) \tag{7.11}$$

である．$E_{\mathrm{el}} + E_{\mathrm{pin}}$ をスケール L の関数として最適化すると，$D \to 3$ として，

$$\overline{s^2}(L) = \ln\left(\frac{L}{L_m}\right) - 2\ln\ln(L/L_m) \tag{7.12}$$

という関数形を見出す．この結果は，渦密度の 2 体相関 $\overline{n_v(0)n_v(\boldsymbol{r})}$ は相関長が無限大の準長距離相関 $\sim r^{-1}$ に従うことを意味している．この渦の位置相

関をぎりぎり有している状態をブラッググラス（Bragg-glass），弾性グラスなどと呼び，強い乱れにより渦の並進秩序が十分に壊れた渦糸状態や平均場近似が記述する理想系での渦糸格子と区別される [86, 87]．上記の結果が，弾性論で記述できるという仮定の下で得られたという点には注意が必要である．すなわち，渦格子の転位（dislocation）のようなトポロジカル励起はないほどに系の乱れは十分弱いことが仮定されている．

ここで，熱活性という見方で電気伝導度は渦集団の運動の時間スケール $\propto \exp(U/k_{\mathrm{B}}T)$ に比例する，という現象論的な解釈が成り立つとしよう．このブラッググラスでは，活性化エネルギー U が渦位置の準長距離相関のために系のサイズの冪でスケールするので，そのため U は系のサイズ無限大で無限に大きい．その結果，電気抵抗 $\propto \exp(-U/k_{\mathrm{B}}T)$ はブラッググラス相において消失すると期待される．そして昇温とともに，1次転移である渦糸格子融解を経て不連続に「別の渦糸状態」になると考えられる．この「別の渦糸状態」は渦液体状態とは限らず，以下で説明する渦糸グラスである場合も考えられる．しかも，ロンドン極限が適用できない高磁場でブラッググラス相が安定と主張できる根拠はなく，高磁場での超伝導を理解するには渦糸グラスの理解が不可欠になる．

7.3 渦糸グラス：スピングラスとの違い

前節での説明から，高磁場で電気抵抗の消失を説明する理論が必要である．第2章の終わりで，グレイン構造になっていない，連続体としてみなされるボーズ流体では，スピングラス相に相当する超流動グラス相は実現しないことを説明した．同じことが，ゼロ磁場下の超伝導秩序化においてもいえる（3.11節を参照）．以下で，通常の GL モデル (3.126) に基づいて，磁場誘起渦糸状態ではグレイン構造のない系における超伝導グラス相の実現を期待する理由があることを説明していく [88]．

グラス相関関数は，第2章においてと同様に (2.76) である．ただし，ここではランダム平均をとる前の超伝導相関関数 $\mathcal{D}(\boldsymbol{r}, \boldsymbol{r}')$ は統計平均 $\langle \Delta(\boldsymbol{r})\Delta^*(\boldsymbol{r}') \rangle$ で与えられ，ランダムポテンシャルは主としてモデル (7.1) に基づくものとする．前節と同様に，グラス相関関数を LLL 近似で表すためにランダウゲージ

178 第 7 章 磁場下の超伝導—乱れの効果

を用いると，

$$G_G(\mathbf{k}) = \frac{1}{N_v L_z} \sum_{p,p'} \sum_{q,q'} e^{i(p-p')k_1/h} \overline{\mathcal{D}(K',K;0)\,\mathcal{D}(K_+,K_+';0)} \tag{7.13}$$

という形をとる．ここで，$K = (p, q)$，$K' = (p', q')$，K_+（K_+'）は $(p + k_2,$ $q + k_3)$（$(p' + k_2, q' + k_3)$），$\mathcal{D}(K,K';0) = \langle \varphi_K \varphi_{K'}^* \rangle$ で，引数 0 は熱揺らぎのみ考えるので，松原振動数がゼロであることを表している．今，ポイントをはっきりさせるために，2 次元（$D = 2$）の場合に限定し，はしご型ダイアグラムで表せるとする．2 次元での (7.13) は，L_z は膜厚とし，$q = q' = k_3 = 0$ 項に限れば得られる．このとき，繰り込まれたピニングの強さを表す (2.78) 式に相当する表式は十分にピニングが弱いと仮定すると，

$$\frac{\Delta_{ds}}{S\mu_R^2} \sum_{\boldsymbol{p}} e^{i\boldsymbol{p}\cdot\boldsymbol{k}/h}\, e^{-\boldsymbol{p}^2/(2h)} \left[f(\boldsymbol{p}) \right]^2 \tag{7.14}$$

となる．ここで，$f(\boldsymbol{p})$ は (6.20) 式で定義された構造因子である．一例として，図 2.8 に示した自己エネルギーのハートリー近似とコンシステントなバーテックス補正を用いると，その場合 $f(\boldsymbol{p})$ に

$$\frac{1}{1 + 2x_2 \exp(-\boldsymbol{p}^2/(2h))} \tag{7.15}$$

を代入することになる．残りの $\boldsymbol{p}$-和の計算は初等的で，(7.14) 式は $\Delta_{ds}\,h\,\mu_{0R}^{-2}/[1 + 2x_2]$ となり，十分低温を想定して $\mu_{0R} \to 0$ という極限をとると，第 2 章 (2.78) 式で見たゼロ磁場超伝導やボース超流動の場合では該当する量がゼロに近づいたのとは対照的に，(7.14) 式は有限な値 $\Delta/(4\pi \mathrm{Gi}_2)$ に帰着する[1]．これは，十分な大きさの乱れの強さがあれば，十分低温で 3 次元では超伝導グラス秩序が発展する可能性があることを示唆している．磁場下の 3 次元渦糸状態のみで起こるグラス秩序化，という意味で，これを渦糸グラス（vortex glass：VG）と呼ぶのは適当であろう [52]．

　ゼロ磁場超伝導の場合と違ってグラス相の存在が磁場中で期待できる原因

---

[1] もちろん，これは 2 次元系で渦グラス転移，つまり超伝導転移が有限温度で起きると主張しているわけではない．グラス秩序パラメタ間のモード結合により，2 次元での磁場下の超伝導転移は有限温度では起こらないと信じられている [52].

は，秩序パラメタモードが LL に離散化されて生じたモード結合項（$|\Delta|^4$ 項）における非局所性（波数依存性）にある（(6.16) 式を参照せよ）．第 4 章で説明したように，この非局所性が各 LL に特有な渦格子構造につながるので，VG 秩序化に渦格子構造形成が及ぼす影響はないのか，という疑問につながる．この見地から，(7.14) 式の下で述べられたハートリー近似に基づいた取り扱いでは不十分である．というのは，構造因子としての $P(\boldsymbol{k})$ の特徴，すなわちブラッグピーク，あるいはそれに近い波数依存性（つまり，前節の (7.9) 式のような格子の周期性につながる寄与）を考慮に入れた取り扱いにはなっていないからである．実際，渦格子（固体）相での並進長距離秩序が $P(\boldsymbol{k})$ に反映されたとすると，

$$P(\boldsymbol{k}) \simeq \frac{1}{2x_2} \left(1 - N_v \sum_{\boldsymbol{G} \neq 0} \delta_{\boldsymbol{k}, \boldsymbol{G}} \right) \tag{7.16}$$

という形をとる．実際，このとき (6.21) 式は平均場近似でのアブリコソフ因子になる．クリーン極限で十分秩序化して渦格子に近い状況では $|\beta_A - 1| \ll 1$ であるため，"質量" 繰り込みの式 (6.20) において Σ' はハートリー項に対するわずかな補正を与えるにすぎない．このことから，渦液体凍結転移が超伝導秩序パラメタ の振幅 $|\Delta|$ の成長を測る物理量である比熱などの熱力学量の振る舞いには特に目立った影響を与えることはない，と予想される．というのは，$|\Delta|$ の成長はハートリー項によって主に記述されているからである．ところが，(7.16) 式を (7.14) 式に代入すると，系のサイズ，つまり渦の総数 N_v に比例した発散的な増大を示す．(7.14) はグラス相関関数のフーリエ変換をバブルダイアグラムで表したときの構成要素（既約な成分）であるため，この発散は渦固体に入るやいなや VG 相に入ることを意味する．次節で説明するように，グラス相関関数は電気伝導度の増大，すなわち乱れによる超伝導転移（グラス転移）の主な要因である．乱れの効果が弱い比較的クリーンな系では，クリーン極限での渦液体の凍結（固化）という相転移がほぼそのまま生き残っていると期待されるため，熱力学量はほぼクリーン極限のままの結果を示すが，対照的に電気抵抗は，渦固体相では 4.4 節で説明された渦糸フロー抵抗の値を示すのではなく，固化に伴い急激にゼロになると期待される．これで，上記の結果が銅酸化物系において見られた図 6.1(b) のような現象の包括的な説明に

180   第 7 章　磁場下の超伝導—乱れの効果

つながるのかを論じる準備が整ったことになる.

7.4　磁場下の超伝導転移

　本節では，磁場誘起渦からなる状態における超伝導転移，すなわち電気抵抗の消失に関する理論について説明する．前節で明らかになったように，系の不均一性（乱れ）と渦間の相互作用との相乗効果によって渦が集団的に（長距離にわたって）ピン止めされることを反映する渦糸グラス（VG）相への相転移が期待される．本節では，VG 転移は本来連続転移であり，その臨界現象がどのように電気伝導度に反映するのかを簡潔に説明していく.

　電気伝導度 σ_{xx} に関係づけるために，(7.13) 式を動的な形に一般化する必要がある．2.6 節においてと同様に，図 2.7(b) のようなはしご型ダイアグラムを想定すると，振動数の入り方は明らかである．記述の便宜上，2 次元系を対象にして話を進めると，VG 相関関数 (7.13) 式は次式に拡張される：

$$G_G(\boldsymbol{k};\omega_1,\omega_2) = \frac{1}{N_v} \sum_{p,p'} e^{i(p-p')k_1/h} \overline{\mathcal{D}(p,p';\omega_1)\,\mathcal{D}(p'+k_2,p+k_2;\omega_2)} \quad (7.17)$$

ここで，$\mathcal{D}(p,p';\omega) = \langle \varphi_p(\omega)\,\varphi_{p'}^*(\omega)\rangle$ はランダム平均前の松原振動数 ω の LLL 量子揺らぎの伝播関数である．これまでの節で登場した熱揺らぎの場 φ_p は $\varphi_p(\omega = 0)$ を意味する.

　$\overline{\mathcal{D}(p,p';\omega)} = \delta_{p,p'}\mathcal{D}(\omega)$ によって定義された，ランダム平均後の LLL 揺らぎ伝播関数 $\mathcal{D}(\omega)$ を，G_G に対するはしご型ダイアグラムとも，ハートリー近似の定義とも，矛盾のない形で表すと

$$[\mathcal{D}(\omega)]^{-1} = \varepsilon_0 + h + \gamma|\omega| + \Sigma_{\mathrm{H}} - \Delta_{ds}\mathcal{D}(\omega),$$
$$\Sigma_{\mathrm{H}} = \mathrm{Gi}_2(\beta)h\sum_{\omega}\mathcal{D}(\omega) \quad (7.18)$$

を満たすと定めることができる．ここで，ハートリー項 Σ_{H} は一般に量子揺らぎを含むものとして書かれている．6.5 節での Σ_{H0} は，Σ_{H} 内の $\mathcal{D}$ 線において $\omega = 0$ 項のみを残したものである．Δ_{ds} はバーテックス補正を一般に含むが，ここでの目的のために裸のピニングの強さでここでは表現した.

今，超伝導揺らぎ伝播関数をガウス揺らぎの近似で求めるのと同様の作業を，VG 相関関数について行っているので，渦間距離 r_B で割って無次元化された VG 相関長を

$$\tilde{\xi}_G = [G_G(0;0,0)]^{1/2} = \frac{1}{\sqrt{1 - \Delta_{ds} [\mathcal{D}(0)]^2}} \tag{7.19}$$

で，定義することになる．(7.18) 式は実は形式的には解けて，

$$\frac{1}{\mathcal{D}(\omega)} = \frac{1}{|\mathcal{D}(0)|} + \frac{1}{2}\gamma|\omega|\left(1 + \frac{4\tilde{\xi}_G^2}{1 + \sqrt{1 + 4\tilde{\xi}_G^4|\mathcal{D}(0)|\gamma|\omega|}}\right) \tag{7.20}$$

と書くことができる．これを用いて，$\tilde{\xi}_G$ が十分長い近似で，VG 相関関数は

$$\frac{\tilde{\xi}_G^2}{G_G(\boldsymbol{k};\omega_1,\omega_2)} \simeq 1 + \frac{\boldsymbol{k}^2\tilde{\xi}_G^2}{2} + \frac{2\tilde{\xi}_G^4\gamma|\omega_1|}{1 + \sqrt{1 + 4\tilde{\xi}_G^4|\mathcal{D}(0)|\gamma|\omega_1|}}$$

$$+ \frac{2\tilde{\xi}_G^4\gamma|\omega_2|}{1 + \sqrt{1 + 4\tilde{\xi}_G^4|\mathcal{D}(0)|\gamma|\omega_2|}} \tag{7.21}$$

と書ける．これにより，グラス転移の動的臨界指数 z_G が 4 であることになる [52, 89, 90].

電気伝導度と VG 相関関数との関係式を得るための理論の詳細 [74, 90] はここでは省略して，単に図 7.1 を用いて説明するにとどめる．乱れを含む系における揺らぎ伝導度の AL 項は，乱れについて平均をとる前は図 7.1(a) の形をとるが，乱れについて平均をとると図 7.1(b) のように電気伝導を VG 相関関数がつかさどる項が出現する．これをスケーリング形式で書けば，

$$\sigma_{\mathrm{VG}} \sim C_p\,\beta^{-1}[\tilde{\xi}_G(T)]^{z_G+2-D} \tag{7.22}$$

という，(5.85) 式で z を z_G で置き換えたものになる．このスケーリング則は当初現象論的にその成立は主張された [52] が，決して自明なものではなく，GL モデルに基づいたその証明は後で行われた [91].

ゼロ磁場での (5.85) 式に関する議論と同様に，(7.22) は臨界現象が量子揺らぎで決まっている絶対零度付近においても適用できる．ちょうど，VG 転移の量子臨界磁場 $H_{\mathrm{VG}}(T=0)$ 上の磁場値で，有限温度での相関長 $\tilde{\xi}_G(T)$ は，スケーリング $|\omega|[\tilde{\xi}_G(T)]^{z_G} \sim 1$ より，$1/T^{1/z_G}$ に比例すると期待される．これ

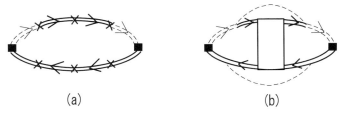

図 7.1 (a) ピニングポテンシャル（× シンボル）に関するランダム平均を行う前の磁場に垂直な電流に対する電気伝導度の AL 項．点線の二重線は第 2 LL の揺らぎ伝播関数を表し，黒い四角シンボルは，超伝導揺らぎ伝導度の AL 項における正常相の電子グリーン関数 3 本からなる電流バーテックスを表す（図 5.4 参照）．(b) (a) をランダム平均して得られる，磁場に垂直な電流下での伝導度への VG 揺らぎがもたらす付加項．長方形部分がグラス相関関数で，図 2.7 の該当する量におけるランダム平均後のボース粒子伝播関数（矢印付きの実線）を LLL 揺らぎ伝播関数（実線の二重線）で置き換えて得られる量である．このダイアグラムが与える伝導度の項が VG 転移に伴って発散して超伝導相に入ることになる．

を 2 次元の場合に (7.22) に適用すると，$\sigma_{\mathrm{VG}}(H = H_{\mathrm{VG}}(0))$ は温度 T に依らない定数となる．$H < H_{\mathrm{VG}}(0)$ では，絶対零度では VG 相なので σ_{VG} は冷却とともに増大し，抵抗は減少する．一方，$H > H_{\mathrm{VG}}(0)$ では絶対零度で何の秩序化も期待されないため，揺らぎ伝導度の AL 項の一般的振る舞いとして，冷却とともに超伝導揺らぎがキャリアとなる伝導度のすべての寄与がゼロに近づく [92]．σ_{VG} も AL 項から派生する寄与なのでこの中に属する．こうして，図 5.8 と同様な電気抵抗の磁場・温度依存性が期待される．その例 [84] を図 7.2 に示す．この図に見られ，また図 5.8 の左図にも示された超伝導–絶縁体（S–I）転移現象は，図 6.5(b) の高磁場域にも見られている [83]．図 7.2 の S–I 転移現象を生んでいるのは，$T = 0$ での 2 次元 VG 転移の量子臨界現象と伝導度の AL 項の減少，つまり絶縁体的振る舞い（(5.48) 式の前後の議論参照）の両方であるが，図 6.5(b) での S–I 転移現象は見かけ上のもので，伝導度の AL 項が量子揺らぎにより絶縁体的に振る舞うことが原因となって起こっている [92]．このように，比較的クリーンな系においても S–I 転移現象が見られる理由があることを強調しておこう[2]．

---

[2] S–I 転移現象や図 6.5(a) のように，非単調な温度依存性を示す電気抵抗データが，系がグラニュラーな不均一系であることの証拠だとする実験データの誤った解釈をよく見かける．これらすべてが，量子超伝導揺らぎによる AL 項の持つ温度依存性の結果にすぎないのである．

7.4 磁場下の超伝導転移

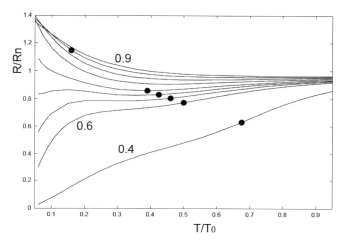

図 7.2 乱れのある 2 次元超伝導薄膜を想定した，様々な磁場値での電気抵抗の温度変化の計算例 [84]．各曲線上の黒丸シンボルは，各磁場での T_{c2} の場所を意味している．ここに表したすべての曲線が，$H_{c2}(0)$ より低磁場での抵抗曲線である．

十分クリーンな（十分 Δ_{ds} が小さい）3 次元系での電気抵抗の消失を説明する理論的アプローチも，本節のこれまでに説明された方法と前節の内容とを組み合わせれば構成できる：つまり，前節の議論に従って，クリーンな系では渦の位置相関の形成を反映する $f(\boldsymbol{k})$ を含んだバーテックス補正を考慮する必要があるため，図 2.8 のダイアグラム関係式において，ハートリー近似の枠を超えた，できるだけ一般的な 4 点バーテックスを用いる必要がある．そこでは，付録 H にて説明したパルケダイアグラムを集める方法が便利であり，実行可能である [74]．理論結果の一例が図 6.1(c) に示されたものである．図 6.1(b) の実験データと同様に，7.3 節で説明した描像の通りに，渦液体が凍結して渦固体になる転移に伴って電気抵抗がゼロに消失する振る舞いが記述できている．

最後に，図 6.5(a) の高磁場で見られる電気抵抗の急峻について説明しておこう．3 次元系で強い揺らぎの効果が期待される準 2 次元系で面に垂直な印加磁場下にある状況においても，図 6.1(a) の相図の $H > H_{\rm VG}(T)$ は，電気抵抗が量子揺らぎによる伝導度の AL 項の振る舞いから絶縁体的に抵抗が増大する磁場領域になっているはずである．しかし，特に系が比較的クリーンで，上で

184　第 7 章　磁場下の超伝導—乱れの効果

図 6.1(c) に関連してみたように，$H_{\mathrm{VG}}(T)$ 線が本質的にクリーン極限での渦格子融解線 $H_m(T)$ の直下にある場合は，$H_m(T)$ 線に達すると電気抵抗は (7.22) に従って，急激に消失する．その結果，図 6.5(a) に見られるような電気抵抗の非単調な温度変化と急峻が，図 6.1(a) の $H_q < H < H_m(0)$ 域にある高磁場下において，2 次元に近い 3 次元系では特に見られる．実際，このような準 2 次元系におけるリエントラントな抵抗の温度依存性は鉄系超伝導体 FeSe（図 6.7）だけでなく，有機超伝導体 [93]，低ドープ域の銅酸化物系 [94] においても見出されている．

付　録

A　第二量子化

第二量子化の定式化とその入り方については，文献により多少の差異がある．基本的に次の内容が証明できれば，機械的に第二量子化の方法を用いることで問題ないであろう：

完備された1粒子固有状態 $|\alpha\rangle$ が与えられ，1粒子物理量 θ が

$$\theta = \sum_{\alpha,\beta} |\alpha\rangle \theta_{\alpha,\beta} \langle\beta| \tag{A.1}$$

と表されるとする．$\theta_{\alpha,\beta}$ は行列要素である．以下で，多粒子系の状態 $|\alpha_1, \alpha_2,\ldots\rangle$ が与えられたとき，対応する物理量はフェルミ粒子の場合

$$\theta = \sum_{\alpha,\beta} a_\alpha^\dagger \theta_{\alpha,\beta} a_\beta, \tag{A.2}$$

ただし，

$$[a_\alpha, a_\beta^\dagger]_+ \equiv a_\alpha a_\beta^\dagger + a_\beta^\dagger a_\alpha = \delta_{\alpha,\beta} \tag{A.3}$$

と表される．ボース粒子の場合，交換関係が反交換関係にとって代わるだけである．すなわち，

$$\theta = \sum_{\alpha,\beta} b_\alpha^\dagger \theta_{\alpha,\beta} b_\beta, \tag{A.4}$$

ただし，

$$[b_\alpha, b_\beta^\dagger]_- \equiv b_\alpha b_\beta^\dagger - b_\beta^\dagger b_\alpha = \delta_{\alpha,\beta} \tag{A.5}$$

186 付　録

である.

　これらの供述の証明には，例えば，巻末の文献 [1] を参照されたい.

B　ランダウ量子化と理想気体の反磁性応答

　z 軸の正の方向の一様な印加磁場 **B** 中にある荷電粒子の量子力学を考える.
質量 m, 電荷 $-e$（$e > 0$）の 1 粒子の波動関数 ψ はシュレーディンガー方程式

$$\frac{1}{2m} \sum_{j=x,y} \Pi_j^2 \psi = E\psi,$$

$$\Pi_j = -i\hbar \nabla_j + eA_j \tag{B.1}$$

に従う. ただし，$\mathbf{B} = B\hat{z} = (\nabla \times \mathbf{A})_z$ である. 簡単のため，しばらく，磁場に垂直な 2 次元平面の系に限って話を進める. 交換関係 $[\Pi_x, \Pi_y]_- = -i\hbar eB$ が成立するので，(1.6) 式から (1.5) 式の導出と同様にこの式は $\sqrt{\langle \Pi_x^2 \rangle \langle \Pi_y^2 \rangle} \geq \hbar eB/2$ につながる. 相加相乗平均の関係を用いて，エネルギー期待値 $\langle E \rangle$ は

$$\langle E \rangle = \frac{1}{2m} \sum_{j=x,y} \langle \Pi_j^2 \rangle \geq \frac{\hbar}{2} \omega_c,$$

$$\omega_c = \frac{eB}{mc} \tag{B.2}$$

となり，基底状態のエネルギーはゼロ点振動の寄与 $\hbar\omega_c/2$ となると期待される. 実際，Π_j 間の交換関係は

$$a = \frac{1}{\sqrt{2\hbar eB}} (\Pi_x - i\Pi_y) \tag{B.3}$$

を使えば，$[a, a^\dagger]_- = 1$ となる. この交換関係から，式 (B.1) の左辺は $\hbar\omega_c(a^\dagger a + 1/2)$ と表され，(B.2) から基底状態 $|0>$ を

$$0 = a|0> \tag{B.4}$$

で定義し，エネルギー固有値

$$E_n = \left(n + \frac{1}{2} \right) \hbar\omega_c \tag{B.5}$$

に相当する固有状態が $|n>= (n!)^{-1/2}(a^\dagger)^n|0>$ で与えられる．$|n> (n \geq 0)$ は $n+1$ 番目のランダウ準位（LL）と呼ばれる．

以下，ゲージを $\boldsymbol{A} = -By\hat{x}$ と選ぶことにすると，基底状態である最低 LL（LLL），あるいは第 1 LL を表す固有関数 $\psi_0(x,y) =< \boldsymbol{r}|0>$ は

$$\psi_0 = \exp\left(-\frac{y^2}{2l^2}\right)\eta \tag{B.6}$$

$(l = \sqrt{\hbar/(eB)})$ とおくことにより，(B.4) 式から η は複素変数 $x-iy$ の解析関数であることがわかり，これを x についてのフーリエ表示で書くことにより，

$$\psi_0(x,y) = \sum_p c_p \exp\left(ipx - \frac{(y-pl^2)}{2l^2}\right) \tag{B.7}$$

と書くことになる（別の表示は本文で使われる）．x 方向に周期境界条件をおき，pl^2 が y のガウス関数の中心であることから $|p|l^2 < L_y/2$（L_j は j 方向の系のサイズ）であるため，とりうる p の値の数は

$$N_\Phi = \frac{L_x L_y}{2\pi l^2} = \frac{eB L_x L_y}{2\pi\hbar} \tag{B.8}$$

個である．しかし，エネルギー固有値 E_n は p に依らないため，この N_Φ が各 LL（各 n-値）の間で共通の縮退度になっている．

本文での解析にとって参考になる LL に関する性質を挙げておこう．電流密度に現れる表式 $\psi^*\Pi_j\psi + \text{c.c.}$ を (B.4) 式（あるいは，(4.34) 式）を用いて書き直すと，ψ が LLL の状態 ψ_0 であるとき

$$\psi_0^*\,\boldsymbol{\Pi}\,\psi_0 + \text{c.c.} = \boldsymbol{\nabla} \times (\,|\psi_0|^2\hat{z}) \tag{B.9}$$

と書ける．これを用いると，(4.27) 式は

$$\boldsymbol{\nabla} \times (\delta B\hat{z}) = -4\pi N(0)\frac{2\pi\xi_{\text{GL}}^2(0)}{\phi_0}\boldsymbol{\nabla} \times (|\Delta|^2\hat{z}) \tag{B.10}$$

となり，さらに両辺積分して (4.28) 式を得る．

次に，本文 (4.35) 式に伴う議論について，(4.35) 式の両辺の対数をとった後，その虚部である位相 φ が (4.37) 式によって与えられる．この位相が

$$\nabla \times \nabla\varphi = 2\pi \sum_{\nu} (-1)\,\delta^{(2)}(\boldsymbol{r} - \boldsymbol{r}_\nu)\,\hat{z} \tag{B.11}$$

を満たすことは，2 次元ラプラス方程式 $\nabla^2 \log r = 2\pi\delta^{(2)}(\boldsymbol{r})$ を用いて容易にわかる．(B.11) 式は，LLL 固有関数 ψ_0 のゼロ点の各々がワインディング数 -1 の量子渦と同一視できる位相の特異点になっており，ワインディング数 $+1$ の反渦が LLL 状態には現れないことも表している．

さらに，平均場近似での渦糸格子の解析において (6.3) 式のような LL 固有関数 ψ_n, χ_n の積に関する表式の書き換えが便利となる場面が多いので，ここに有用な式を挙げておく．その最も簡単な例が

$$\frac{r_B}{\sqrt{2}}\left(-i\frac{\partial}{\partial x} + \frac{\partial}{\partial y}\right)\chi_0^* \psi_0 = -(\Pi_- \chi_0)^* \psi_0 + \chi_0^* \Pi_+ \psi_0 = \chi_0^* \psi_1 \tag{B.12}$$

である．これを一般化した式

$$\sqrt{n}\,\chi_0^* \psi_n = \left[\frac{r_B}{\sqrt{2}}\left(-i\frac{\partial}{\partial x} + \frac{\partial}{\partial y}\right)\right]^n \chi_0^* \psi_0 \tag{B.13}$$

$(n \geq 1)$ が成り立つことは容易にわかる [36]．もっと一般的な $\chi_m^* \psi_n$ $(m, n \geq 1)$ に関する関係式は文献 [76] で示されている．

さて，この付録の主要な目的の 1 つである，一様磁場に垂直な 2 次元面内のフェルミ理想気体の示す反磁性の導出を始めよう．3 次元への拡張は後述するように容易である．超伝導を理解するうえで，以下に見るように反磁性応答の正しい記述は極めて重要である．以下で，磁場の大きさ B についての展開の最低次の項に着目する．そのとき，スピン帯磁率につながる磁場依存性は反磁性につながるそれとは独立になるので，以下で反磁性に着目する限り，スピン自由度への磁場依存性を考える必要がない．そのとき，(B.5) 式を使って，フェルミ理想気体の熱力学ポテンシャル

$$\Omega_{\rm F} = -2\beta^{-1}\int_0^\infty d\varepsilon \sum_{n \geq 0} \delta(\varepsilon - E_n) \sum_p \log(1 + e^{-\beta(\varepsilon - \mu)}) \tag{B.14}$$

が出発点となる．右辺の因子 2 はスピンの自由度からくる．ε-積分の下限がゼロなので，n-和の下限は $-\infty$ に置き換えてよいので，ポアソンの和公式 (3.70) を使って n-和は書き換えることができる．さらに，p-和には上で得た (B.8) を使うと，(B.14) 式は

$$\Omega_{\mathrm{F}} = -2D_2\beta^{-1}\int_0 d\varepsilon \sum_{s=-\infty}^{\infty}(-1)^s e^{i2\pi s\varepsilon/(\hbar\omega_c)}\log(1+e^{-\beta(\varepsilon-\mu)})$$

$$= -2\beta^{-1}D_2\int_0 d\varepsilon\,\log(1+e^{-\beta(\varepsilon-\mu)})$$

$$-\beta^{-1}D_2\frac{\hbar\omega_c}{\pi}\sum_{s\neq 0}\frac{(-1)^s}{is}\int_0 d\varepsilon\left(\frac{d}{d\varepsilon}e^{is\varepsilon}\right)\log(1+e^{\beta[\mu-\hbar\omega_c\varepsilon/(2\pi)]}) \quad \text{(B.15)}$$

となる. ここで, s は整数,

$$D_2 = \sum_{k_x,k_y}\delta\left(\varepsilon - \frac{\hbar^2(k_x^2+k_y^2)}{2m}\right) \quad \text{(B.16)}$$

は2次元自由粒子の状態密度で, ε に依らず, $mL_xL_y/(2\pi\hbar^2)$ という値をとる. (B.15) の最後の等式の第1項 $s=0$ 項がゼロ磁場での寄与 $\Omega_{\mathrm{F}}(B=0)$ であり, $s\neq 0$ 項の和については繰り返し $e^{is\varepsilon}=(is)^{-1}de^{is\varepsilon}/d\varepsilon$ を用いて部分積分をするたびに $\hbar\omega_c$ の冪が増えるため, 磁場について展開する形になっていることがわかる. そして, $\mathrm{O}((\hbar\omega_c)^2)$ の項までに限れば, $\Omega_{\mathrm{F}}-\Omega_{\mathrm{F}}(B=0)$ は単に,

$$\Omega_{\mathrm{F}}-\Omega_{\mathrm{F}}(B=0)$$

$$= \frac{D_2\beta^{-1}\hbar\omega_c}{\pi}\sum_{s\neq 0}\frac{(-1)^{s+1}}{s^2}\int_0 d\varepsilon\left(\frac{d}{d\varepsilon}e^{is\varepsilon}\right)\frac{d}{d\varepsilon}\log(1+e^{\beta[\mu-\hbar\omega_c\varepsilon/(2\pi)]})$$

$$\simeq -\frac{D_2\hbar\omega_c\beta^{-1}}{\pi}\sum_{s\neq 0}\frac{(-1)^{s+1}}{s^2}\frac{d}{d\varepsilon}\log(1+e^{\beta\mu}e^{-\beta\hbar\omega_c\varepsilon/(2\pi)})\bigg|_{\varepsilon=0}$$

$$= D_2\frac{(\hbar\omega_c)^2}{12}f(-\mu), \quad \text{(B.17)}$$

となる. ただし, $f(\varepsilon-\mu)$ は 3.1 節で定義した, 化学ポテンシャルが μ のときのフェルミ分布関数で, また $2\sum_{n=1}(-1)^{n+1}/n^2=\pi^2/6$ を使った[1].

以上は2次元での結果であるが, 3次元への拡張は (B.17) において分布関数中の化学ポテンシャル μ を $\mu-\hbar^2k_z^2/(2m)$ で置き換え, k_z-和をとればよい. その結果, $T=0$ 極限で (B.17) 式は $VN(0)(\hbar\omega_c)^2/12$ となり, 帯磁率が

---

[1] この級数和は例えば, $x(1-x^2)$ $(|x|<1)$ という周期 2 の x の奇関数のフーリエ級数展開を利用して初等的に確かめることができる.

190　付　録

$$\chi_L = -\frac{1}{B}\frac{\partial \Omega_{\mathrm{F}}}{\partial B}\bigg|_{B=0} = -\frac{2}{3}N(0)\left(\frac{e\hbar}{2m}\right)^2 \tag{B.18}$$

となる．これをランダウ反磁性帯磁率といい，パウリ常磁性帯磁率の $-1/3$ 倍である．

　以上の解析をボース理想気体に適用するのは容易に行える．今，スピンレスで質量 m，電荷 $-e$ を持つボース粒子の理想気体が BEC 転移温度より高温にあるとする．この場合，分布関数の違いから生じる差異は別にして解析は全く同じで，フェルミ理想気体での (B.17) の代わりにボース粒子系の熱力学ポテンシャル Ω_{B} は

$$\Omega_{\mathrm{B}} - \Omega_{\mathrm{B}}(B=0) \simeq D_2\frac{(\hbar\omega_c)^2}{24}b(-\mu) \tag{B.19}$$

となる．ここで，$b(\varepsilon - \mu) = 1/(\exp(\beta[\varepsilon - \mu]) - 1)$ は 1 粒子エネルギーが ε のときのボース分布関数で $\mu \neq 0$ である．また，(B.17) と (B.19) の数因子に関する差異はスピンレスにしたことによる．再び，3 次元にするために $|\mu|$ を $|\mu| + \hbar^2 k_z^2/(2m)$ に置き換えて，k_z-和をとればよい．その結果，BEC 転移温度近くで $|\mu|$ が小さいことから $b(-\mu)$ を $\beta^{-1}/(|\mu| + \hbar^2 k_z^2/(2m))$ と簡単化できて，帯磁率は

$$\begin{aligned}
\chi_{dia} &= -\frac{1}{B}\frac{d\Omega_{\mathrm{B}}}{dB}\bigg|_{B=0} \\
&= -\frac{V k_{\mathrm{B}}T}{24\pi}\left(\frac{e}{\hbar c}\right)^2\left(\frac{\hbar^2}{2m|\mu|}\right)^{1/2}
\end{aligned} \tag{B.20}$$

となり，反磁性帯磁率が BEC 転移に近づくと発散することがわかる．これはまさに，マイスナー効果への接近には BEC 転移がその基本原理になっていることを示唆している．また，(5.33) 式における定義に従って，超流動密度 $\rho_s(\boldsymbol{q})$ を $\Upsilon_{ij}(\boldsymbol{q},\omega = 0)(\delta_{ij} - q^{-2}q_i q_j)/(D-1)$ で定義すると

$$-\chi_{dia} \simeq \frac{\rho_s(\boldsymbol{q})}{q^2}\bigg|_{q\to 0} \tag{B.21}$$

の形で，反磁性帯磁率は正常相での $\boldsymbol{q}$ 依存超流動密度を表していると見ることはできる．ここで，D は空間次元である．

C ボース流体の密度揺らぎ分散関係の導出

ボース流体の密度揺らぎを表す 1 粒子励起エネルギーのファインマンによる導出をここで紹介する．出発点として，次の第一量子化されたハミルトニアンをとる：

$$\hat{H}_{B1} = \sum_i \frac{\hat{\boldsymbol{p}}_i^2}{2m} + V(\hat{\boldsymbol{r}}_1, \hat{\boldsymbol{r}}_2, \hat{\boldsymbol{r}}_3, \cdots, \hat{\boldsymbol{r}}_N). \tag{C.1}$$

ここで，$\hat{\boldsymbol{r}}_j, \hat{\boldsymbol{p}}_j$ は j 番目の粒子の座標と運動量であり，相互作用ポテンシャルの形はここでは知る必要がない．1 粒子励起は密度揺らぎだとすると，相互作用に起因して密度揺らぎを抑えるエネルギー項は (2.3) 式の第 1 項である．単一の調和振動子との類推で，このエネルギー項を調和振動子の弾性エネルギー項とみなせば，波数 $\boldsymbol{k}$ の 1 粒子励起を持つ状態は，基底状態 $|0\rangle$ を用意すると

$$|1_{\boldsymbol{k}}\rangle = \hat{\rho}_{\boldsymbol{k}}|0\rangle \tag{C.2}$$

と表せると考えられる．$\hat{\rho}(\boldsymbol{r}) = \sum_j \delta(\boldsymbol{r} - \hat{\boldsymbol{r}}_j)$ として，

$$\hat{\rho}_{\boldsymbol{k}} = \sum_j \exp(-i\boldsymbol{k} \cdot \hat{\boldsymbol{r}}_j) \tag{C.3}$$

である．基底状態のエネルギー E_0 は $\hat{H}_{B1}|0\rangle = E_0|0\rangle$ で与えられるので，励起エネルギーは

$$\begin{aligned}
\varepsilon_{\boldsymbol{k}} = E_{\boldsymbol{k}} - E_0 &= \frac{\langle 1_{\boldsymbol{k}}|\hat{H}_{B1}|1_{\boldsymbol{k}}\rangle - \langle 1_{\boldsymbol{k}}|\hat{\rho}_{\boldsymbol{k}}\hat{H}_{B1}|0\rangle}{\langle 1_{\boldsymbol{k}}|1_{\boldsymbol{k}}\rangle} \\
&= \frac{\langle 1_{\boldsymbol{k}}|[\hat{H}_{B1}, \hat{\rho}_{\boldsymbol{k}}]|0\rangle}{\langle 1_{\boldsymbol{k}}|1_{\boldsymbol{k}}\rangle} = \frac{\hbar^2 k^2}{2m_B} \frac{1}{\langle 1_{\boldsymbol{k}}|1_{\boldsymbol{k}}\rangle}
\end{aligned} \tag{C.4}$$

と書ける．分母の内積は元の密度を用いて，

$$\langle 1_{\boldsymbol{k}}|1_{\boldsymbol{k}}\rangle = \int d^3\boldsymbol{r} d^3\boldsymbol{s} \exp(i\boldsymbol{k} \cdot (\boldsymbol{r} - \boldsymbol{s})) \langle 0|\rho(\boldsymbol{r})\rho(\boldsymbol{s})|0\rangle \tag{C.5}$$

と表せ，粒子密度の 2 体相関関数のフーリエ変換，すなわち構造因子 $S(\boldsymbol{k})$ に相当する．従って，

$$\varepsilon_{\boldsymbol{k}} = \frac{\hbar^2 k^2}{2m_B S(\boldsymbol{k})} \tag{C.6}$$

192 付　録

である．粒子間距離に相当する波数 $\boldsymbol{k}$ の値で $S(\boldsymbol{k})$ が最大になり，励起スペクトルがそこで極小を示すが，分散関係のこのあたりをロトン分枝という．その物理的意味は明瞭である：ボース粒子系が固体になると構造因子 $S(\boldsymbol{k})$ はブラッグピークを示す（つまり，$S(\boldsymbol{k}) \sim \sum_{\boldsymbol{G} \neq 0} \delta(\boldsymbol{k} - \boldsymbol{G})$）ので，本文で述べた通り，固体に移行するにつれてロトンギャップが消失してランダウの判定条件 (2.8) に従って超流動性は破壊される．ただし，ここでは超固体（supersolid）相の可能性 [95] は簡単のために考えていない．

D　ボース系分配関数の経路積分表示

ボース多粒子系の分配関数を書き直すために，まず数学的な道具としてコヒーレント状態を準備しておこう．多粒子系のコヒーレント状態は式 (1.10)，(1.11) をもとに容易に書き下すことができる．ボース理想気体の固有状態を表す状態ベクトル

$$|n_0, n_1, \cdots\rangle = \prod_j \sum_{n_j \geq 0} \frac{(b_j^\dagger)^{n_j}}{\sqrt{n_j}} |0\rangle \tag{D.1}$$

と，1 自由度の場合のコヒーレント状態

$$|z\rangle = \exp(z\hat{b}^\dagger)|0\rangle = \sum_{n \geq 0} \frac{z^n}{\sqrt{n!}} |n\rangle \tag{D.2}$$

とを用いて，多粒子系のコヒーレント状態は自由度の数だけの複素数 Ψ_j（$j = 1, 2, \cdots, L$）を用いて，

$$\begin{aligned} |\Psi\rangle &= \prod_j \sum_{n_j \geq 0} \frac{\Psi_j^{n_j}}{\sqrt{n_j!}} |n_0, n_1, \cdots, n_{L-1}\rangle \\ &= \prod_j \exp(\Psi_j \hat{b}_j^\dagger)|0\rangle \end{aligned} \tag{D.3}$$

と定義される．これは，

$$\hat{b}_j |\Psi\rangle = \Psi_j |\Psi\rangle,$$

$$\langle \Psi | \Psi' \rangle = \prod_j \exp(\Psi_j^* \Psi_j'),$$

$$1 = \prod_j \int \frac{d\Psi_j^{(\mathrm{R})} d\Psi_j^{(\mathrm{I})}}{\pi} \exp(-|\Psi_j|^2) |\Psi\rangle \langle \Psi| \tag{D.4}$$

を満たす．最後の関係式は，複素数 Ψ_j を極座標表示して積分を実行し，数表示の基底の完全性

$$1 = \sum_n |n\rangle \langle n| \tag{D.5}$$

を使うことにより容易に確かめることができる．(D.4) 式は，ガウス因子を含んでいるため，基底の完全性を表現する通常の表式とは異なることに注意してほしい．

これらの準備の下で，以下で接触相互作用するボース多体系の分配関数

$$Z = \sum_{n_0, n_1, \cdots} \langle n_0, n_1, \cdots | \exp(-\beta(\hat{H}_B - \mu \hat{N})) | n_0, n_1, \cdots \rangle,$$

$$\hat{H}_B - \mu \hat{N} = \int d^3 \boldsymbol{r} \left[\hat{\psi}_B^\dagger \left(-\frac{\hbar^2}{2m} \nabla^2 - \mu \right) \hat{\psi}_B + \frac{U_0}{2} \hat{\psi}_B^\dagger \hat{\psi}_B^\dagger \hat{\psi}_B \hat{\psi}_B \right] \tag{D.6}$$

を考えよう．1 自由度の場合（$L = 1$）の対角和は，(D.4) 式の最後の関係式を使うと

$$\sum_n \langle n|\hat{A}|n\rangle = \sum_n \int \frac{d\Psi_0^{(\mathrm{R})} d\Psi_0^{(\mathrm{I})}}{\pi} \langle n| \exp(-|\Psi_0|^2) |\Psi_0\rangle \langle \Psi_0 |\hat{A}| n\rangle$$

$$= \int \frac{d\Psi_0^{(\mathrm{R})} d\Psi_0^{(\mathrm{I})}}{\pi} \exp(-|\Psi_0|^2) \langle \Psi_0 | \hat{A} \sum_n |n\rangle \langle n|\Psi_0\rangle$$

$$= \int \frac{d\Psi_0^{(\mathrm{R})} d\Psi_0^{(\mathrm{I})}}{\pi} \exp(-|\Psi_0|^2) \langle \Psi_0 |\hat{A}|\Psi_0\rangle \tag{D.7}$$

と表される．従って，分配関数は

$$Z = \prod_j \int \frac{d\Psi_j^{(\mathrm{R})} d\Psi_j^{(\mathrm{I})}}{\pi} \exp(-|\Psi_j|^2) \langle \Psi_j | \exp(-\beta(\hat{H}_B - \mu \hat{N})) |\Psi_j\rangle \tag{D.8}$$

となる．ここで記述の都合上，$\hat{h} \equiv \hat{b}^{\dagger}(-\mu)\hat{b} + U_0(\hat{b}^{\dagger})^2\hat{b}^2/2$ という形の "ハミルトニアン" を持つ 1 自由度（$L=1$）系に話を限定し，$\beta = 1/(k_{\mathrm{B}}T)$ を

$$\beta = M\varepsilon_B \tag{D.9}$$

のように十分に小さいサイズ ε_B に分割しよう（従って，有限な β の下で $M \to \infty$ とする）．これに伴い，以下で $[0, \mathrm{M}]$ の間の整数 l を τ/ε_B と表そう．このとき，(D.4) 式の最後の関係式を各分割において用いて，(D.8) 式の右辺に対応する表式は

$$\int \frac{d\Psi_0^{(\mathrm{R})}d\Psi_0^{(\mathrm{I})}}{\pi}\langle\Psi_0|e^{-\beta\hat{h}}|\Psi_0\rangle e^{-|\Psi_0|^2} = \prod_{k=0}^{M-1}\int \frac{d\Psi_k^{(\mathrm{R})}d\Psi_k^{(\mathrm{I})}}{\pi}\langle\Psi_0|e^{-\varepsilon_B\hat{h}}|\Psi_1\rangle e^{-|\Psi_k|^2}$$
$$\times\langle\Psi_1|e^{-\varepsilon_B\hat{h}}|\Psi_2\rangle\cdots\langle\Psi_{M-1}|e^{-\varepsilon_B\hat{h}}|\Psi_M\rangle \tag{D.10}$$

となる．ただし，統計和をとっているので，"周期" 境界条件

$$\Psi_M = \Psi_0 \tag{D.11}$$

が付加条件として必要である．さらに $\varepsilon_B \ll 1$ であることを利用して

$$\langle\Psi_k|\exp(-\varepsilon_B h[\hat{b}^{\dagger},\hat{b}])|\Psi_{k+1}\rangle \simeq \langle\Psi_k|(1-\varepsilon_B h[\hat{b}^{\dagger},\hat{b}])|\Psi_{k+1}\rangle$$
$$= \langle\Psi_k|\Psi_{k+1}\rangle(1-\varepsilon_B h[\Psi_k^*,\Psi_{k+1}])$$
$$\simeq \exp(\Psi_k^*\Psi_{k+1} - \varepsilon_B h[\Psi_k^*,\Psi_k]) \tag{D.12}$$

であることを用いると，

$$\int \frac{d\Psi_0^{(\mathrm{R})}d\Psi_0^{(\mathrm{I})}}{\pi}\langle\Psi_0|\exp(-\beta\hat{h})|\Psi_0\rangle e^{-|\Psi_0|^2}$$
$$= \prod_{k=0}^{M-1}\int \frac{d\Psi_k^{(\mathrm{R})}d\Psi_k^{(\mathrm{I})}}{\pi}\times\exp\left(-\varepsilon_B\sum_{k=0}^{M-1}\left[\Psi_k^*\frac{(\Psi_k-\Psi_{k+1})}{\varepsilon_B}+h[\Psi_k^*,\Psi_k]\right]\right)$$
$$\simeq \int \frac{d\Psi^{(\mathrm{R})}(\tau)d\Psi^{(\mathrm{I})}(\tau)}{\pi}\exp\left(-\hbar^{-1}\int_0^{\hbar\beta}d\tau\left[\Psi^*(\tau)\right.\right.$$
$$\left.\left.\times\left(-\hbar\frac{\partial}{\partial\tau}-\mu\right)\Psi(\tau)+\frac{U_0}{2}(\Psi^*(\tau))^2(\Psi(\tau))^2\right]\right) \tag{D.13}$$

となる．こうして，最終的にボース多粒子系の分配関数は

$$Z = \int \frac{d\Psi^{(\mathrm{R})}(\boldsymbol{r};\tau) d\Psi^{(\mathrm{I})}(\boldsymbol{r};\tau)}{\pi} \exp\left(-\hbar^{-1} \int_0^{\hbar\beta} d\tau \int d^3\boldsymbol{r} \left[\Psi^*(\boldsymbol{r};\tau)\right.\right.$$
$$\left.\left.\times \left(\frac{\partial}{\partial\tau} - \frac{\hbar^2}{2m_B}\nabla^2 - \mu\right)\Psi(\boldsymbol{r};\tau) + \frac{U_0}{2}(\Psi^*(\boldsymbol{r};\tau))^2(\Psi(\boldsymbol{r};\tau))^2\right]\right) \quad \text{(D.14)}$$

という古典的な場 Ψ で，従って相転移のランダウ理論の記述にもつながる形に書き換えられることになる．ここで，ボース粒子の量子性は Ψ の虚時間依存性に反映されていることになり，境界条件 (D.11) に相当する

$$\Psi(\boldsymbol{r};0) = \Psi(\boldsymbol{r};\beta) \quad \text{(D.15)}$$

を考慮に入れる必要がある．

E　ガウス分布の場合の相関関数の導出

変数 θ_a がガウス分布するときには，$\langle \exp(i\sum_a c_a\theta_a)\rangle$ というタイプの量の計算がかなり簡単化できる．ここで，添え字 a は座標などの自由度を表し，c_a は定数とする．具体的に書けば，

$$\langle \exp(i\sum_a c_a\theta_a)\rangle = \left[\int \prod_i d\theta_i \exp\left(-\frac{1}{2}\sum_{i,j}\beta_{ij}\theta_i\theta_j\right)\right]^{-1}$$
$$\times \int \prod_i d\theta_i \exp\left(i\sum_i c_i\theta_i - \frac{1}{2}\sum_{i,j}\beta_{ij}\theta_i\theta_j\right) \quad \text{(E.1)}$$

となるが，最後の指数の肩を

$$i\sum_i c_i\theta_i - \frac{1}{2}\sum_{i,j}\beta_{ij}\theta_i\theta_j = -\frac{1}{2}\sum_{i,j}[\beta_{ij}(\theta_i - \mathrm{i}\beta_{ik}^{-1}c_k)(\theta_j - \mathrm{i}\beta_{jl}^{-1}c_l) + \beta_{ij}^{-1}c_ic_j]$$
$$\text{(E.2)}$$

を書き直して，$\langle\theta_i\theta_j\rangle = \beta_{ij}^{-1}$ を使えば直ちに

$$\langle \exp(i\sum_j c_j\theta_j)\rangle = \exp\left(-\frac{1}{2}\langle\theta_i\theta_j\rangle c_ic_j\right) \quad \text{(E.3)}$$

を得る．

196   付録

なお，具体的に上式に従って相関関数を計算する際に，指数の肩に現れる波数積分を実行するために次のパラメタ積分

$$\frac{1}{A} = \int_0^\infty d\rho \exp(-\rho A) \tag{E.4}$$

がしばしば有用になる．

F 位相のみのモデルにおける双対変換

ボース超流動に対する非圧縮極限，いわゆる位相のみの近似での自由エネルギー汎関数を 2 次元クーロンガス表示 (2.37) や 3 次元渦糸系の形に書き直すには，本文 1.4 節で用いた方法以外にも，もっと形式的な双対性に基づいた方法がある．ロンドンモデルを用いた超伝導転移の記述にも直接関係のある双対変換の手法をここで紹介する．"双対" という用語の意味は，分配関数の変換を行う中で明らかになる．

例として，ゼロ磁場下の 3 次元ボース多体系を位相の熱揺らぎのみを考慮する近似で，つまり，分配関数 (2.64) を調べる．そのために，ガウス積分の公式

$$\exp\left(-\frac{y^2}{2}\right) = (2\pi)^{-1/2} \int dx \exp\left(-\frac{x^2}{2} + ixy\right) \tag{F.1}$$

を用いて，$\nabla \varphi_B$ の縦成分の寄与の項において部分積分をして統計和をとることにより，上式は

$$Z \propto \mathrm{Tr}_{\varphi_{B,\mathrm{sing}}} \int \mathcal{D}\boldsymbol{J}\, \delta(\boldsymbol{\nabla} \cdot \boldsymbol{J}) \exp\left(-\int d^3\boldsymbol{r} \left[\frac{1}{2K}\boldsymbol{J}^2 - i\boldsymbol{J} \cdot \boldsymbol{\nabla}\varphi_{B,\mathrm{sing}}\right]\right) \tag{F.2}$$

となる．ただし，位相の特異点から $\boldsymbol{\nabla}\varphi_B$ の横成分が生じることから添え字 sing がつけられている．導入されたベクトル場 $\boldsymbol{J}$ に関する条件 $\boldsymbol{\nabla} \cdot \boldsymbol{J} = 0$ は特異性のない位相に関して積分した結果である．この条件を消すには，$\boldsymbol{J} = \boldsymbol{\nabla} \times \boldsymbol{A}_d$ と書き直せばよい．部分積分の結果，渦度に相当する場 $\boldsymbol{n}_\phi = [\boldsymbol{\nabla} \times \boldsymbol{\nabla}\varphi_{\mathrm{sing}}]/(2\pi)$ （(2.27) 式参照）を用いて

$$Z \propto \mathrm{Tr}_{\boldsymbol{n}_\phi} \int \mathcal{D}\boldsymbol{A}_d \exp\left(-\int d^3\boldsymbol{r} \left[\frac{1}{2K}(\boldsymbol{\nabla} \times \boldsymbol{A}_d)^2 - i\boldsymbol{A}_d \cdot \boldsymbol{n}_\phi\right]\right) \tag{F.3}$$

と書き直される．そして，$\boldsymbol{A}_d$ について積分して，$\boldsymbol{n}_\phi$ の定義を使えば，(2.37)

式を得る.

しかし，以下では双対表示 (F.3) 自体を直接利用することにする（$K \propto \beta$ であるから，上式では高温と低温が逆転した記述になっているので，元のモデルに双対と呼ばれる）．そのためにまず，渦芯のサイズより大きなスケールで見たとき，$\boldsymbol{n}_\phi$ は整数値の大きさを持ち，渦線の接線方向のベクトルと見ることができることに着目して，(2.38) 式と同様に渦線の生成エネルギー項を現象論的に導入する．さらに，上記の分配関数には明示されていない，渦線が途中で生成や消滅したりはしないという条件 $\boldsymbol{\nabla} \cdot \boldsymbol{n}_\phi = 0$ が含まれている．これを，

$$\delta(\boldsymbol{\nabla} \cdot \boldsymbol{n}_\phi) = \int \frac{d\Phi_d}{2\pi} \exp(-i\boldsymbol{n}_\phi \cdot \boldsymbol{\nabla} \Phi_d) \tag{F.4}$$

という形で取り込んで，分配関数は

$$Z \propto \mathrm{Tr}_{\boldsymbol{n}_\phi} \int \mathcal{D}\boldsymbol{A}_d \mathcal{D}\Phi_d \exp\left(-\int d^3\boldsymbol{r}\left[\frac{1}{2K}(\boldsymbol{\nabla} \times \boldsymbol{A}_d)^2 - i(\boldsymbol{A}_d + \boldsymbol{\nabla}\Phi_d)\cdot \boldsymbol{n}_\phi + E_c \boldsymbol{n}_\phi^2\right]\right) \tag{F.5}$$

を得る．さらに，E_c が十分小さければ，上式での $\boldsymbol{n}_\phi$-和は cos-関数の近似式を使って

$$\sum_{\boldsymbol{n}_\phi} \exp(-E_c \boldsymbol{n}_\phi^2 + i\boldsymbol{n}_\phi \cdot (\boldsymbol{\nabla}\Phi_B + \boldsymbol{A}_d))$$

$$\simeq \left(\frac{\pi}{E_c}\right)^{3/2} \exp\left(\frac{1}{2E_c}\sum_{\mu=x,y,z}\cos(\nabla_\mu \Phi_B + A_{d,\mu})\right) \tag{F.6}$$

という書き換えができる．こうして，分配関数は最終的に

$$Z \propto \int \mathcal{D}\boldsymbol{A}_d \mathcal{D}\Phi_d \exp\left(-\int d^3\boldsymbol{r}\left[\frac{1}{2\,K}(\boldsymbol{\nabla} \times \boldsymbol{A}_d)^2\right.\right.$$

$$\left.\left. -\frac{1}{2E_c}\sum_{\mu=x,y,z}\cos(A_{d,\mu} + \nabla_\mu \Phi_d)\right]\right) \tag{F.7}$$

となる．このゲージ場の揺らぎ $\boldsymbol{A}_d$ を含んだ O(2) シグマモデルは，超伝導のロンドンモデルに渦励起を含んだモデルに他ならないので，電荷のないボソン系の熱揺らぎによる超流動転移を双対なモデルで書くと第二種極限の超伝導転移になる，ということになる．従って，電荷のないボソン超流動転移の臨界現象が XY スピン系のユニバーサリティクラスになると信じられているので，

198 付 録

第二種極限の超伝導転移は連続転移であるが，その臨界現象は（温度の向きが逆になったという意味で）Inverted XY ユニバーサリティクラスということになる．この 2 つの問題の双対性は超伝導転移の様々な議論 [96] や古典系における液晶相間の相転移という（理論的に）関連する問題 [97] などで繰り返し用いられてきた．第二種超伝導体でのゼロ磁場超伝導転移が 2 次転移という事実は，この理論結果から疑いのない事実であるが，一方で Inverted XY ユニバーサリティクラスが確認されたという報告はない．

G 低温展開による相転移の記述—非線形シグマモデル

ここでは，ボース系の位相のみの作用 (2.64) 式に関連して，N 成分を持つスピン $\boldsymbol{S}$ が秩序パラメタとなる磁性体に対する非線形シグマモデル

$$\beta\mathcal{H}_\sigma = \frac{K_\sigma}{2} \int d^D\boldsymbol{r}(\partial_\mu\boldsymbol{S})^2 \tag{G.1}$$

が示す強磁性相転移を考えよう．ここで，∂_μ は空間座標に関するグラディエントを表し，スピン空間の成分は以下でローマ字アルファベットで表す．また，条件

$$\boldsymbol{S}^2(i) = 1 \tag{G.2}$$

を通して，スピンのサイズは決まっているものとする．このモデルは格子上におかれたスピン間の交換相互作用のみからなる，いわゆるハイゼンベルクモデル

$$\beta\mathcal{H}_S = -K_\sigma \sum_{\langle i,j \rangle} \boldsymbol{S}(i) \cdot \boldsymbol{S}(j) \tag{G.3}$$

において，その強磁性相の南部–ゴールドストーン（NG）モードであるスピン波の自由度だけに着目して連続体近似で取り扱ったモデルに他ならない．

モデル (G.1) において，スピンの熱揺らぎ $\tilde{S}_\mu(\mathbf{k}) = \int_{\boldsymbol{r}} S_\mu(\boldsymbol{r})e^{-i\boldsymbol{k}\cdot\boldsymbol{r}}$ の長波長（$|\boldsymbol{k}| < \Lambda$）成分の効果を検討するために，揺らぎの波数 $|\boldsymbol{k}|$ の領域を 2 つの領域 $|\boldsymbol{k}| < \Lambda - \delta\Lambda$，$\Lambda - \delta\Lambda < |\boldsymbol{k}| < \Lambda$ に分けて，後者の波数空間の "殻" 内の（つまり短波長側での）揺らぎを積分した繰り込み効果を調べる．そのために，

G 低温展開による相転移の記述—非線形シグマモデル **199**

S_μ を

$$\mathbf{S} = \mathbf{S}'\sqrt{1-\phi^2} + \sum_{a=1}^{N-1} \phi_a \boldsymbol{e}^{(a)} \tag{G.4}$$

と表示する [99]. ここで，長波長側で定義された局所座標系 $(S'_\mu,\, e_\mu^{(a)})$ の直交性 $\boldsymbol{S}' \cdot \boldsymbol{e}^{(a)} = 0$，などと完全性 $S'_\lambda S'_\rho + \sum_{a=1}^{N-1} e_\mu^{(a)} e_\rho^{(a)} = \delta_{\mu,\rho}$ が成り立ち，これにより

$$\partial_\mu \boldsymbol{e}^{(a)} \simeq -[\boldsymbol{e}^{(a)} \cdot \partial_\mu \boldsymbol{S}']\boldsymbol{S}' \tag{G.5}$$

が得られ，一方の短波長揺らぎは $N-1$ 成分のベクトル場 ϕ_a で表されるとする．そのとき，(G.4) を (G.1) に代入し，ϕ_a に関し最低次までを残すと，$\mathcal{H}_\sigma$ は $\mathcal{H}_\sigma^{(0)} + \mathcal{H}_\sigma^{(\mathrm{int})} + \mathcal{H}_\sigma^{(1)}$ と書かれる．ここで，

$$\beta\mathcal{H}_\sigma^{(0)} = \frac{K_\sigma}{2} \int d^D\boldsymbol{r}(\partial_\mu \boldsymbol{S}')^2,$$
$$\beta\mathcal{H}_\sigma^{(1)} = \frac{K_\sigma}{2} \int d^D\boldsymbol{r}(\partial_\mu \boldsymbol{\phi})^2,$$
$$\beta\mathcal{H}_\sigma^{(\mathrm{int})} = \sum_{\mu,a,b} \frac{K_\sigma}{2} \int d^D\boldsymbol{r}\,[\,(\boldsymbol{e}^{(a)} \cdot \partial_\mu \boldsymbol{S}')\,(\boldsymbol{e}^{(b)} \cdot \partial_\mu \boldsymbol{S}')\phi_a\phi_b$$
$$-\delta_{a,b}(\partial_\mu \boldsymbol{S}')^2\phi_a\phi_b\,) \tag{G.6}$$

となる．$\beta\mathcal{H}^{(1)}$ の式から $\langle|\phi_a(\boldsymbol{k})|^2\rangle = (K_\sigma k^2)^{-1}$ であることを用いると，$\mathcal{H}^{(\mathrm{int})}$ に関し最低次まで ϕ_a に関する統計和をとって指数の肩に再度乗せると，$\beta\mathcal{H}^{(0)}$ は

$$\beta\mathcal{H}_{\sigma,\,\mathrm{eff}}^{(0)} = \left(\frac{K_\sigma}{2} - \frac{N-2}{4\pi}\frac{\delta\Lambda}{\Lambda}\right) \int d^D\boldsymbol{r}(\partial_\mu \boldsymbol{S}')^2\bigg|_{|\boldsymbol{k}|<\Lambda-\delta\Lambda} \tag{G.7}$$

となる．ここで，積分では前述の長波長成分 $|\boldsymbol{k}| < \Lambda - \delta\Lambda$ のモードのみが含まれている．繰り込みの項の因子 $N-2$ のうち，"$N-1$" は $\mathcal{H}^{(\mathrm{int})}$ の第 2 項から，残りの "-1" がその第 1 項から生じる．ところで，連続相転移が起こる温度では相関長が発散しており，現象のスケール不変性が満たされると考えられる．このため，揺らぎの持つ波数も元の積分領域 $[0, \Lambda]$ に揃えた方が都合がいい．そこでスケール変換 $|\boldsymbol{k}|/(1-\delta\Lambda/\Lambda) \to |\boldsymbol{k}|$ を施して，スケール不変性の条

200   付録

件

$$\frac{K_\sigma}{2} = \left(\frac{K_\sigma}{2} - \frac{N-2}{4\pi}\frac{\delta\Lambda}{\Lambda}\right) \cdot \left(\frac{\Lambda}{\Lambda - \delta\Lambda}\right)^{D-2} \tag{G.8}$$

を設定して，繰り込み群変換の手続きが終了する．

　上式は，$\delta\Lambda \to 0$ として微分方程式

$$\frac{dK^{-1}}{d\ln\Lambda} = -(D-2)K^{-1} + \frac{N-2}{2\pi}K^{-2} \tag{G.9}$$

に直した方が扱いやすい．この式から様々なことがわかる．例えば，スケール不変な点（固定点と呼ぶ）で右辺をゼロにして，

$$(K^*)^{-1} = 2\pi\frac{D-2}{N-2} \tag{G.10}$$

を得る．これは，このモデル内で得られる $(K^*)^{-1}$ に比例する臨界温度に関する情報である．

　まず，2 次元（$D = 2$）に限ると，$N > 2$ では有限温度で相転移は起きないという結論を得る一方で，XY（$N = 2$）の場合は例外であることを (G.10) 式は示唆する．次に，高次元（$D > 2$）では XY モデルの極限で得られる相転移温度は無限に高くなり，この解析で無視された渦励起が有限温度での相転移の理解にとって重要であることを意味する．そして，秩序パラメタの成分 N が小さく 2 に近いほど，正常相への相転移はより高温側で生じることになる．ここで重要な点は，$N = 2$ の XY モデルとは異なり，$N > 2$ では NG モードだけから有限温度での相転移が誘起されることを，上式は示唆している点である．

　実は，モデル (G.3) の分配関数をランダウ自由エネルギー汎関数の形式に書き換えることもできる（しばしば，Hubbard-Stratonovich 変換と呼ばれる）．これは，著名な専門書 [100] に演習問題として与えられているので，その説明はここでは省く．重要なことは，上記の非線形シグマモデルで見たのと同様に，スピンが多成分（$N > 2$）かつ 3 次元系（$D > 2$）の場合には，ランダウ自由エネルギーの形式においても得られる唯一の相転移が強磁性–常磁性相間の転移であることで，全く同じ相転移を前者では低温側から強い揺らぎを仮定して，後者では高温側から弱い揺らぎを仮定して，見ているという点である．

一方，XY モデル（$N = 2$）では 3 次元においてもこうはならず，低温展開で相転移を得るには渦励起が必要なのである．

　なお，ここでの議論の応用として，第 6 章で紹介された渦格子の融解の場合でも渦の位置の変位場が磁場に垂直な 2 成分しか持たないことから，XY スピンモデルに該当する結果が期待される．すなわち，弾性揺らぎモードだけでは渦固体の融解転移にはつながらず，渦固体の転位（ディスローケーション）などトポロジカル欠陥の役割が必要と考えられる．実際，コステリッツ–サウレス転移の理論手法を応用することにより，熱的揺らぎが誘起する液晶（Hexatic）中間相が 2 つの連続転移に挟まれて実現することが予言された [7]．しかし，このシナリオが（理想的までに乱れの効果のない）2 次元量子渦状態に適用できるかどうか，疑問である．また，3 次元渦糸格子を転位輪（ディスローケーション　ループ）の熱的励起が渦格子を融解させるという類似の手法が予言する Hexatic 液体相 [101] は，1 次融解転移という実験事実と相容れないことが明らかにされた．

H　ボース多体系へのパルケ近似による臨界挙動の導出

　電気的に中性なボース多粒子系の超流動相への 2 次転移が示す臨界現象は，系の詳細（例えば，GP 方程式の係数の値）には依らない普遍的な臨界指数により特徴づけられる．この普遍性の根底にあるのが，スケール変換に対して系が持つ不変性であり，これを課したうえで繰り込み群の方法を用いることにより臨界現象は通常記述される．解析的に繰り込み群計算を実行できる便利な方法として，ウィルソンが考案した $\varepsilon(= 4 - D)$ 展開の方法がある．この方法は，ボース多粒子系のハミルトニアンにおいて臨界領域を表現する際に，系の次元を D 次元に一般化して $D \to 4 - 0$ に近づけると（非ガウス揺らぎによる）臨界領域が消失する，という事実に基づいている．そこで，$4 - D = \varepsilon$ を小さいパラメタとして臨界指数の決定を ε で展開して求める方法が考えられる．しかし，元来，与えられた量子多体系のモデルに関する統計力学の結果として臨界現象は説明できるはずで，ガウス近似は臨界領域の外（高温側）で正しいという点を合わせると，臨界領域の記述は正常（非超流動）相にあって強く相互作用しあうボース系を記述することで達成できるはずである．この強相関系を扱

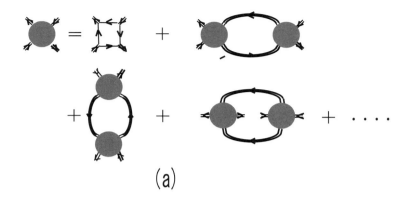

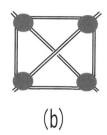

図 H.1 (a) 繰り込まれた 4 点バーテックス関数を与えるダイアグラム．最後の ···· で表されている項（ノンパルケ（nonparquet）項）を無視するのがパルケ近似である．図 (b) はノンパルケ項に属するダイアグラムの一例である．

う際に，上記の ε を小さい摂動展開のためのパラメタとみなすとすれば，臨界指数などの普遍量が得られることがわかる．この節では，標準的な繰り込み群計算の解説は他書に譲るとして，多体問題としての記述から臨界指数が正しく得られることを紹介しよう．以下では，原論文 [98] に沿った端的な説明を与える．

式 (2.15) で与えられたボソン多粒子系の作用を量子揺らぎ（Ψ の τ 依存性）を無視して考える．多粒子系の中から 2 粒子を取り出したとき，その 2 体相互作用は他の粒子との相互作用によって繰り込まれた有効相互作用であって，それは (2.15) 式に与えられた裸の相互作用が波数に依らない u (> 0) であっても一般に波数に依存する（3.4 節も参照）．具体的に，有効相互作用は 4 点

バーテックス関数 $P(\boldsymbol{p}_1, \boldsymbol{p}_2; \boldsymbol{p}_3, \boldsymbol{p}_4)$ を使って

$$\mathcal{S}_{\text{eff}}^{(4)} = \frac{1}{4V} \sum_{\boldsymbol{p}_j} P(\boldsymbol{p}_1, \boldsymbol{p}_2; \boldsymbol{p}_3, \boldsymbol{p}_4) \delta_{\boldsymbol{p}_1 + \boldsymbol{p}_2, \boldsymbol{p}_3 + \boldsymbol{p}_4} \Psi_{\boldsymbol{p}_1}^* \Psi_{\boldsymbol{p}_2}^* \Psi_{\boldsymbol{p}_3} \Psi_{\boldsymbol{p}_4} \tag{H.1}$$

の形をとる．繰り込まれた揺らぎ伝播関数 $\mathcal{D}_{\boldsymbol{q}}^{(R)}$ は臨界点から離れていれば，$\mathcal{D}_{\boldsymbol{q}}^{(R)} = (r + q^2)^{-1}$ と書けるとしよう．既に述べたように，$\varepsilon = 4 - D$ 展開を正当化するところから始める．この 4 点バーテックス関数を厳密に評価することはもちろんできないが，パルケ（Parquet）近似と呼ばれる次のダイアグラムの部分和をとることにより，正当化できる評価が可能となる．図 H.1 にあるように，図 H.1(b) のようなノンパルケ項を無視すれば任意のダイアグラムは図 H.1(a) の 3 つのチャンネルのいずれかに属する．両端の 4 点バーテックスも P であるので，次のダイソン方程式が成り立つ：

$$P(\boldsymbol{q}) \equiv P(\boldsymbol{q}, 0; \boldsymbol{q}, 0) = 2u - \left(2 + \frac{1}{2}\right) \int_{\boldsymbol{p}} \mathcal{D}_{\boldsymbol{p}}^{(R)} \mathcal{D}_{\boldsymbol{p}+\boldsymbol{q}}^{(R)} P^2(\boldsymbol{q}, 0; \boldsymbol{p} + \boldsymbol{q}, \boldsymbol{p})$$

$$\simeq 2u - \frac{5}{16\pi^2} \int_q^{p_c} \frac{dp}{p} P^2(p) \tag{H.2}$$

ここで，バーテックス P 自体が小さい量であることを暗に仮定した．また，臨界点上 $r = 0$ で，かつ短波長で $\mathcal{D}_{-\boldsymbol{p}}^{(R)} = \mathcal{D}_{\boldsymbol{p}}^{(R)} = p^{-2}$，4 次元波数空間での角度積分が

$$\int_0^{2\pi} d\phi \int_0^{\pi} d\theta_1 \sin\theta_1 \int_0^{\pi} d\theta_2 \sin^2\theta_2 = 2\pi^2 \tag{H.3}$$

を満たす，といった事実を使った．$\ln p^{-1} = \xi'$, $\ln q^{-1} = \xi$ とすると，解が

$$P(\xi) = 2u \left(1 + \frac{5u}{8\pi^2}\xi\right)^{-1} \simeq \frac{16}{5}\pi^2 (\ln q^{-1})^{-1} \tag{H.4}$$

となる．この結果を $D = 4 - \varepsilon$ 次元のものにするには $\ln q^{-1}$ を $(q^{-\varepsilon} - 1)/\varepsilon$ で置き換えれば，発散の主要部分は正しく表現できている．結局，

$$P(q) \simeq \frac{16}{5}\pi^2 \varepsilon q^\varepsilon \tag{H.5}$$

となる．斥力の有効的な強さ（u の繰り込まれた値）である 上式において q^2 を $|\varepsilon_0|_{cr}$ で置き換えて，P が裸の強さ u 程度になるか否かで臨界領域 $|\varepsilon_0|_{cr}$ を

図 H.2 3点バーテックス Λ の微分（スラッシュ）$\partial\Lambda/\partial r$ を表すダイアグラム．右辺において，$\varepsilon = 4 - D$ に関して高次の寄与につながる項は無視されている．

定義できるとすると

$$|\varepsilon_0|_{cr} \simeq \left(\frac{5\,u}{16\pi^2\varepsilon}\right)^{2/\varepsilon} \tag{H.6}$$

となり，本文での Gi を与える式 (5.31) と同じ形である．ε に関する展開法として，(H.5) 式の右辺が $O(\varepsilon)$ で小さいという結果は，先述の仮定と矛盾しない．

次に，図 H.2 に示したバーテックス $\Lambda(p) = \partial[\mathcal{D}^{(R)}(\boldsymbol{p})]^{-1}/\partial\varepsilon_0$ を $p \to 0$ の極限で調べてみる．ここで図 H.1(a) において示された4点バーテックスは図 H.1 の各図に共通の粒子–ホールチャンネルでは既約であり，他の2つのチャンネル（他方の粒子–ホールチャンネルと粒子–粒子チャンネル）で表現されることに注意する．$\Lambda(0)$ を $r = [\mathcal{D}_0^{(R)}]^{-1}$ で微分することにより，伝播関数の対を引っ張り出して自己無撞着な式を作れることを利用して

$$\frac{\partial\Lambda(0)}{\partial r} = -\int_q P(q)\frac{\partial}{\partial r}\mathcal{D}_{\boldsymbol{q}}^2\,\Lambda(q)$$
$$+ \left(1 + \frac{1}{2}\right)\int_q\int_p P^2\,\mathcal{D}_{\boldsymbol{q}}^2\Lambda(q)\frac{\partial}{\partial r}(\mathcal{D}_{\boldsymbol{p}}\mathcal{D}_{\boldsymbol{p+q}}) \tag{H.7}$$

が成り立つ．さらに，図 H.1 に従って

$$P(q) - P(0) \simeq -\left(1 + \frac{1}{2}\right)P^2(0)\int_p(\mathcal{D}_{\boldsymbol{p+q}} - \mathcal{D}_{\boldsymbol{p}})\mathcal{D}_{\boldsymbol{p}} \tag{H.8}$$

を式 (H.7) の右辺第1項に使うと

$$\frac{\partial\ln\Lambda(0)}{\partial r} \simeq -P(0)\int_q\frac{\partial}{\partial r}\mathcal{D}_{\boldsymbol{q}}^2 + \frac{3}{2}[P(0)]^2\frac{\partial}{\partial r}\int_q\int_p\mathcal{D}_{\boldsymbol{q}}^2\left(\mathcal{D}_{\boldsymbol{p}}\mathcal{D}_{\boldsymbol{p+q}} - \frac{1}{2}\mathcal{D}_{\boldsymbol{p}}^2\right) \tag{H.9}$$

が成り立つ．また，類似の解析を $\partial P/\partial r$ に対して実行し，(H.9) 式と比較す

ることにより

$$\frac{\partial \ln P}{\partial r} = \frac{5}{2}\frac{\partial \ln \Lambda(0)}{\partial r} + \frac{17}{4}P^2 \int_q \int_p \frac{\partial}{\partial r}\mathcal{D}_q^2\left(\mathcal{D}_p\mathcal{D}_{p+q} - \frac{1}{2}\mathcal{D}_p^2\right) \tag{H.10}$$

となる．右辺は p，q 積分を 4 次元で実行し，先述の P の式を用いると $-\varepsilon^2 r^{\varepsilon-1}/100$ となるが，左辺は $\varepsilon/(2r)$ となるため，ε の最低次まで，かつ $r \to +0$ 極限で (H.9) 式の最後の項は無視できて，$\partial \ln\Lambda/\partial r = \varepsilon/(5r)$ となる． $\Lambda(0) = \partial r/\partial \varepsilon_0$ に注意して，r は相関長 $\xi(T) \propto (\varepsilon_0)^{-\nu}$ を使って $r \propto \xi^{-2}(T)$ であることを使うと，相関長の臨界指数 ν が

$$\nu = \frac{1}{2}\left(1 + \frac{\varepsilon}{5}\right) \tag{H.11}$$

となる．また，比熱 C の臨界挙動が $\partial^2 f_{\rm sing}/\partial \varepsilon_0^2$ と表され，(H.11) 式により，$C \sim (T - T_c)^{-\alpha}$ で定義される比熱の指数 α は

$$\alpha \simeq \frac{\varepsilon}{10} \tag{H.12}$$

となる．これらの臨界指数に関する結果は，O (n) シグマモデルの $n = 2$ のよく知られた結果と一致する．

I 平均場近似における TDGL 方程式系

現象論的な TDGL 方程式は散逸ダイナミクスを伴うので，散逸関数を定義して，以下のように閉じた方程式系で表現できる．

GL 自由エネルギー (3.126) 式の各場の量の時間依存を考慮して，その時間微分を調べよう．秩序パラメタはスカラーポテンシャルゼロのゲージで (4.55) 式を満たし，電磁場はマクスウェル方程式

$$\mathrm{curl}\boldsymbol{E} = -\frac{1}{c}\frac{\partial \boldsymbol{B}}{\partial t},$$
$$\mathrm{curl}\boldsymbol{B} = \frac{1}{c}\frac{\partial \boldsymbol{E}}{\partial t} + \frac{4\pi}{c}(\boldsymbol{j}_n + \boldsymbol{j}) \tag{I.1}$$

に従う．ここで，第 2 式の最後の項では正常状態の電流密度 $\boldsymbol{j}_n$ も加わっている．(3.126) 式を直接時間微分して，次の式が導出されることがわかる．

$$\frac{dF_{\mathrm{GL}}}{dt} = -W - \nabla \cdot \boldsymbol{j}_E,$$

$$W = \boldsymbol{j}_n \cdot \boldsymbol{E} + 2\gamma^{(1)} \left| \frac{\partial \Delta}{\partial t} \right|^2$$

$$\boldsymbol{j}_E = -N(0)\xi_{\mathrm{GL}}^2(0) \left[i \frac{\partial}{\partial t} \Delta^* \left(-i\boldsymbol{\nabla} + \frac{2\pi}{\phi_0} \boldsymbol{A} \right) \Delta + \mathrm{c.c.} \right] + \frac{c}{4\pi} \boldsymbol{E} \times \boldsymbol{B}. \quad (\mathrm{I.2})$$

ここで，W は散逸関数，$\boldsymbol{j}_E$ の第 1 項はエネルギー流の超伝導成分，第 2 項はポインティングベクトルである．

(4.56) 式の左辺で行った置き換えを $\langle W \rangle_s$ の第 2 項に直接代入して

$$\langle W \rangle_s = (\sigma_n + \sigma_v) E^2 \quad (\mathrm{I.3})$$

となることは容易に確認できる．つまり，渦糸フローの存在を仮定すれば，(4.54) 式の伝導度 σ_v はこのようにしても確かめることができる．

J　渦格子に関する数学的補遺

最低ランダウ準位（LLL）内で作られた渦格子解のスライディングを考える際に，因子 $\langle 1,0|1,0 \rangle_s$，$\langle 0,0|1,1 \rangle_s$ が計算の途中で登場する．同じ因子が (4.63) を導出する際にも必要となる．ここで，これらの因子の計算方法の一例を示しておく．

直接 $\langle n,p|m,q \rangle_s$ を考える代わりに，

$$\langle \varphi_0^*(\boldsymbol{r};\boldsymbol{r}_0)\, \varphi_0^*(\boldsymbol{r};0)\, \varphi_0(\boldsymbol{r};\boldsymbol{r}_0)\, \varphi_0(\boldsymbol{r};0) \rangle_s, \quad (\mathrm{J.1})$$

と

$$\langle \varphi_0^*(\boldsymbol{r};0)\, \varphi_0^*(\boldsymbol{r};0)\, \varphi_0(\boldsymbol{r};\boldsymbol{r}_0)\, \varphi_0(\boldsymbol{r};-\boldsymbol{r}_0) \rangle_s \quad (\mathrm{J.2})$$

を (6.3) 式のようにフーリエ表示で表し，その $\boldsymbol{r}_0^2$ 項に着目すれば

$$\langle 1,0|1,0 \rangle_s = \frac{1}{2}\beta_A \quad (\mathrm{J.3})$$

を得る．

さらに，$\langle 0,0|1,1 \rangle_s$ は (6.3) 式のようにフーリエ表示で書くと $-\sqrt{2}\,\langle 0,0|2,0 \rangle_s$

であることがわかるが，一方で後者の量は渦格子が正方格子のときはその 4 回対称性により，あるいは三角格子のときはその 6 回対称性により，正確にゼロになることが以前から知られている [36]．しかし，図 4.4(b) のような 2 回対称性しか持たない格子構造の場合，一般に $\langle 0, 0 | 2, 0 \rangle_s$ はゼロにならない．本文中にも触れたように，このことは多成分 GL モデルでの渦格子の電磁応答の理解にとって重要な点になるかもしれない．

参考文献

[1] R. P. Feynman, *Statistical Mechanics: A Set of Lectures* (Addison Wesley, 1972).

[2] D. S. Fisher and P. C. Hohenberg, Phys. Rev. B **37**, 4936 (1988).

[3] T. Matsubara, Prog. Theor. Phys. **14**, 351 (1955).

[4] V. Ambegaokar, B. I. Halperin, D. R. Nelson, E.D. Siggia, Phys. Rev. B **21**, 1806 (1980).

[5] J. M. Kosterlitz, J. Phys. C **7**, 1046 (1974).

[6] P. Minnhagen, Rev. Mod. Phys. **59**, 1001 (1987).

[7] D. R. Nelson, in *Phase Transitions and Critical Phenomena* Vol.7, ed. by C. Domb and J. L. Lebowitz (Academic Press, 1983).

[8] R. J. Myerson, Phys. Rev. B **18**, 3204 (1978); G. Williams, Phys. Rev. Lett. 59, 1926 (1987).

[9] ランダウ，リフシッツ（小林秋男他 訳），『統計物理学（上）』（岩波書店，1980）．

[10] A. I. Larkin and A. Varlamov, *Theory of Fluctuations in Superconductors* (Oxford University Press, 2005).

[11] D. Sherrington, Phys. Rev. B **22**, 5553 (1980).

[12] X. T. Wu and R. Ikeda, Phys. Rev. B **83**, 104517 (2011) とその引用文献.

[13] J. Bardeen, L. N. Cooper, J. R. Schrieffer, Phys. Rev. **108**, 1175 (1957).

[14] P. G. de Gennes, *Superconductivity of Metals and Alloys* (Addison-Wesley, 1989).

[15] アブリコソフ，ゴリコフ，ジャロシンスキー（松原武生他 訳），『統計物理学における場の量子論の方法』（東京図書，1970）．

[16] リフシッツ，ピタエフスキー（碓井恒丸 訳），『量子統計物理学』（岩波書店，1982）．

[17] A. J. Leggett, Phys. Rev. **140**, A1869 (1965).

[18] S. Nakajima, Prog. Theor. Phys. 50, 1101 (1973).

[19] N. N. Bogoliubov, Nuovo Cimento **7**, 794 (1958).

[20] P. W. Anderson, J. Phys. Chem. Solids **11**, 26 (1959).

[21] P. A. Lee and T. V. Ramakrishnan, Rev. Mod. Phys. **57**, 287 (1985).

[22] A. M. Finkelstein, Physica B **197**, 636 (1994).

[23] A. I. Larkin, JETP Lett. **2**, 205 (1965).

[24] A. J. Leggett, Rev. Mod. Phys. **47**, 331 (1975).

[25] V. N. Popov, *Functional Integrals and Collective Excitations* (Cambridge University Press, 1987).

[26] D. Rainer and J. W. Serene, Phys. Rev. B **13**, 4745 (1978).

[27] K. Aoyama and R. Ikeda, Phys. Rev. B **73**, 060504(R) (2006).

[28] V. V. Dmitriev et al., Phys. Rev. Lett. **115**, 165304 (2015).

[29] T. Kamppinen et al., Nature Communications **14**, 4276 (2023).

[30] T. Hisamitsu and R.Ikeda, Phys. Rev. B **103**, 174503 (2021).

[31] M. Franz et al., Phys. Rev. Lett. **79**, 1555 (1997); M. Ichioka et al., Phys. Rev. B **53**, 2233 (1996).

[32] A. A. Abrikosov, JETP **5**, 1174 (1957).

[33] H. Watanabe and H. Murayama, Phys. Rev. Lett. **110**, 181601 (2013).

[34] B. D. Josephson, Phys. Rev. 152 A, 211 (1966).

[35] C. Caroli and K. Maki, Phys. Rev. **164**, 591 (1967).

[36] G. Lasher, Phys. Rev. **140**, A523 (1964).

[37] R. Wortis and D. A. Huse, Phys. Rev. B **54**, 12413 (1996).

[38] H. Fukuyama, H. Ebisawa, T. Tsuzuki, Prog. Theor. Phys. **46**, 1028 (1971).

[39] A. G. Aronov, S. Hikami, A. I. Larkin, Phys. Rev. B **51**, 3880 (1995).

[40] M. M. Salomma and G. E. Volovik, Phys. Rev. Lett. **55**, 1184 (1985).

[41] S. Autti et al., Phys. Rev. Lett. **117**, 255301 (2016).

[42] N. Nagamura and R. Ikeda, Phys. Rev. B **98**, 094524 (2018).

[43] G. E. Volovik, JETP Lett. **52**, 972 (1990).

[44] D. A. Ivanov, Phys. Rev. Lett. **86**, 268 (2001).

[45] K. Maki, Phys. Rev. **148**, 362 (1966).

[46] R. Ikeda, Phys. Rev. B **81**, 060510(R) (2010).

[47] S. Kasahara et al., Phys. Rev. Lett. **127**, 257001 (2021).

[48] K. Yang and A. H. MacDonald, Phys. Rev. B **70**, 094512 (2004).

[49] K. Maki and T. Tsuneto, Prog.Theor.Phys. **31**, 945 (1964).

[50] H. Adachi and R. Ikeda, Phys. Rev. B 68, 184510 (2003).

[51] M. Kenzelmann, Rep. Prog. Phys. **80**, 034501 (2017).

[52] D. S. Fisher, M. P. A. Fisher, and D. A. Huse, Phys. Rev. B **43**, 130 (1991).

[53] B. I. Halperin, T. Lubensky, S-k. Ma, Phys. Rev. Lett. **32**, 292 (1974).

[54] I. Herbut and Z. Tesanovic, Phys. Rev. Lett. **76**, 4588 (1996).

[55] J. S. Langer, Phys. Rev. **134**, A553 (1964).

[56] R. Ikeda, J. Phys. Soc. Jpn. **65**, 33 (1996).

[57] V.M. Galitski and A. I. Larkin, Phys. Rev. B **63**, 174506 (2001).

[58] N. Nunchot, D. Nakashima, and R. Ikeda, Phys. Rev. B **105**, 174510 (2022).

[59] B. I. Halperin and D. R. Nelson, J. Low Temp. Phys. **36**, 599 (1979).

[60] M. P. A. Fisher, G. Grinstein, and S. M. Girvin, Phys. Rev. Lett. **64**, 190 (1990).

[61] P. A. Lee and S. R. Shenoy, Phys. Rev. Lett. **28**, 1025 (1972).

[62] D. J. Thouless, Phys. Rev. Lett. **34**, 946 (1976).

[63] E. Brezin, D. R. Nelson, and A. Thivalle, Phys. Rev. B **31**, 7124 (1985).

[64] K. Kitazawa, S. Kambe, M. Naito, I. Tanaka, and H. Kojima, Jpn. J. Appl. Phys. **28**, L555 (1989); W. K. Kwok et al., Phys. Rev. Lett. **64**, 966 (1990).

[65] R. Ikeda, T. Ohmi, T. Tsuneto, J. Phys. Soc. Jpn. **58**, 1377 (1989).

[66] R. Ikeda, T. Ohmi, T. Tsuneto, Phys. Rev. Lett. **67**, 3874 (1991) 及びその参考文献.

[67] M. P. A. Fisher and D-H. Lee, Phys. Rev. B **39**, 2756 (1989).

[68] M. V. Feigel'man, V.B. Geshkenbein and V. M. Vinokur, JETP Lett. **52**, 546 (1990).

[69] 池田隆介, "混合状態は超伝導状態か?", 固体物理 **26**, 419 (1991).

[70] 吉岡大二郎, 『量子ホール効果』（岩波書店, 1998）.

[71] 銅酸化物高温超伝導体での実験と関連する理論について総合的に書かれたものとしては, 以下を参照するとよい：門脇和男 編, 『超伝導磁束状態の物理』（裳華房, 2017）.

[72] G. Eilenberger, Phys. Rev. **164**, 628 (1967).

[73] K. Maki and H. Takayama, Prog. Theor. Phys. **46**, 1651 (1971).

[74] N. Nunchot and R. Ikeda, J. Phys. Soc. Jpn. **93**, 054712 (2024).

[75] R. Ikeda, T. Ohmi, T. Tsuneto, J. Phys. Soc. Jpn. **59**, 1740 (1990).

[76] M. A. Moore, Phys. Rev. B **45**, 3316 (1992); R. Ikeda, T. Ohmi, T. Tsuneto, J. Phys. Soc. Jpn. **61**, 254 (1992).

[77] U. Welp et al., Phys. Rev. Lett. **76**, 4809 (1996).

[78] S. Kasahara et al., Phys. Rev. Lett. **124**, 107001 (2020).

[79] M. Culo et al., Nature Communication **14**, 4150 (2023).

[80] D. Nakashima and R. Ikeda, Phys. Rev. B **106**, 024508 (2022).

[81] A. E. Koshelev, Phys. Rev. Lett. **76**, 1340 (1996).

[82] T. Saiki and R. Ikeda, Phys. Rev. B **83**, 174501 (2011) 及びその参考文献.

[83] N. Nunchot and R. Ikeda, J. Phys. Soc. Jpn. **92**, 084707 (2023).

[84] R. Ikeda, J. Phys. Soc. Jpn. **72**, 2930 (2003).

212   参考文献

[85] A. I. Larkin, JETP **31**, 784 (1970).

[86] T. Giamarchi and P. le Doussal, Phys. Rev. B **52**, 1242 (1995).

[87] T. Nattermann and S. Scheidl, Adv. Phys. **49**, 607 (2000).

[88] R. Ikeda, J. Phys. Soc. Jpn. **65**, 1170 (1996).

[89] A. T. Dorsey, M. Huang, and M. P. A. Fisher, Phys. Rev. B **45**, 523(R) (1992).

[90] H. Ishida and R. Ikeda, J. Phys. Soc. Jpn. **71**, 254 (2002).

[91] R.Ikeda, J. Phys. Soc. Jpn. **66**, 1603 (1997).

[92] R.Ikeda, Int. J. Mod. Phys. **B 10**, 601 (1996).

[93] T. Sasaki et al., Phys. Rev. B **66**, 224513 (2002).

[94] Ty-Te Hsu et al., arXiv:2102.04927.

[95] M. Boninsegni and N. Prokof'ev, Rev. Mod. Phys. **84**, 759 (2012).

[96] C. Dasgupta and B. I. Halperin, Phys. Rev. Lett. **47**, 1556 (1981).

[97] G. Grinstein, T. C. Lubensky, J. Toner, Phys. Rev. B **33**, 3306 (1986); R. Ikeda, Phys. Rev. A **39**, 312 (1989).

[98] T. Tsuneto and E. Abrahams, Phys. Rev. Lett. **30**, 217 (1973); A. Z. Patashinskii and V. L. Pokrovskii, *Fluctuation Theory of Phase Transitions* (Pergamon Press, 1979).

[99] V. M. Polyakov, Phys. Lett. **59** B, 79 (1975).

[100] P. Chaikin and T. C. Lubensky, *Principles of Condensed Matter Physics* (Cambridge University Press, 1997).

[101] M. C. Marchetti and D. R. Nelson, Phys. Rev. B **41**, 1910 (1990).

索 引

■ 欧字先頭索引

ABM 状態, 81
BCS 理論, 4
BEC, 4
BW 状態, 81
d ベクトル, 80
DOS 項，MT 項, 132, 133, 135, 136
FFLO 状態, 111, 168, 171
GL 自由エネルギー, 73, 78, 81, 85, 92, 102, 107, 113, 122, 124, 205
GL パラメタ, 89, 94, 141
GL 理論, 98, 124, 132, 137
Hall（ホール）伝導度, 105, 130
I–V 特性, 120
p 波, 79
polar 状態, 82
TDGL 方程式, 101, 104, 118, 205

■ 和文索引
● あ行

アスラマゾフ–ラーキン（AL）項, 130, 133, 137
アブリコソフ因子, 95, 97, 162, 179
アブリコソフ解, 88
アンダーソン局在, 133
アンダーソンの定理, 78, 83

位相コヒーレンス, 2, 6, 16, 21, 28, 43, 62, 142, 148, 151, 175
イットリウム系, 154
異方的対状態, 65

渦糸グラス, 103, 167, 178
渦糸状態, 4, 21, 103, 175
渦液体, 103, 158, 160, 163, 165, 167
渦格子（固体）, 71, 88, 90, 92, 96, 98, 103, 108, 113, 149
渦格子融解, 153, 155, 160, 165, 169
渦対, 26, 30, 107, 119, 121, 141, 159
渦輪, 30, 39, 122

永久流, 2, 4
液体 ^{3}He, 80, 81

オームの法則, 2, 4, 100, 135
重い電子系, 111, 114

● か行
解析関数, 94, 187
解析接続, 130, 137
カイラル基底, 107
下部臨界次元, 20, 148
下部臨界磁場, 88
完全系, 113
完全導体, 1
完全反磁性, 1, 4, 5, 8, 9
完全流体, 12, 14, 19, 23, 105

逆格子ベクトル, 91, 99
ギャップノード, 59, 65, 83
ギャップ方程式, 55, 61, 65, 68, 78, 124
強結合補正, 75, 81
強磁性揺らぎ, 52
凝縮エネルギー, 58, 81
凝縮体, 6, 18, 59

虚時間, 17, 19, 65, 195
ギンツブルク数 20, 38, 121, 127

空間反転対称性のない物質, 112
空間平均, 16, 87, 92, 102, 149
空孔（ホール）, 45, 51, 104, 130, 135
久保公式, 128, 164
グラス相関関数, 41, 177, 179
グラニュラー超伝導（超流動）, 43, 78
繰り込み, 39, 42, 139, 147, 163, 169,
　　　179, 198, 201, 202
グリーン関数, 65, 71, 76, 125, 133
クロスオーバー, 142, 161, 170
グロス–ピタエフスキー方程式, 15

ゲージ対称性, 2, 12, 71
ゲージ不変性, 95, 104, 113, 117, 137,
　　　167

格子ベクトル, 90
剛性, 13
構造因子, 154, 163, 178
個別励起, 46, 49, 59
ゴルコフ方程式, 67

●さ行
散逸, 100, 104, 118, 144, 163, 172, 205

シアー弾性, 99, 103, 151
時間反転対称性, 130
シグマモデル, 31, 39, 198
磁束線, 87
磁束の量子化, 86
磁束量子, 74
磁場侵入長, 2, 9, 16, 74, 85, 141
遮蔽, 27, 49, 87, 119
シュワルツの不等式, 97
準長距離相関, 20, 177
準粒子, 51, 53, 57, 65, 72, 76, 82, 110
常磁性, 1, 70
状態密度, 46, 50, 58, 115, 125, 132
上部臨界次元, 127
上部臨界磁場, 94

スケーリング, 31, 38, 141, 165, 181

スピン一重項, 54, 55
スピングラス, 41, 177
スピン三重項, 54, 79

絶縁体, 27, 144
ゼーマン項, 65, 110
前駆現象, 4

双対, 25, 196

●た行
代数学の基本定理, 94
ダイソン方程式, 203
多孔質媒質, 39, 82
弾性（ブラッグ）グラス, 177
断熱近似, 48

長距離相関, 12, 41, 98, 175
超流動密度, 9, 16, 23, 71, 78, 99, 128,
　　　141

対破壊磁場, 94

抵抗量子, 131
テクスチャ（網目構造）, 107
鉄系超伝導体, 111, 113, 155, 171, 184
デバイ–ヒュッケル近似, 30, 142
デルタ関数, 3
転位（ディスロケーション）, 176, 201
伝播関数, 52, 76, 125, 132, 145, 164,
　　　180

銅酸化物超伝導体, 98, 136, 144, 148,
　　　155, 160, 184
透磁率, 9
ドップラー効果, 14
トポロジカル欠陥, 201
トポロジカル条件, 21, 98
トポロジカル励起, 20, 31, 106, 177
トーマス–フェルミ遮蔽, 49

●な行
南部–ゴールドストーン（NG）モード,
　　　12, 36, 38, 200

熱活性, 177

熱力学的臨界磁場, 59

●は行
パウリ行列, 53
パウリ常磁性, 65, 92, 109, 111, 136, 157, 170, 172
薄膜, 82, 118, 131, 140, 169
波束の崩壊, 5
バーテックス補正, 42, 134, 180, 183
ハートリー近似, 33, 40, 97, 139, 145, 161, 180
パラマグノン, 52
パルケ近似, 162, 201, 203
パルケダイアグラム, 36, 139, 161
反渦, 25, 29, 95, 113, 114, 120, 159, 167
汎関数積分, 16, 99
半整数渦, 106
反磁性, 1, 5, 8, 18, 32, 38, 70, 128, 131, 141, 186

非圧縮, 151, 196
ピン止め, 165, 180

フェルミ液体, 36, 51, 55, 57, 79, 111
不確定性関係, 4
不均一性, 43, 165, 174, 180
不均一超伝導, 79
不純物, 39, 75, 83, 90, 103, 114, 131, 134, 143, 153, 168
部分波, 50, 55
プラズマ振動, 48, 118
ブロッホ関数, 150
分数磁束, 109

並進長距離秩序, 175, 179
ヘルムホルツの循環定理, 105

ポアソンの和公式, 61, 91, 98, 188
ボゴロン, 57
ボース–アインシュタイン凝縮, 5

ホモトピー群, 106

●ま行
マイスナー効果（相）, 1, 3, 16, 72, 86, 98, 103, 117, 127, 139
真木パラメタ, 111
マグヌス力, 24
松原振動数, 17, 128, 133, 137, 166, 178

密度相関, 13

モード結合, 38, 42, 139, 158, 179

●や行
有機超伝導体, 184
有効作用, 19, 99, 124, 151
有効質量, 51, 59, 111
有効相互作用, 47, 51

●ら行
ランダウ準位, 8, 92, 101, 113, 150, 158, 173, 187
ランダウ理論, 16, 31, 34, 39, 62
ランダム平均, 40, 76, 177, 180, 182

量子揺らぎ, 19, 31, 37, 131, 144, 156, 160, 168, 170, 172, 181, 202
臨界現象, 28, 30, 34, 37, 51, 131, 141, 147, 166, 181, 197, 201
臨界点, 20, 80, 141, 145
リンデマン評価法, 155

ルジャンドル変換, 74

ロトン, 13, 192
ロンドンモデル（極限）, 86, 95, 98, 100, 109, 118, 155, 175, 196
ロンドンゲージ, 69, 119

●わ行
ワインディング数, 21, 89, 95, 106, 176

【著者】
池田 隆介（いけだ りゅうすけ）
京都大学大学院理学研究科物理学・宇宙物理学専攻准教授
理学博士

現代理論物理学シリーズ
【編者】
稲見 武夫（いなみ たけお）
理化学研究所数理創造プログラム（iTHEMS）研究嘱託
川上 則雄（かわかみ のりお）
理化学研究所基礎量子科学研究プログラム副プログラムディ
レクター

現代理論物理学シリーズ 4
超伝導転移の物理　増補版

令和 7 年 2 月 28 日　発　行

著作者　　池　田　隆　介

発行者　　池　田　和　博

発行所　　丸善出版株式会社
〒101-0051 東京都千代田区神田神保町二丁目 17 番
編集：電話 (03) 3512-3265／FAX (03) 3512-3272
営業：電話 (03) 3512-3256／FAX (03) 3512-3270
https://www.maruzen-publishing.co.jp

© Ryusuke Ikeda, 2025

組版印刷・大日本法令印刷株式会社／製本・株式会社 松岳社

ISBN 978-4-621-31090-8　C 3042　　　　　　Printed in Japan

JCOPY 〈（一社）出版者著作権管理機構 委託出版物〉
本書の無断複写は著作権法上での例外を除き禁じられています. 複写
される場合は, そのつど事前に, （一社）出版者著作権管理機構（電話
03-5244-5088, FAX 03-5244-5089, e-mail：info@jcopy.or.jp）の許諾
を得てください.